Материалы международной научно-практической

конференции

Фундаментальные и
прикладные науки сегодня

25-26 июля 2013 г.

Москва

УДК 4+37+51+53+54+55+57+91+61+159.9+316+62+101+330

ББК 72

ISBN: 978-1491254097

В сборнике представлены материалы докладов международной научно-практической конференции   " Фундаментальные и прикладные науки сегодня "

Все статьи представлены в авторской редакции.

Содержание

Содержание

Науки о земле

Педагогические науки

Содержание

Политические науки

Психологические науки

Сельскохозяйственные науки

Социологические науки

Технические науки

Содержание

Содержание

Физико-математические науки

Филологические науки

Содержание

Безбородников А.С.
аспирант
ФГБОУ ВПО «Кубанский государственный университет»,
г. Краснодар

ВЛИЯНИЕ РАЗВИТИЯ КОМПЬЮТЕРНО-ГРАФИЧЕСКИХ ТЕХНОЛОГИЙ НА ОБУЧЕНИЕ СТУДЕНТОВ АРХИТЕКТОРОВ

Педагогическая специфика преподавания компьютерно-графических технологий заключается в том, что в процессе образования бакалавров используются самые различные графические программы. Задача преподавателя заключается не только в том, что бы научить студента пользоваться программами, но и заинтересовать его в самостоятельном поиске новых программ. При освоении этих программ студент осваивает способы применения их в проектном процессе.

В современном обществе компьютерные технологии становятся все более значимыми, это проявляется как при наборе текста, так и более сложных формах компьютерных технологий, таких как трехмерное моделирование, которое позволило шагнуть далеко вперед современным архитекторам. Мы живем в век компьютерных технологий и уже слабо представляем жизнь или работу без них. Они делаю нашу жизнь проще или сложнее? Все зависит от обстоятельств и задач, поставленных перед человеком. Программы для моделирования и выдачи проектной документации очень сильно повлияли на архитектуру и помогли систематизировать и унифицировать рабочий процесс. Эти программы внесли много нового в работу архитектора. Это и возможность создавать проектную документацию в более быстрые сроки. При этом архитектор может в любой момент внести изменения, либо дополнить её. Облегчилось хранение и копирование проектной документации, а также её презентация и доступность. Развитие трехмерных технологий повлекло за собой целый бум новых возможностей и средств проектной деятельности. Современные программы помогают достичь больших результатов за малое время и тем самым мотивируют больший спрос на услуги архитекторов. Не смотря на большую конкуренцию среди производителей программного обеспеченья существуют «лидеры», которые уже давно заняли нишу, и люди по традиции продолжают выбирать их. Однако, в последнее время, начинает набирать вес более инновационный подход к ведению проектной деятельности и появляться все более дружелюбные и быстрые программы. Создаётся впечатление, что вот-вот произойдет новый бум в компьютерных технологиях. Это в свою очередь повлечет за собой глобальные изменения, которые в свое время сделали первые программы по созданию проектной документации и моделирования. Любой специалист, работающий профессионально либо в процессе обучения, скажет, что без должного знания программ и опыта моделирования, а также навыков уметь приспособиться, к новым более эффективным программам, он обречен на провал.

Сегодня предпочтение в работе с программным обеспеченьем отдаётся мултизадачным программа так, как они более универсальны и способны выполнять массу задач и действий. Однако за этим большим плюсом скрыт и громадный минус, который зачастую крайне негативно влияет на процесс обучения и в профессиональной деятельности. Это сказывается на цене программного обеспеченья, сложность его изучения, а также скорость работы и выдачи проектной документации. Чрезмерная многозадачность привела к тому, что программы начинают диктовать очень суровые условия, которые негативно влияют на успешность работы и обучения. Сейчас начинают появляться программы, которые имеют одну или две задачи, но благодаря этой особенности выходят на лидирующие позиции в этих конкретных задачах, а также заметно выгоднее в качестве скорости, а также стоимости и легкости изучения. Это потихоньку начинает менять способы ведения проектной деятельности в профессиональных кругах люди «пересаживаются» за другие программы, чтобы повысить скорость и качество выполнения документации и презентационных материалов.

И вот мы приходим к вопросу, как же надо обучать студентов – будущих молодых специалистов, что бы подготовить их к любым сложностям проектной деятельности, и облегчить им будущее обучение и работу путем изменения подхода к образованию и к выбору программ для изучения. Нужно вводить метод не конкретного изучения нескольких программ, а изучения самого принципа работы программ для документации и визуализации проектных решений. Это позволит более глубоко вникнуть в суть этих программ, т. к. они зачастую крайне схожи, если отбросить разницу интерфейса и различие по функциям. Понимание принципа работы программ, дает принципиально новые возможности, к быстрому изучению новинок в этой области. Что в свою очередь дает возможность быть конкурентоспособным по отношению к людям, с узкой специализацией. Понимание принципа работы программ поможет студенту или профессионалу подобрать для себя лучшее их сочетание для решения разных уровней задач. Например, на рынке уже сейчас существуют программы, которые могут выдавать визуализацию проекта почти мгновенно. В отличие от «старых» программ, которым зачастую на это может понадобиться несколько часов, а то и больше времени (и которые зачастую очень дорого стоят и студенты, а также на раннем этапе, специалисты не могут их себе позволить).   Это приводит к дилемме, по какому пути надо обучать студентов профессиональным программа, учить их многозадачным, медленно работающим и зачастую дорогим, или наоборот обучить их принципу работы на примере нескольких, в том числе и «многозадачных» программ. Может, стоит давать студентам знания в более широком виде, тем самым научить их самих изучать новые и нужные им программы. Тем самым дать шанс выбрать самому студенту право решать, какая программа ему подходит для выполнения поставленных целей в отведенный промежуток времени.

Процесс обучения человека занимает большую часть жизни человека и не всегда это сознательное обучение, зачастую мы учимся, даже не замечая этого. Но вот процесс получения профессионального образования не заметить трудно. И сделать его более качественным, а также увлекательным является главной задачей преподавателя. Почему именно увлекательным? А потому, что увлеченный или даже скорее вовлеченный в процесс обучения человек, намного более внимателен и собран, а так же лучше запоминает информацию, поступающую в увлекательной форме.

Задачей преподавателя является не заставить зазубрить «до дыр» конкретную программу, а раскрыть принцип изучения и работы в данных программах, заинтересовать студента и вовлечь его в процесс понимания компьютерного моделирование и выдачи проектной документации. Вовлеченный ученик намного больше свободного времени тратит на самообучение, что приводит к более качественному пониманию профессиональной деятельности, и позволяет студенту самому выбирать направление своей программной деятельности. Понимание принципа работы графических программ дает возможность их изучить. Когда студент понимает принцип, у него не возникнет лишних вопросов, когда он захочет поменять направление своей деятельности либо способ или скорость получения нужной документации.

На сегодняшний день мы стоим на гране серьезных перемен в плане введения проектной деятельности, в большей степени это касается презентации этой деятельности. Новые программы начинают завоевывать умы профессионалов. Но что делать студенту, которого учат быть более утилитарным, нежели развивающимся, заставляя специализироваться только на определенных программах, которые знают преподаватели. Не имея собственного многолетнего опыта, студенты зачастую тратят больше сил, средств и времени чем опытные профессионалы, которые, в свое время, так же проходили этот путь. Преподавание профессиональных программ не по шаблону, а по сути. Необходимо дать студентам более широкий анализ составляющих графических программ, углубиться в корень значения и замысла разработчиков этих программ. Лишь тогда можно быть уверенным, что студент сможет сам организовать свое рабочее место так, как ему будет это удобно, что приведет к росту качества и скорости работы, а так же позволит ему постоянно оставаться в курсе современных новинок и позволит унифицировать процесс обучения, тем самым сделать его более осмысленным.

Быстрый рост технологий, крайне интенсивно влияет на повседневную, а также рабочую составляющую жизни человека. Мы живем в век компьютерных технологий. И раз они стремительно развиваются, то и так же стремительно они меняют процессы профессионального обучения. Игнорировать рост и постоянно изменяющиеся технологии не получиться, если хочешь справиться с задачей. Но проблема изучения и преподавания таких программ заключается в том, что когда программу начинают преподавать (когда она уже известна во всем мире и уже обременена проблемами подобных программ) она уже по факту устарела и зачастую уже не эффективна или не так технологична, как современные аналоги. Рассчитывать на то, что её улучшат, и она будет вновь конкурентоспособна, тоже не стоит, так как зачастую все зависит от «движка» программы. Если начинает вставать вопрос, что «движок» уже устарел, то легче создать новый, чем пытаться вытащить из старого, что то более современное. У некоторых, получается, немного улучшить программы, но это, как правило, приводит к их ухудшению по факту. Многозадачность или улучшение «устаревшего» ведет лишь только к ухудшению в целом.

Как и человек узкого профиля программы, так же должны создаваться более узкого профиля, что приведет к улучшению их качества и скорости выполнения поставленных задач за счет упрощения функций. На сегодняшний день существуют программы, которые могут выдавать визуализацию практически моментально. В ближайшее время их появиться только больше, и что бы оставаться в курсе этих новинок и быть способным их быстро и своевременно изучить, достаточно лишь одного – понять принцип работы всех программ узкого профиля, и сочетать их между собой организовывая свое собственное уникальное рабочее место и набор программ. Задачей преподавателя является научить работать студента не только в какой-то конкретной программе, а объяснить суть работы всех современных программ, а также новинок и будущих новинок.

Леонтьев В.В.
кандидат биологических наук, доцент кафедры биологии и экологии
Елабужский институт
ФГАОУ ВПО «Казанский (Приволжский) федеральный университет»,
Республика Татарстан, Россия, *vleonte@yandex.ru, VVLeontev@kpfu.ru*

ДИФФЕРЕНЦИАЦИЯ ВИДОВ РОДА *MYRMELEON* (INSECTA, NEUROPTERA, MYRMELEONTIDAE) ПО ЛИЧИНОЧНОЙ ФАЗЕ РАЗВИТИЯ В СЕВЕРО-ВОСТОЧНОМ РЕГИОНЕ РЕСПУБЛИКИ ТАТАРСТАН

Татарстан расположен в пределах двух природных зон России – лесной и лесостепной, в переходной полосе от зоны подзолистых почв к зоне черноземов. Здесь широко распространены дерново-подзолистые, серые лесостепные почвы и черноземы. В северной части республики (Тетюшский, Апастовский, Зеленодольский, Арский, Пестречинский, Сабинский, Мамадышский, Елабужский, Агрызский р-ны) преобладают серые лесные почвы (до 37 % от всех почв), которые формировались под широколиственными лесами [7].

Район исследования относится к Восточному (Елабужский р-н) и Северо-восточному (Тукаевский р-н) Предкамью, рельеф которого характеризуется как умеренно-расчлененная денудационная равнина нижнего плато (180-240 м). Елабужский и Тукаевский районы располагаются в долинах террас реки Кама (на правобережье и левобережье, соответственно). Интенсивность склоновой эрозии очень слабая и слабая. Почвы в районе исследования – дерново-подзолистые; глинистые, супесчаные и песчаные.

Елабужский район расположен в южнотаежной подзоне (бореальная ландшафтная зона), Тукаевский район – в типичной и южной лесостепной подзоне (суббореальная северная семигумидная ландшафтная зона). Климат с относительно влажным и прохладным летом и умеренно холодной и снежной зимой в Елабужском р-не (Предкамский климатический р-н), и относительно прохладным, неравномерно увлажненным летом и сравнительно холодной, недостаточно снежной зимой в Тукаевском районе (Восточно-Камский климатический р-н). Годовое количество осадков составляет 540 и более мм. Температуры выше 0° С составляют 203 дня в году. В современном состоянии общая лесистость республики составляет 17,2 % [1, 157-162].

В данной работе мы приводим краткий обзор дифференциации видов муравьиных львов (Insecta, Neuroptera, Myrmeleontidae) по личиночной фазе развития, выявленных в северо-восточной части Республики Татарстан, на территории Елабужского и Тукаевского районов. Сведения работы поднимают вопрос о необходимости новых уточнений в сложившихся представлениях о составе энтомофауны отдельных регионов. Для идентификации видовой принадлежности мы использовали определитель под авторством В.А. Кривохатского [6, 183-207].

До последних лет считалось общепринятым, что на территории Республики Татарстан обитает всего один вид муравьиных львов *Myrmeleon formicarius* Linnaeus, 1767 – Муравьиный лев обыкновенный, который занимает следующее систематическое положение: superordo Neuropteroidea, ordo Neuroptera, superfamilia Myrmeleontoidea, familia Myrmeleontidae Latreille, 1802, subfamilia Myrmeleontinae Latreille, 1802, tribus Myrmeleontini Latreille, 1802. В мировой фауне триба включает 10 родов и насчитывает около 180 видов. Имеет всесветное распространение. Род Myrmeleon Linnaeus, 1767 включает более 150 видов, распространенных всесветно, кроме высотных широт [6, 183-207].

Типовым видом является *Myrmeleon formicarius*, за который ошибочно принимались несколько близких или схожих видов. Вид включен в Красную книгу Республики Татарстан [2006]: статус – III категория. Транспалеарктический неморально-бореальный вид. В России официальные ранние находки известны в Кировской [Леви, Шернин, 1974], Смоленской [Сычев, 1997], Челябинской [Велесов, Новокшонов, 1994] областях, в Татарстане [Басов, 1995], на Кунашире и Курильских островах [Kuwayama, 1956; Криволуцкая, 1973]. В Республике Татарстан в начале XXI века вид официально был зарегистрирован С.Г. Гордиенко, Н.Г. Петровым, В.В. Леонтьевым. На территории республики отмечен в черте г. Казани (пос. Дербышки), Тетюшском, Лаишевском, Мамадышском, Тукаевском, Елабужском, Агрызском, Черемшанском, Бавлинском, Азнакаевском районах [4].

С конца 90-х годов XX века «вид» регистрировался нами стабильно, но локально на различных территориях региона. Стабильно в течение многих лет (по крайней мере, нами отмечалась с 1995 года) существует большая популяция муравьиного льва в «Большом Бору» (национальный парк «Нижняя Кама», Елабужский р-н), на просеке под высоковольтной линией электропередач (ЛЭП). Здесь, на открытых пространствах, зарастающих ивняком и осинником и окруженных с двух сторон сосновыми лесами, вдоль грунтовой дороги, по противопожарным рвам и на открытых песчаных участках, в июне-июле отмечаются многочисленные воронки личинок муравьиного льва. Лет имаго наблюдается в конце июня – начале июля. В 2013 году мы провели изучение этой популяции, ловчие воронки которых располагались в противопожарной траншее. Для выявления структуры «популяции» использовали участок траншеи протяженностью 20 м и шириной 80 см. Детальное изучение морфологии личинок данной «популяции» позволило выделить два вида: *Myrmeleon formicarius* Linnaeus, 1767 и *M. bore* (Tjeder, 1941), структуру популяций которых приводим в таблице.

Таблица

Состав личинок муравьиных львов рода *Myrmeleon* в популяциях «Большого Бора» (пояснения – в тексте)

Вид	Средняя численность, *n*	$\overline{X} \pm S_{\overline{X}}$, мм				Возраст
		длина тела	α, %	ширина тела	α, %	
M. formicarius	10,01±0,34	14,80±0,92	5	5,05±0,33	1	III
M. bore	12,05±0,76	11,72±0,67		3,93±0,20		II

Имаго *Myrmeleon formicarius* крупные, черные, с прозрачными крыльями, без рисунка. Длина переднего крыла – 33-40 мм, заднего – 30-38 мм. Длина брюшка – 20-28 мм. Самцы без аксиллярных пластинок, края эктопроктов без вырезки. Придерживается открытых прогреваемых солнцем мест: опушки сосновых лесов, вдоль лесных дорог, по берегам рек, имаго палинофаг или не питается. Личинки трех возрастов – хищники, роют воронки на песчаных почвах, в разреженных, в сосновых лесах, ловят муравьев и мелких насекомых. Воронки одиночные или располагаются небольшими группами. Развиваются 2 года. Зимуют личинки 2-го и 3-го возрастов. Развитие в коконе – 30 дней. Имаго встречаются в любое время суток. На свет обычно не летят. Диагностическими признаками личинки являются наличие бурых пятен на вентральной стороне коксы и бедра задних ног и 4-члениковому щупику нижней губы [6, 183-207].

Myrmeleon bore (Tjeder, 1941) также имеет широкое транспалеарктическое распространение. Местами *M. bore* более обыкновенен, чем *M. formicarius*. Имаго черные или бурые с прозрачными крыльями без узора, несколько более узкими: длина переднего – 27-30 мм, заднего – 25-27 мм. Внутреннее кубитоанальное поле переднего крыла однорядное, без добавочных поперечных жилок. Самцы с аксиллярными пластинками, края эктопроктов с глубокой вентральной вырезкой. Имаго в ночное время летят на свет осветительных приборов. Как уже отмечалось выше, такое поведение для *M. formicarius* не особо характерно. Спаривание и роение массовое длится обычно одну ночь. Личинки (рис., а) придерживаются схожих биотопов. Воронки чаще располагаются группами, среди которых можно найти также *M. formicarius*. Развиваются 1-2 года. Зимуют личинки 2-го или 3-го возраста. Личинки отличаются от предыдущего вида отсутствием пятен на голенях и бедрах и 3-члениковыми нижнегубными щупиками [6, 183-207].

В.А. Кривохатским [6, 183-207] указывается, что *M. bore* встречается гораздо чаще *M. formicarius*, однако в нашем случае оба вида встречались примерно в одинаковых соотношениях при небольшом перевесе в численности первого из них. Воронки обоих видов располагались совместно скоплениями. Популяции этих видов отличались размерным и возрастным составом. В популяциях *M. bore* на тот же момент времени

(12.06.2013 г.) преобладали личинки II возраста, у *M. formicarius* – III возраста.

Популяции обоих видов встречаются локально и не везде. Имеет смысл включить оба вида в Красную книгу Республики Татарстан новой редакции, которая ожидается в 2016 году. Можно отметить, что в связи с аномально жаркими погодно-климатическими условиями на фоне увеличения аридности в последнее десятилетие муравьиные львы значительно увеличили свою численность и получили большее распространение на территории Республики Татарстан.

Литература

1. Атлас Республики Татарстан. – М.: Произ-е картосоставит-е объед-е «Картография», 2005. – 216 с.
2. Басов В.М. Муравьиный лев *Myrmeleon formicarius* Linnaeus // Красная книга Республики Татарстан. – Казань, 1995. – С. 144.
3. Велесов А.П., Новокшонов В.Г. Предварительные данные по фауне сетчатокрылых (Insecta) Троицкого заказника // Охраняемые природные территории. – Ч. 2. – Пермь, 1994. – 38-40.
4. Красная книга Республики Татарстан (животные, растения, грибы): – изд. 2-е. – Казань: Изд-во «Идел-Пресс», 2006. – 832 с.
5. Криволуцкая Г.О. Энтомофауна Курильских островов. – Л.: Наука, 1973. – 315 с.
6. Кривохатский В.А. Муравьиные львы (Neuroptera: Myrmeleontidae) России. (Определители по фауне России, издаваемые Зоологическим институтом РАН; Вып. 174). – СПб.-М.: Товарищество научных изданий КМК, 2011. – 334 с.
7. Миронов А.В. Природа и экология Республики Татарстан: пособие для учителей и студентов педвузов. – Набережные Челны: 1998. – 160 с.
8. Сычев М.М. Муравьиный лев европейский *Myrmeleon europaeus* McL. // Красная книга Смоленской области. – Смоленск, 1997. – С. 57-58.
9. Kuwayama S. Further studies on the Neuroptera – Planipennia of the Kuril Island // Insecta Matsumurana. Vol. 20, – № 3-4. – Р. 77-82.

Пилипко Е.Н.
канд. биол. наук, доцент кафедры лесного хозяйства Вологодской Государственной молочнохозяйственной академии имени Н. В. Верещагина, Karlovna@ukr.net

ОЦЕНКА КОРМОВОЙ БАЗЫ ЗУБРА *(Bison bonasus, l.)* НА ТЕРРИТОРИИ УСТЬ-КУБИНСКОГО РАЙОНА ВОЛОГОДСКОЙ ОБЛАСТИ

Разработана и принята долгосрочная целевая программа «Сохранение и повышение эффективности воспроизводства особей зубра на территории Вологодской области на 2009-2014 годы».

Задачи Программы - сохранение популяционной группировки зубров, живущей в вольных условиях на территории области; реализация мероприятий по эффективному воспроизводству особей зубра на основе генофонда этого вида.

Сроки реализации - 2009 - 2014 годы.

В рамках реализации Программы на территорию Усть-Кубинского района в природу дважды был произведен выпуск зубров из Окского государственного природного биосферного заповедника (сначала было выпущено 10, затем еще 5 особей). В ходе реализации мероприятий Программы численность зубров на территории области увеличилась более чем в два раза, с 2012 года и по настоящее время Усть - Кубинская популяция составляет 46 особей.

Рис. Зубры Усть – Кубинской популяции

В рамках Программы нами были проведены работы по оценке кормовой базы зубра на территории Усть – Кубинского района Вологодской области с целью обеспечения эффективного воспроизводства Усть – Кубинской популяции.

Выявлены основные виды травянистой растительности в пищевой цепи зубра в летний сезон. К ним относятся: осинник снытевый; осинник - березняк снытево - гравилатовый; березняк разнотравный; березняк таволговый; ельник - березняк разнотравный; ольшаник таволговый; березняк - ивняк разнотравный; ивняк таволговый; ивняк таволгово-осоковый; ивняк - березняк таволговый.

К наиболее часто употребляемыми Усть-Кубинской популяцией отнесены злаковые, сложноцветные, розоцветные семейства по 12 видов растений в каждом (на их долю приходится 9,6%) и бобовые, обозначенные 11видами (8,8%). В условиях Вологодской области пищевая ценность травянистых кормов существенно меняется за период вегетации. В начале вегетации трава содержит наибольшее количество протеина и наименьшее количество клетчатки (9,0% и 24,4% соответственно в сухом веществе); в осенний период содержание протеина падает до 6%, а сырой клетчатки возрастает до 33%.

Зимний рацион зубра был выявлен при анализе экскрементов животных. Было установлено, что основная доля приходится на древесные побеги (70%) и кору (25%), остальные 5%, что является незначительной долей – травянистая растительность, добытая путем откапывания из-под снега. Установлены основные породы – поставщики зимнего питания зубра. В мелколиственных лесах зубры активно объедают побеги ивы 6 видов (ива козья, ива трехтычиночная, ива пятитычиночная, ива сизоватая, ива филиколистная, ива пепельная), менее охотно - кору и побеги ели, рябины, черемухи и березы пушистой. Среди используемых в корм кустарников отмечены: жимолость лесная, смородина, малина, волчье лыко, крушина. Диаметр скусываемых веток древесно-кустарниковой растительности колеблется от 0,1 до 1,5 см. В целом кора и побеги древесно-кустарниковой растительности используются круглый год, при этом весной и зимой составляя основу рациона.

Питание зубров в межсезонье приобретает промежуточный характер, где ведущее значение принадлежит древесно-кустарниковой растительности. Питательность и химический состав веточного корма и коры имеет относительно постоянный состав с высоким содержанием протеина (до 12,8%) и клетчатки (до 31,9%). Кора поедается, в основном, у ивы, осины и ольхи, длиной вдоль ствола до 1,5 метра. Также зимой зубры очень охотно поедают пробковую часть коры сосны и кору одичавших яблонь, в большом количестве произрастающих на месте заброшенных деревень. Данные химического анализа кормов свидетельствуют о том, что все их виды, используемые зубрами, характеризуются высоким содержанием сырой клетчатки, которое составляет зимой около 200 г в кг корма. В осенне-зимний период её содержание в фекалиях составляет 50 г/кг. Следует отметить, что потребляемая клетчатка подвергается максимальному расщеплению и усвоению в пищеварительном тракте животных - фитофагов.

Что касается коры осины, то у этого вида корма во второй половине зимы и ранней весной наблюдается наиболее высокое содержание протеина (6,5%) и меньшее содержание клетчатки (до 21,8%). Именно этот корм является излюбленным питанием зубров в конце зимнего периода. Таким образом, по составу, необходимых для организма макроэлементов наиболее ценным видом корма является древесно-веточный. В этом виде корма зафиксировано количественное преобладание практически по всем рассматриваемым видам макроэлементов, кроме калия, содержание которого больше в сене.

Основной высотный диапазон трофической деятельности зубра составляет 0,82 – 1,54 м (более 50%). Далее в порядке убывания следуют 1,54 – 2,85 м (29,1 %) и 0 – 0,82 м (12,3 %).

Годовая потребность взрослого зубра в корме составляет 2500-2900 кг к. ед. (7,6 кормовых едениц в сутки). Потребность зависит от природно-климатических условий (температура, влажность воздуха, качество кормов, наличие воды) и интенсивности движения животных. Следует отметить, что уровень энергетической ценности потребляемых кормов ежегодно снижается к марту в 2 раза по сравнению с июнем. Древесные корма занимают в среднегодовой структуре рациона зубра 30%. Этот показатель колеблется от 2- 5% в летне-осенние месяцы, до 70% - в конце зимы - начале весны. В наиболее тяжелые погодные условия зубры получают в виде подкормки сено и концентраты. В летне-осеннее время охотно выходят на специально засеянные поля и поедают посевы зерновых, предпочитая овес, Замечено, что из зерновых в стадии созревания зубры отдают предпочтение пшенице.

Кроме того, зубры приспособились использовать оставленные рулоны сена и соломы на сельскохозяйственных полях. Также при наличии на территории зимовки зубров вскрытых силосных траншей животные активно используют силос, предпочитая его другим кормам.

Было замечено, что в условиях Усть-Кубинского района во время зимнего периода зубры свободно обходятся без воды, потребляя снег.

В настоящий момент можно предположить, что в летний период зубр является хорошо акклиматизированным видом и способен сам добывать корма в необходимом объеме. В зимнее время в Усть-Кубинской популяции практикуются биотехнические мероприятия посредством подкормки зубров различными видами кормов. Вопросами обеспечения биотехнических мероприятий в настоящее время занимается Департамент по охране, контролю и регулированию использования объектов животного мира Вологодской области.

Krasnoskulov Alexey
Professor of Sound Engineering and Information Technology Department, PhD
Rostov Rachmaninov State Conservatory
avk@soundworlds.net

"MOBILIS IN MOBILE": INTERACTIVE MUSIC PERFORMER

Interactive Music: a Mystery Figure.

Though early research in the field of interactive music dates back about 20 years, there is still no unified concept of what should be attributed to this sphere and how this should be done. The problem is aggravated by the fact that in at least half of the occurrences interactivity demonstrates itself not only and not so much in music, but is visual and theatrical (scenic) arts. In interdisciplinary art interactive music component is often not realized; to the contrary, it is prepared (recorded, played) and thus initiates other interactive acts.

In those cases when musical process plays an independent role, interactive music is unmistakably characterized by real-time performance. Perhaps this should be considered its key feature. Another indispensable characteristic of interactive music is the ability of the performer to influence (to a certain extent) the development of the piece during the performance, the principle of variability being applicable both to the musical material and to time and spatial structures.

Some researchers give a narrow technical definition of the interactive music as managing a computer in a more or less complicated way [1]. This is hardly a characteristic of the essence of this phenomenon, as it doesn't highlight the phenomenon itself. While the experience of the past decade undoubtedly sets out interactive music as an independent field of musical art. Much more precisely interactive music can be defined as a system of specific interaction between a performer (or a group of performers) and a computer with feedback as an indispensable component of real-time performance. In other words, computer acts as a *virtual* performer, its *actions* affecting *the real performer* and inciting his/her reactions. *Feedback* specifics defines computer's response to *influence* and together with technical, acoustic and spatial qualities forms musical quality allowing to characterize computer system as a specific musical instrument and performance – as its interaction with a musician.

It's typical that this "computer" instrument is characterized by the same qualities as a "historical" acoustic musical instrument, hence the consequences. Each music instrument has a distinctive set of properties and characteristics which differentiate it from other instruments. The difference is not only in timbre, sound and dynamic range, but also in sound production peculiarities, the set of techniques potentially available for the performer, etc. In all cases this allows to speak of the uniqueness of different groups of acoustic instruments (such as, for example, the violin and brass family) and at the same time about singularity within the same kind (for example, comparing a trombone and a tuba). Hence some researchers propose to use the term "idiomatic" to describe the unique set of characteristics of the musical instrument [3; 5].

What does it mean for the performer? It means the same as with the historic "relatives": in order to identify potential capacity of the new instrument, the performer must learn to play it. In other words, to go all the way in mastering it: from learning motor coordination skills to identifying its acoustic resources.

The performer: interpreter-improvisator-composer

Interactive music difficulty for the performer is connected not only with the necessity to master new and unfamiliar tools. The traditional division into composers, performers and improvisers in interactive music becomes highly conventional. They might not be obliterated as separate notions whatsoever, but definitely need some reconsideration: the performer in interactive music almost always acts as an interpreter in a broad sense, being in fact a co-author of the happening.

A lot depends on the concept of the musical system used to perform the piece. If communication between the performer and the computer is based on the principle of a "blackbox", i.e. if the performer does not know (or cannot predict) how his musical or motor actions will be interpreted by the computer, the result will in any case be of an improvisational nature.

The performer certainly doesn't often have the ability of composition and needs to be guided — if not dictated. Making a precise record of the electronic piece and composer's intentions (if the original material offers such a possibility in the first place) and their adequate interpretation is a complicated task; there are various practical solutions to it. Obviously, the easiest way is to leave out the performer in its musical meaning, narrowing the process of interpretation to following a number of simple, non-musical instructions.

While being part of a rigid system is not interesting and even senseless for the performer, eliminating all restrictions and giving the system maximum flexibility (to the extent of removing all instructions) may be consequential for the composition. Generally, the result turns out so unpredictable, stochastic, probabilistic, that the notion of a musical composition as it is dimmed.

It is obvious that in most cases the composer should somehow pass instructions (both "material" and relating to the performance process) to the performer. As in any instance of electronic music, such musical material is practically impossible to be depicted in traditional notation. The same refers to performance instructions. Each composer's technique and almost any new piece demands invention of its own unique notation. This is why the scores of interactive music compositions often don't have familiar notes, but instead are made of various graphic elements, schemes, etc. which often themselves require author's comments. Experience shows that the performer in interactive music needs to work hard not only to learn to interpret composer's instructions but also to understand them in the first place.

In interactive music performance instructions notation is even more approximate than in traditional music, and also not always constant: instructions may change in accordance with the flow of the musical performance process. Nevertheless, the presence of notation techniques (however specific they might be) and the general score allows to define boundaries and sections of the form, musical structures and organizes the system of interaction between performers, concurs their intentions and actions, which is very important when performance is carried out by several performers [4].

The performer + the performer: alliances and conflicts.

When musicians unite to form collectives (and music needs several performers), the computer remaining an individual instrument at the same time becomes a unifying means. Collective performance sets a number of new composition and performance problems connected to the specifics of the collective play in interactive music.

It is worth mentioning that an artistic act in the field of music which is experimental by nature is often an experiment. Thus, a group performance of interactive music as opposed to its traditional kind, does not require mandatory physical presence of all performers in one place (on one stage, in one room, etc) Virtual collectives more and more often appear in other non-interactive experiments, but when it comes to interactivity such artistic acts become more and more frequent. This is understandable: having to deal with a computer system, two and more musicians united as an ensemble or an orchestra are as a rule connected to one computer network. During the last few years the physical distance between the performers — just as between the performers and the audience — has become not so important. Being unimportant from the technical point of view, it still causes a considerable number of musical and psychological problems.

Anyway, the means of communication, the network acting as a link between musicians, begins to act as an independent instrument. One of its specific features that is worth mentioning is the so called "latency", i.e. information delay experienced in a network. This delay is always present, and as noted by a number of researchers, it must be accepted as an integral part of this peculiar musical instrument, as it constitutes a part of its idiomacy. Therefore, a composer, producing music for a "net" collective, must not ignore latency, but treat it as a musical quality instead. By analogy, the performer has to consider this quality when performing.

Another important aspect of collective performance is organizing performer's interaction and equally significant - guiding the group. If performance includes gestures or other scenic actions, the interaction is easy. While a different approach is necessary for "static" performers. Some collectives set up message exchange (a kind of "chat"), other work out a system of common "commands", still other prefer to use available potential of the traditional score. Anyway, the means of musical communication used in most cases is non-characteristic of classical performance. Consequently, this requires adaptation and rehearsal process. Here comes an equally important question: does such a collective need a conductor and if yes, what conductor should this be? Options are as numerous as there are individual composition techniques, musical collectives and groups.

Conclusion

The art of collective interactive music has many hidden difficulties (technical and musical) but it also opens up new opportunities. New potential gives the performer prospects of exploring novel, non-classical acoustic space. The performer with his instrument is known to be localized in space. However, if one goes beyond the familiar scheme of placing the performers and puts the performer inside a unified acoustic space — virtual and real — the system of communication between the performer and the sound surrounding will change. In this case it will play the role of the musical instrument. This is the field of interactive music experiments (unique up to date) carried out by the artistic and scientific project EXPLAIN [2]. The essence of the concept is that each performer can equally "fill" all surrounding sound space. As a result a complicated time interaction of interpenetrative sound spaces is born where each performer is a part of conjoint "world creation" act and still produces his/her own sound world.

References list

1.   Battier M. Aesthetics of Live Electronic Music. – London: Editions Routledge, 2000

2.   EXPLAIN. URL: http://www.soundworlds.net/explain_eng

3.   Tanaka A. Interaction, Experience and the Future of Music. Consuming Music Together: Social and Collaborative Aspects of Music Consumption Technologies. – Netherlands: Springer, 2006 – pp. 267-288

4.   Whalley I. Internet2 and Global Electroacoustic Music: Navigating a decision space of production, relationships and languages. Organised Sound / Volume 17 / Issue 01 / April 2012, pp. 4-15. DOI: 10.1017/S135577181100046X, Published online: 14 February 2012

5.   Winkler T. Composing Interactive Music. – Massachusetts: The MIT Press, 1999

Лебединцев А.И.
кандидат исторических наук,
Северо-Восточный комплексный научно-исследовательский институт им.
Н. А. Шило, Магадан
E-mail: lebedintsev@neisri.ru, alebedintsev@rambler.ru

ЭПОХА ПАЛЕОМЕТАЛЛА В ОХОТОМОРСКОМ РЕГИОНЕ

Проблема появления металла на Дальнем Востоке является одной из сложных в археологии этого региона. Исследователи древнего прошлого этого региона столкнулись с фактами неравномерности развития человеческих обществ в этой части азиатского материка, обусловленными природными и историческими причинами. Для обществ с присваивающими формами хозяйства и неолитическим обликом материальной культуры, которые находились вдали от более развитых общностей бронзового и железного веков, был использован термины "пережиточный неолит" и даже "неразвитый бронзовый век" и "неразвитый железный век" [7; 9]. Однако новые археологические материалы, полученные в последние десятилетия на Дальнем Востоке, позволили более обстоятельно проанализировать имеющиеся данные по данной проблеме и обосновать необходимость выделения эпохи палеометалла. По мнению Д. Л. Бродянского [1], для археологических культур, в которых внедряется металл даже в очень малой степени, целесообразно применять термин "палеометалл".

Эпоха палеометалла на Камчатке охватывает период более тысячи лет – с конца I тыс. до н. э. до начала II тыс. н. э. [19]. Окончание этой эпохи связывается с появлением оленеводства. В это время на север Дальнего Востока, в том числе на Камчатку регулярно поступают готовые изделия и обломки предметов из различных металлов (меди, бронзы, железа) в результате обменных операций из района Приамурья по Охотскому побережью и южных районов Приморья через Японские и Курильские острова. В I тыс. н. э. появляются шлифованные ножи из камня и множество орудий и изделий из кости и рог, а во II тыс. на стоянках найдены изделия из железа (ножи и крючки) [21, 280, 281]. Следы работы железным ножом имеются на медвежьем клыке со стоянки Красный партизан I, относящейся к I тыс. н. э. [15, 112]. Широкое распространение костяных изделий в древнеительменских памятниках I тыс. н. э., вероятно, связано с использованием металлических инструментов. Об использовании металлических ножей в это время свидетельствуют также шлифованные ножи, которые, возможно, копировали металлические образцы. Ранее исследователи отмечали позднее появление металлических изделий на Южной Камчатке и восточном побережье этого полуострова [8, 167; 15, 190]. Вызывает возражение отнесение А. К. Пономаренко памятников I и II тыс. н. э. к неолиту, а также объединение стоянок этого времени с более ранним периодом (тарьинская культура по Н. Н. Дикову) в единую тарьинскую культуру с тремя периодами (тарьинский, кроноцкий и налычевско-никульский этапы), существование которой определяется периодом с начала III тыс. до н. э. до XVII в. н. э. [17; 21, 279-281]. Не очень удачным было объединение тех же периодов под общим названием древнеительменской культуры [16].

На северо-западном побережье Камчатки выделяется культура, или памятники типа Теви [18]. Большинство аналогий культура Теви находит в древнеительменской и древнекорякской культурах, ряд элементов характерен для неоэскимосских, алеутских и южноохотоморских культур. Возможно, памятники типа Теви представляют один из локальных вариантов древнекорякской культуры I тыс. н. э. на Камчатке. Эти памятники относятся к эпохе палеометалла [19].

Эпоха неолита на Верхней Колыме и в Континентальном Приохотье завершается в конце II – I тыс. до н. э. [22]. Этот период характеризуется отчетливо выраженной деградацией микропластинчатой индустрии. В материалах стоянок имеются аморфные нуклеусы, пластинчатые отщепы, ножи овальной формы и усечено-листовидные наконечники. В последующее время используются в основном скребки и ножи на галечных сколах, что свидетельствует об активном использовании металлических орудий (наконечников, ножей). Верхний слой стоянки Малтан на Колыме с датировками в интервале 2150±50 – 1300±200 л. н. палеоклиматологи относят к периоду палеометалла [14].

В Северном Приохотье на стоянках токаревской культуры (VIII в. до н. э. – V в. н. э.) обнаружены медные изделия – небольшой стерженек шила и коленчатый составной нож с клинком из меди и рукояткой из кости [13], а также рукоятки резцов, оснащавшихся железными лезвиями [12]. Об активном использовании металлических орудий токаревцами свидетельствуют также множество разнообразных костяных изделий со следами срезов инструментами из металла. Характерные для токаревской культуры наконечники и ножи из камня с выделенными насадами и рукоятями, оформленные специальными и приостренными боковыми выступами, а иногда и острым шипом в основании, являются копиями металлических орудий или же каменных реплик. Широкое использование железных изделий в хозяйственной деятельности на североохотском побережье существовало в древнекорякской культуре (V – XVII вв.) [6].

В материалах ряда стоянок, расположенных к югу-западу от Тауйской губы, найдены металлические изделия [12]. Железные орудия найдены на стоянках Кухтуй VII и Кухтуй VIII под Охотском, на стоянке Нагдан в 15 км от устья Ульи и на стоянке Уйка под Аяном. Материалы свидетельствуют о появлении железа в этом районе в конце I тыс. до н. э. –

первой половине I тыс. н. э. Однако железо в этот период используется крайне редко. В основном преобладают орудия из камня, кости и дерева. Эти стоянки, вероятно, относятся к раннему железному веку или к палеометаллу.

Граница между поздним неолитом и палеометаллом на Сахалине еще не совсем ясная [2, 98]. К переходному периоду от камня к металлу относят анивскую культуру (VIII-III вв. до н. э.) [5]. Полагают, что эта культура является вариантом общности финального дземона – раннего постдземона. Памятники этой археологической общности располагаются на побережьях Анивского залива и Тонино-Анивского полуострова. Учитывая хронологию и ряд признаков эпохи металлов (тонкостенная керамика, шлифовка тесел), исследователи считают, что носители анивской культуры уже были знакомы с металлом. Начиная с середины I тыс. до н. э. анивская культура сосуществует с культурами палеометалла (сусуйской, набильской и пильтунской).

Набильская культура (X-I вв. до н. э.) выделена из северо-сахалинской культуры и находится на Северном Сахалине. Для этой культуры характерны остродонные сосуды с гребенчатой орнаментацией, причем диаметр устья сосудов превосходит высоту [4]. Памятники набильской культуры представлены крупными поселениями на берегах морских заливов и рек [5]. Зимние жилища набильцев располагались в долинах на реках и протоках. Весной и летом они мигрировали на побережье и жили в летних жилищах. Исследователи полагают, что носители набильской культуры уже знали металлические орудия, но в основном использовали орудия из камня.

Пильтунская культура (V-I вв. до н. э.) выявлена на северо-востоке Сахалина в районе заливов Пильтун и Чайво [5]. Опорными памятниками являются многослойные поселения Кашкалебагш-2, Чайво-1, Лебединый-1. Зимние поселения тяготеют к западным побережьям заливов и устьям лососевых рек, а летние сезонные стоянки располагались на песчаных косах между заливами и Охотским морем. В материалах стоянок имеются каменные изделия с высоким качеством шлифовки, свидетельствующим о знакомстве населения этой культуры с металлом. О связях с материковыми культурами указывают гончарные традиции, выразившиеся в появлении круглодонных тонкостенных сосудов вазовидной формы с гребенчатыми отпечатками.

Большебухтинская культура (середина – вторая половина I тыс. до н. э.) выделена на Нижнем Амуре [23]. Керамика большебухтинского типа обнаружена на северо-западном побережье Сахалина (стоянка Кефи), а также в районе оз. Невское (Западное 10, Донское 3, Бердянское 2) [5]. По-видимому, большебухтинская культура оказывала определенное влияние на развитие культуры палеометалла на северо-западе Сахалина.

Первые признаки использования населением металла усматривается сахалинскими археологами в комплексах первой половины I тыс. до н. э. Вероятно, в это время островные культуры испытывали влияние культур раннего железного века – урильской (XI-IV вв. до н. э.) и польцевской (V в. до н. э. – IV в. н. э.). На острова с континента поступали изделия из металла (железные и бронзовые).

Уже на нескольких поселениях сусуйской культуры (V-IV вв. до н. э. – IV-V вв. н. э.) были найдены железные предметы, в связи с чем было высказано предположение, что при дальнейшем ее исследовании железо станет обычным явлением для этих памятников [3, 158].

Об использовании металла сусуйцами свидетельствуют находки железных орудий и тщательная шлифовка каменных рубящих орудий. На поселении Усть-Айнское на полу жилища был найден железный нож с рукоятью из рога оленя, на другом поселении Чиркова-1 обнаружены несколько неопределимых корродированных железных предметов Каменные шлифованные топоры имели четырехугольное сечение с прямыми углами, что характерно для металлических орудий [5].

Сусуйская культура сформировалась на Южном Сахалине, но в дальнейшем занимала большую часть Сахалина и распространилась на северную часть Хоккайдо, стоянки этой культуры найдены на островах Минерон, Ребун и Рисири. Керамика типа Сусуя обнаружена на Нижнем Амуре и на острове Окусири (юго-западное побережье Хоккайдо) [5]. Всего известно около 50 стоянок этой культуры. Все поселения сусуйцев связаны с морским побережьем. Поселения, как правило, состояли из нескольких жилищ. Летние жилища располагались на песчаных косах в устье реки вблизи от берега моря, а зимние поселения находились подальше от моря в закрытых от ветров долинах. На Сахалине наиболее известные поселения – Стародубское 2, Кузнецова 1, Озерск 1, Белинское 1, Усть-Айнское 1, Чирикова, а на Хоккайдо – Онкороманай. Сусуйская культура рассматривается как культура раннего железного века, а уже последующие культуры охотской этнокультурной общности относятся к раннему средневековью [21, 295-300; 5]. Хронологические рамки раннего железного века на Сахалине определяются в пределах V в. до н. э. – XII в. н. э. На Курильских островах ранний железный век наступает несколько позже – в I тыс. н. э. В этом процессе участвуют общности постдземона восточной части Хоккайдо и Курильских островов.

Поздний неолит Сахалина фиксируется в рамках 4-3,5 – 2,5 тыс. л. н. Границу между неолитом и палеометаллом на Сахалине предварительно определяют на уровне около 2300 л. н. [20, 94], по крайней мере, не позднее рубежа нашей эры [3]. Переход от неолита к палеометаллу датирован около 2500-2300 л. н. [10]. Рубеж между неолитом и палеометаллом на южных Курильских островах проводится около 2000 л. н. [11, 195].

На основе приведенного обзора археологических данных о появлении изделий из металла в Охотоморском регионе можно сделать вывод, что I тыс. до н. э. в этом регионе являлось переходным этапом от неолита к раннему металлу, поэтому период с середины I тыс. до н.э. и до середины I тыс. н. э. может быть определен эпохой палеометалла, а последующий период V – XVII вв. для Северного Приохотья – эпохой железного века. Для территории Южного Охотоморья ранний железный век имеет несколько иные рамки – V в. до н. э. – VI в. н. э., а далее идет период средневековья (VII- XVI вв. н. э.).

Литература

1. Александров А. В., Арутюнов С. А., Бродянский Д. Л. Палеометалл северо-западной части Тихого океана. – Владивосток: Изд-во Дальневост. ун-та, 1982. – 103 с.

2. Василевский А. А. Калибровка радиоуглеродных данных и хронология археологических культур Сахалина // Краеведческий бюллетень. – Южно-Сахалинск, 1995. № 2. – С. 93–110.

3. Василевский А. А. К понятию "неолит" и его периодизации на о-ве Сахалин // Вперед … в прошлое. К 70-летию Ж. В. Андреевой. – Владивосток: Дальнаука, 2000. – С. 150–160.

4. Василевский А. А., Грищенко В. А., Кашицын П. В., Федорчук В. Д. Археологические исследования Сахалинского государственного университета (2002-2005 гг.) // Ученые записки Сахалинского государственного университета. – Вып. 5. – Южно-Сахалинск: СахГУ, 2005. – С. 48-56.

5. Василевский А. А., Грищенко В. А. Сахалин и Курильские острова в эпоху палеометалла (I тыс. до н. э. – первая половина I тыс. н. э.) // Ученые записки Сахалинского государственного университета: сборник научных статей. – Вып. IX. – Южно-Сахалинск: СахГУ, 2012. – С. 29-41.

6. Васильевский Р. С. Происхождение и древняя культура коряков. – Новосибирск: Наука, 1971. – 250 с.

7. Диков Н. Н. Древние культуры Северо-Восточной Азии: Азия на стыке с Америкой в древности. – М.: Наука, 1979. – 352 с.

8. Дикова Т. М. Археология южной Камчатки в связи с проблемой расселения айнов. – М.: Наука, 1983. – 232 с.

9. История Дальнего Востока СССР с древнейших времен до наших дней. – М.: Мысль, 1989. – 493 с.

10. Кузьмин Я. В., Горбунов С. В., Василевский А. А., Орлова Л. А., Джалл Э. Дж. Т., Бурр Дж. С. Хронология культур неолита и палеолита Сахалина (на основе радиоуглеродного датирования) // Проблемы археологии и палеоэкологии Северной, Восточной и Центральной Азии. Материалы междунар. конф. "Из века в век", посвященной 95-летию со

дня рождения академика А. П. Окладникова и 50-летию Дальневосточной археологической экспедиции РАН. – Новосибирск: Изд-во ИАЭТ СО РАН, 2003. – С. 387–391.

11. Кузьмин Я. В. Геохронология и палеосреда позднего палеолита и неолита умеренного пояса Восточной Азии. – Владивосток: ТИГ ДВО РАН, 2005. – 282 с.

12. Лебединцев А. И. Древние приморские культуры Северо-Западного Приохотья. – Л.: Наука, 1990. – 260 с.

13. Лебединцев А. И. Находки медных орудий на Охотском побережье // Исследования по археологии Севера Дальнего Востока. – Магадан: СВКНИИ ДВО РАН, 1999. – С. 38–60.

14. Ложкин А. В., Корзун Ю. А., Прохорова Т. П. Палинологическая характеристика и радиоуглеродные датировки археологического памятника на р. Малтан (Охотско-Колымское междуречье) // Страницы четвертичной истории Северо-Восточной Азии. – Магадан: СВКНИИ ДВО РАН, 2005. – С. 62–69.

15. Пономаренко А. К. Древняя культура ительменов Восточной Камчатки. – М.: Наука, 1985. – 216 с.

16. Пономаренко А. К. Древние культуры ительменов Камчатки. – П.-Камчатский: Дальневост. кн. изд-во, 2000. – 216 с.

17. Пономаренко А. К. Некоторые итоги исследования неолита Камчатки // Труды II (XVIII) Всероссийского археологического съезда в Суздале. Т.1. – М.: ИА РАН, 2008. – С. 261-266.

18. Пташинский А. В. Культура охотников на морского зверя северо-восточного побережья Охотского моря (I-II тыс. н. э.): автореф. дис. … канд. ист. наук. – М., 2002. – 23 с.

19. Пташинский А. В. К вопросу о неолите Камчатки // Неолит и палеометалл Севера Дальнего Востока. – Магадан: СВКНИИ ДВО РАН, 2006. – С. 78-87.

20. Радиоуглеродная хронология древних культур каменного века Северо-Восточной Азии. – Владивосток: ТИГ ДВО РАН, 1998. – 127 с.

21. Российский Дальний Восток в древности и средневековье: открытия, проблемы, гипотезы. – Владивосток: Дальнаука, 2005. – 696 с.

22. Слободин С. Б. Верхняя Колыма и Континентальное Приохотье в эпоху неолита и раннего металла. – Магадан: СВКНИИ ДВО РАН, 2001. – 202 с.

23. Шевкомуд И. Я. Большебухтинская культура в Нижнем Приамурье // Традиционная культура востока Азии. – Благовещенск, 2008. Вып. 5. – С. 158-170.

Артеменков М.Н.
кандидат исторических наук, доцент
Смоленский государственный университет

ПЕРВЫЕ ЭТАПЫ СТАНОВЛЕНИЯ СИСТЕМЫ ИСПОЛНЕНИЯ НАКАЗАНИЙ В СОВЕТСКОЙ РОССИИ (1917- 1920 Г.Г.)

Статья подготовлена при финансовой поддержке Министерства образования и науки Российской Федерации в рамках ФЦП «Научные и научно-педагогические кадры инновационной России», соглашение № 14.B37.21.0488.

Любая власть, тем более ориентированная на жесткое поведение в отношении всех несогласных с ней, каковой была советская власть, не могла обойтись без пенитенциарной системы, жестко встроенной в государственный механизм. Построение системы органов, обеспечивающих осуществление уголовно-правового принуждения в советской России, происходило на основе сложившейся до революции системы уголовных наказаний. В период с октября 1917 г. по март 1918 г. в старой системе исполнения уголовных наказаний практически ничего не изменилось. Если и проводились какие-либо изменения, они инициировались исключительно местными Советами. Только в феврале 1918 г. НКЮ РСФСР направил на места циркуляр «О порядке увольнения и назначения на должности тюремной инспекции и администрации», ставший первым ведомственным документом, регламентировавшим порядок подбора кадров для тюремных учреждений и органов лишения свободы [1]. В полном объеме сохранялся и принцип единства тюремной системы. Дореволюционное законодательство не разделяло понятий «лишение свободы» и «заключение под стражу», соответствующие термины употреблялись как синонимы. Более того, тюремная система исполняла четыре различных вида государственного принуждения: уголовное наказание, административное взыскание, предварительное заключение под стражу и изоляцию в порядке гражданского судопроизводства (содержание в местах лишения свободы неисправных должников). В результате этого порядок исполнения этих мер принуждения регламентировался одними и теми же нормативными актами, а различные виды заключения под стражу исполнялись одними и теми же местами лишения свободы. Этот принцип был воспринят советской пенитенциарной системой. В постановлении НКЮ «О мерах заключения задержанных и об учреждении при тюрьмах следственных комиссий, проверяющих правильность и законность ареста» от 15 декабря 1917 года предписывалось направлять арестованных в тюрьмы фактически без разделения на категории [7].

Из нормативных актов этого периода можно отметить Постановление СНК РСФСР от 12 декабря 1917 г., по которому все места лишения свободы передавались в ведение НКЮ РСФСР, в составе которого была учреждена тюремная коллегия, а также постановление Наркомата юстиции от 24 января 1918г. «О тюремных рабочих командах», предусматривавшее применение общественно полезного труда как средства исправления заключенных [8]. Из трудоспособных заключенных создавались команды для выполнения необходимых государственных работ, не превышающих по тяжести труда чернорабочих. Им платили по расценкам, установленным для данной отрасли. Организацию труда осужденных в местах лишения свободы выполняли Центральный карательный отдел и Главное управление принудительных работ при НКВД.

Однако вскоре пенитенциарная система стала перестраиваться, приспосабливаясь к новым идеологическим ценностям и к защите интересов новой власти. Эта перестройка отражала противоречия того времени и ее содержание следовало изменениям в социально-политической обстановке. В места заключения постепенно стали проникать волны революционных новаций. В марте 1918 г. комиссар Главного Управления местами заключения В. Слунде издает приказ об избрании тюремных инспекторов, их помощников, начальников мест заключения. В местах заключения создается профсоюз, в тюремной администрации устанавливается выборное начало [2]. Среди заключенных устанавливается внутреннее самоуправление. Эти новации носили временный характер и вскоре «арестантская демократия» была ликвидирована.

В мае 1918г. тюремная коллегия была преобразована в Карательный отдел НКЮ РСФСР, в структуре которого имелось Главное управление местами заключения, а тюремные коллегии на местах - в карательные отделы при губернских комиссариатах юстиции. Реорганизация была обусловлена необходимостью создания более эффективной системы управления местами заключения и постепенной замены старого тюремного персонала на новый.

Поначалу не было и инструкций о режиме содержания, и он определялся, исходя из старой регламентации или революционного правосознания администрации мест заключения. Только 23 июля 1918 г. была издана «Временная инструкция о лишении свободы, как о мере наказания и о порядке отбывания такового», установившая основные принципы работы с заключенными. Инструкция стала первым значительным нормативным актом, направленным на изменение системы исполнения наказаний [9]. Отменялось деление мест заключения на разряды по тяжести наказания, в приговорах судов указывалось только лишение свободы на определенный срок, обязательно связанное с принудительными работами. Мелкие тюрьмы, как непригодные к воспитательно-трудовой деятельности, ликвидировались. Вместо них по губерниям создавалась централизованная тюремная система с организацией при тюрьмах общественных работ для заключенных. В результате количество тюрем резко сократилось. Например, в Тамбовской губернии вместо восьми тюрем осталось всего четыре [3]. Оставшиеся места лишения свободы делились по их назначению на общие места заключения (тюрьмы); реформатории и земледельческие колонии, как учреждения воспитательно-карательные. Лишенные свободы, способные к труду, обязательно привлекались к физическому труду и принудительным общественным работам. Инструкция определяла и наказания для нарушителей режима содержания: более суровый режим (лишение свиданий, переписка и прочее); меры изоляции (одиночное заключение, карцер до 14 дней). В исключительных случаях, при частых рецидивах недопустимого поведения, предусматривался перевод в специальные тюрьмы (изоляторы), где значительно уменьшался продовольственный паек и ужесточался режим содержания [9]. 21 августа 1918г. НКЮ принимает циркуляр «Временное положение о порядке содержания под стражей», в котором конкретизировались некоторые положения инструкции от 23 июля. Общим правилом для всех заключенных объявлялось занятие физическим трудом. Все подследственные, содержавшиеся в тюрьмах, делились на три категории: числившиеся за судами, за трибуналами и ВЧК. Сделано это было затем, чтобы избежать конфликтов, возникавших по поводу ведомственной принадлежности заключенных. Именно в этот период разгорелся острейший конфликт между ВЧК и Революционными Трибуналами, в основе которого лежало разделение правомочий и компетенции.

Одновременно шла выработка новой концепции пенитенциарной системы, под которой понималась система организации отбывания наказания, ее задачи и цели. Прежняя концепция с ее несложной целью устрашения не отвечала новым идеологическим принципам. Основными положениями (исходя из которых, в дальнейшем начались трансформация и изменения пенитенциарной политики, законодательства и права в политику исправительно-трудовую) были идеи об исправлении осужденных, как главной цели наказания и общественно полезном труде как ведущем средстве исправления. Именно эти идеи легли в основу новых институтов: «исправительно-трудовое законодательство» и «исправительно-трудовое право». В. И. Ленин в декабре 1917г. предложил наряду с традиционными видами наказаний активно использовать и «принудительные работы всем ослушникам настоящего закона» [6]. Политика смягчения наказания, с ее чрезмерно мягкими приговорами и отказом от использования принудительные работ, которую проводил на начальном этапе НКЮ во главе с левым эсером И.З. Штейнбергом, по мнению большевиков, вела к развалу системы наказаний. Необходимо было увеличить число мест заключения и усилить уголовные репрессии с обязательным исполнением принудительных работ. Таким образом, на первый план в новой концепции выдвигается идея принудительного труда и соответственно трансформация пенитенциарной системы в систему исправительно-трудовых учреждений. Практика привлечения заключенных к труду не была новой для России. Она применялась еще в дореволюционное время. Основанное в 1903 г. Главное тюремное управление активно развивало сеть мастерских, в которых работали осужденные. После февральской революции тюремные мастерские по всей стране прекратили свое существование. Часть их оборудования была уничтожена в ходе волнений, часть расхищена, часть же попросту пришла в негодность. В теоретическом плане еще до революции профессор А.А. Жижиленко высказал идею об исправлении осужденных как о важнейшей задаче пенитенциарной системы. Именно тогда и возник новый термин — «исправительно-трудовое право».

Эту же идею А.А. Жижиленко отстаивал и в советское время. Однако использование «буржуазного» опыта в полной мере не было возможным в новой России, что диктовалось не только нетерпимостью к буржуазным моделям устройства государственных органов, но и принципиальным отличием самой идеи использования труда осужденных в советской России от дореволюционной модели. Там труд добровольный, здесь исключительно принудительный. Хотя сама идея, безусловно, была воспринята новой властью, трансформировавшаяся в идею обязанности труда в условиях нового общественного строя. В местах лишения свободы труд выступал мерилом свободы и в качестве основного средства исправительно-трудового воздействия. Труд признавался важнейшим средством исправительного воздействия на осужденных. В Республике Советов не может быть места вынужденной праздности, этому «принудительному паразитизму», который мог быть при паразитическом же строе, например в Шлиссельбурге. Арестантское безделье просто противоречило бы основам Советской Республики. Вскоре теория начала воплощаться в жизнь посредством организации «производительного труда». Декрет ВЦИК РСФСР от 15 апреля 1919 г. «О лагерях принудительных работ», определял их задачу как не только и не столько как изоляцию и кару «враждебных сил», сколько «перековку» представителей «эксплуататорских классов». В постановлении указывалось, что расходы, связанные с содержанием осужденных, должны окупаться их трудом, то есть провозглашался принцип самоокупаемости мест лишения свободы. 24 мая 1918 г. НКЮ РСФСР направил местным органам юстиции циркуляр с указанием о том, что трудовая жизнь обязательна для тюрем. При этом часть заработанных денег должна поступать в государственную казну. Таким образом, устанавливалась самоокупаемость мест лишения свободы за счет средств осужденных. Временная инструкция НКЮ от 23 июля 1918 года устанавливала подробный распорядок дня: 8 часовой распорядок дня; всякий труд заключенных (кроме хозработ по лагерю) должен был оплачиваться в 100% размере по расценкам соответствующих профсоюзов. Из заработка вычиталась стоимость содержания лагеря и охраны. Подтверждались ранее установленные льготы за «особое трудолюбие». Необходимость принудительного труда заключенных была зафиксирована и в решениях VII Всесоюзного Съезда Советов (декабрь 1919 г.): «Труд - наилучший способ парализовать развращающее влияние... бесконечных разговоров заключенных между собой, в которых более опытные просвещают новичков». В Положении об общих местах заключения РСФСР от 19 ноября 1920 г. было дано определение роли труда применительно к местам заключения: «Труд, обязательный для каждого гражданина РСФСР, является обязательным и для заключенных... Занятие заключенных работами имеет воспитательно-исправительное значение, ставя перед собой целью приучить к труду заключенных, дать им возможность по выходе из места заключения жить трудовой жизнью». Заключенных рекомендовалось использовать на квалифицированной работе, совмещая ее с обучением в тех видах труда, которые могут найти применение после освобождения.

Несмотря на попытки новой власти создать в 1917-1920 годы систему регламентации уголовно-правового воздействия на правонарушителей, нормативно-правовую базу этого периода следует признать в значительной степени фрагментарной, что приводило к широкому развитию не только ведомственного, но и регионального нормотворчества. Еще одной важной чертой рассматриваемого периода формирования пенитенциарной системы стало возникновение системы самоокупаемости мест лишения свободы, в основе которой лежала концепция исправления трудом лиц, отбывающих наказание. Уже в первые годы существования Советского государства пенитенциарная система становится важнейшим элементом не только государственно-правового механизма, но и политической системы общества, важным инструментом проведения политики правящей партии.

Список использованных источников и литературы:

1. Ахмадеев Ф.Х., Катаев Н.А., Хабабулин А.Г. Становление и развитие органов советской милиции и исправительно-трудовых учреждений. Уфа, 1993.

2. Государственный архив Тамбовской области (Далее - ГАТО). Ф. Р-648. Оп.1. Д. 123. Л.4.

3. ГАТО. Ф. Р – 518. Оп. 1. Д. 83. Л. 11.

4. Жижиленко А.А. Наказание. Его понятие и отличие от других правоохранительных средств. Петроград, 1914.

5. Жижиленко А.А. Очерки по общему учению о наказании. Петроград, 1924.

6. Ленин В.И. Полное собрание сочинений. Т. 33. С. 90; Т. 35. С. 176.

7. Собрание узаконений РСФСР (Далее - СУ РСФСР). 1917. № 9. Ст. 145.

8. СУ РСФСР. 1918. № 15, Ст. 223; СУ РСФСР 1918, № 19. Ст. 284.

9. СУ РСФСР. 1918. №53. Ст. 598.

10. СУ РСФСР. 1919. № 12. Ст. 124.

Мифтахутдинова Л.Т.
кандидат филологических наук, доцент
Федеральное государственное автономное учреждение «Учебно-
методический центр Федеральной антимонопольной службы» (г. Казань),
заместитель директора

Miftakhutdinova Lilia T.
PhD Linguistics, Associate Professor
Federal Public Autonomous Agency «Centre for Education and Methodics of
the Federal antimonopoly service of the Russian Federation»
emc.miftakhutdinova@fas.gov.ru

SOME PRINCIPLES FOR SUSTAINABLE PROTECTION AND USE OF HERITAGE

The world is awash with heritage. Every town and village has sonic historic building or site, some collection of artefacts, or some local tradition or custom the preservation of which provides the inhabitants with a connection to their past. At the other end of the scale, the great museums and galleries of the world housing priceless art treasures, the historic cities, the monuments and sites to which countless tourists make pilgrimage, all represent an international heritage for which there is fl vast and ever-growing demand.

Decisions as to what counts as cultural heritage and how it should In-preserved, restored and/or presented to the public have largely been the province of experts: archeologists, art historians, museologists, architects, conservationists, museum directors, urban planners. When economists dare to enter the sacred ground of conservation decisions and point to some of their economic ramifications, their intrusion is often resented, as if matters to do with heritage are beyond the reach of economics. Yet economic analysis, provided it is sensitive to the cultural values with which it is dealing, can engage many questions in this field, ranging from resource allocation decisions within cultural institutions responsible for storing and exhibiting heritage, to policy issues relating to the financing and management of publicly owned heritage at national and international levels.

Heritage is specifically taken through the prism of cultural capital in this paper. Treating heritage as asset opens it up to evaluation using the familiar techniques of investment appraisal. Bearing in mind the distinction we have drawn between economic and cultural value, we propose that any meaningful application of such techniques in the study of heritage projects will need to take account of both sources of value. Having done so, we will be able to draw the economic and cultural appraisals together by invoking again the criteria of sustainability in the assessment of heritage decisions.

The management of World Heritage sites is supposed to meet UNESCO's standards of economic, social, ecological and cultural sustainability. However, these four spheres of sustainability may conflict with each other, as the praxis of World Heritage management and use frequently shows. In particular, the economic exploitation of tangible heritage can be at the expense of social and ecological sustainability. A central issue, also in this focus area, is the fact that World Heritage, because it has increasingly become a marketed product, is less and less treated as a cultural good. This has significant consequences, especially for the management of World Heritage sites. The balancing act between the tight and strict conservation regulations and the demands on use and accessibility, which World Heritage site managers have to satisfy, is becoming increasingly difficult. Therefore, case studies may be more likely to provide solutions and answers than theoretical studies.

Innovative management structures and concepts shall be developed on the basis of participatory approaches, and shall be combined with modern urban planning concepts, for instance in relation to historic city centres. This focus area is therefore closely connected to studies in management, but aims at the same time at urban and regional development. In this regard, there should be distinguished the following thematic focus areas:
- impact of migration and globalization on cultural diversity,
- conflicts between the necessity to protect historic sites and usage demands of - local communities and mass tourism,
- post-industrial use of industrial plants as world heritage sites,
- influences of modern urban development (in particular mobility and migration) on the use of historic sites,
- enhancing the participation of local communities in the protection and use of tangible cultural heritage,
- research on cultural "routes" and their technological/material foundations,
- research on the motive of cultural diversity in concepts of sustainable development,
- research on the mitigation of unsustainable industrial cultural impacts within heritage site management frameworks which are based on principles of sustainability,
- research on the relation between cultural conservation and cultural development in sustainable development programs.

We suggest that a framework for bringing together the consideration of economic and cultural value generated over the long term by such capital is provided by the ideas of sustainability. The principles for defining sustainability which are put forward in general can now be reiterated for the specific case of heritage. These principles can provide a means for integrating economic cost-benefit appraisals of a heritage project carried out. The motivation for proceeding in this direction is to provide a set of criteria for formulating sustainable heritage management strategies which recognize both the economic and the cultural value produced by the project. Let us consider the principles briefly in turn.

The first criterion, the generation of material and non-material well-being, is covered by the generalized cost-benefit appraisals of the heritage project. Sustainability would require the analysis of net benefits to take account of both use and non-use values, and of both economic and cultural value generated by the project, in this assessment.

Secondly, the intergenerational equity principle requires the interests of future generations in the project outcomes to be acknowledged. This might be pursued in several different ways. In quantitative terms, respect for intergenerational concerns might suggest adoption of a lower discount rate than might be otherwise accepted on time-preference or opportunity-cost grounds in the process of reducing both economic and cultural benefit streams to present value terms. In qualitative terms, the issue of fairness itself should be explicitly considered in terms of the ethical or moral dimensions of taking account of the likely effect of the project on future generations.

Thirdly, the principle of intragenerational equity would recognize the welfare effects of the heritage project on the present generation. Consideration might be given to the distributional impacts of the capital costs of the investment project under study, to identify whether any regressive effects might be present. Furthermore, intragenerational equity also refers to equity in access to the benefits of the project across social classes, income groups, locational categories, etc. If serious inequities were identified, the possibility of corrective or compensatory action might be raised, if indeed such action were feasible. In addition, .in intragenerational equity issue may arise in the processes involved in actually making the investment decision, insofar as it may be appropriate for stakeholders affected by the decision to have some input into these processes via some form of bottom-up mechanism. General considerations of sustainability would suggest attention to the fairness of decision-making procedures in this context, including empowerment of those whose interests are affected by heritage decisions where appropriate and possible. Overall, in regard to this criterion, a sustainable project will be one leading to no adverse distributional consequences in either economic or cultural terms in respect of the incidence of either its costs or its benefits.

Bibliography:
1. Throsby, David, 2004. "Economics and Culture", Cambridge University Press.
2. Baoumol, William J. and Oates, Wallace E., 1988. The Theory of Environmental Policy, 2nd edn., Cambridge University Press;
3. Wolfenson, James D. et al., 2000. Culture Counts: Financing, Resources, and the Economics of Culture in Sustainable Development, Washington, DC: World Bank.

Сарап Л.Р.

доцент, к.м.н., Алтайский государственный медицинский университет, г. Барнаул

ФАКТОРНЫЙ АНАЛИЗ ЗАВИСИМОСТИ СТОМАТОЛОГИЧЕСКОЙ ЗАБОЛЕВАЕМОСТИ ДЕТСКОГО НАСЕЛЕНИЯ ОТ ЭКОЛОГИЧЕСКОГО СОСТОЯНИЯ ТЕРРИТОРИИ

Сохранение здоровья детского населения — один из важнейших приоритетов благополучного развития современного общества. На состояние здоровья детей оказывают влияние многие факторы социального, экологического и природно-биологического характера. Изменение условий окружающей среды влияет на здоровье населения, особенно детей [1,11; 2,11; 3,3; 6,18]. Одним из наиболее чувствительных показателей, отражающих качество окружающей среды, является состояние стоматологического здоровья детей, так как для развивающихся и активно растущих тканей челюстно-лицевой области ребенка потенциально опасны любые концентрации и дозы вредных веществ [5,16; 7,137].

Алтайский край является регионом, где антропогенное влияние имеет полифакторный характер. Наряду с повсеместно широко распространенным техногенным, промышленным загрязнением, в Алтайском крае население испытывает отдаленные последствия испытаний ядерных устройств на Семипалатинском полигоне. Особый неблагоприятный характер гигиенических факторов связан с тем, что их влияние происходит на фоне ретроспективного радиационного ослабления популяции Алтайского края [4].

Нами была проведена комплексная оценка стоматологического статуса 947 детей 6, 12, 15 лет, проживающих на 6 территориях с преобладанием того или иного доминантного фактора экологического загрязнения. Обследование проводилось с целью оценки распространенности, интенсивности основных стоматологических заболеваний, выявления потребности в лечебных и профилактических процедурах среди большой выборки детского населения ключевых возрастных групп, проживающего в различных экологических, климатогеографических и социально-экономических условиях, с последующим экстраполированием полученных результатов на все население края. Также проводился анализ состояния окружающей среды территорий проживания, который включал – исследование питьевой воды, почв, атмосферы, ретроспективного анализа пролегания радиоактивных следов взрывов от ядерных испытаний Семипалатинского полигона 1949г.

Для выявления наличия связей между экологическим загрязнением территорий и распространенностью и интенсивностью стоматологических заболеваний у детского населения Алтайского края нами был проведен факторный, корреляционный и регрессионный анализ. Проведение факторного анализа преследовало две цели. Во-первых, определить взаимосвязь между параметрами, характеризующими стоматологическую заболеваемость детского населения Алтайского края (переменные m) и экологически неблагоприятными факторами (n, выбрано было 12 факторов). Во-вторых, необходимо выяснить, существует ли избыточность анализируемых факторов и, при ее наличии, сократить количество измеряемых и анализируемых параметров и факторов для последующих исследований. С помощью статистического анализа возможно выявление скрытых переменных факторов, отвечающих за наличие линейных статистических корреляций между наблюдаемыми переменными.

К экологическим факторам *n*, линейно связанным с параметрами стоматологической заболеваемости *m* (коэффициент корреляции $|C_{nm}|>0,8$ при уровне значимости равном или меньшем 0,05) по результатам анализа мы отнесли: ранг отдаленных последствий радиационного воздействия, ранг химического загрязнения, суммарный ранг неблагоприятного техно-антропогенного воздействия.

Далее приведены исследованные нами параметры стоматологической заболеваемости детского населения и экологические факторы.

Ранг отдаленных последствий радиационного воздействия линейно связан со следующими стоматологическими параметрами: увеличение лимфатических узлов головы и/или шеи у детей в возрасте 15 лет; травматическое поражение СОР у детей в возрасте 6 лет; сумма всех показателей поражения СОР у детей в возрасте 12 лет; хейлит (поражения СОР) у детей в возрасте 12 лет; сумма всех показателей поражения СОР у детей в возрасте 15 лет; отсутствие резцов, клыков, премоляров на обеих челюстях у детей в возрасте 12 лет; промежуток в резцовых сегментах у детей в возрасте 12 лет; наличие диастемы у детей в возрасте 12 лет; отклонение в переднем отделе на верхней челюсти у детей в возрасте 12 лет; нарушение правильного соотношения моляров у детей в возрасте 12 лет.

На основании статистически достоверно установленной линейной связи можно выдвинуть гипотезу о том, отдаленные последствия воздействия радиации на население являются, по крайней мере, одной из причин возникновения патологии слизистой оболочки полости рта у детей во всех исследуемых возрастных группах (6, 12, 15 лет) и возникновения зубочелюстных аномалий. Это подтверждают и результаты проведенного нами аналитического эпидемиологического исследования, в результате которого распространенность поражений слизистой оболочки рта была достоверно выше у детей ключевых возрастных групп, потомков лиц, находившихся на следе ядерного взрыва, в сравнении с экологически благоприятным районом. Распространенность зубочелюстных аномалий у детей 12 лет была также наивысшей у детей, потомков лиц, находившихся на следе ядерного взрыва 29 августа 1949г.

Ранг химического загрязнения территории линейно связан со следующими стоматологическими параметрами, характеризующими аномалии сроков прорезывания зубов (частота встречаемости клыков верхней челюсти у детей в возрасте 12 лет).

Суммарный ранг неблагоприятного техно-антропогенного воздействия линейно связан со следующими стоматологическими параметрами: распространенность кариеса зубов у детей в возрасте 6 лет; распространенность заболеваний тканей пародонта у детей в возрасте 6 лет; показатель кариесогенности зубного налета у детей в возрасте 15 лет; частота поражения СОР (хейлит) у детей в возрасте 15 лет; pH ротовой жидкости у детей в возрасте 12 лет; вязкость ротовой жидкости (сП) у детей в возрасте 12 лет; содержание Р в ротовой жидкости (моль/л)у детей в возрасте 15 лет; количество прорезавшихся постоянных зубов нижней челюсти на одного участника исследования у детей 12 лет.

Из приведенного выше, следует, что суммарный ранг неблаго-приятного техно-антропогенного воздействия достоверно имеет широкий спектр влияния на распространенность кариеса зубов и болезней пародонта у детей в раннем возрасте, на показатели кариесогенности зубного налета у детей подросткового возраста (15 лет), на ряд физико-химических свойств ротовой жидкости и сроки прорезывания зубов у детей 12 лет.

В результате проведенного нами исследования и оценки сложившейся ситуации в Алтайском крае был выявлен высокий уровень распространенности стоматологической заболеваемости среди детского населения. Мы пришли к следующему выводу — в сложившихся условиях только профилактические мероприятия, помогут снизить прирост заболеваемости, уменьшить число детей, нуждающихся в ортодонтическом лечении, детском протезировании и в целом улучшить стоматологическое здоровье населения.

Поэтому поиск и изучение подходов к сохранению стоматологического здоровья у детей Алтайского края, проживающих на экологически неблагоприятных территориях, являются крайне актуальными.

Список использованной литературы:

1. Алимский А.В. Влияние экологической среды северных промышленных территорий на распространение аномалий зубочелюстной системы у школьников / А.В. Алимский, Л.М. Алпатова //Новое в стоматологии. – 2001. - №5. – С.71-72.
2. Балева Л.С. Медико-социальные и организационные проблемы охраны здоровья детей, подвергшихся радиационному воздействию, вследствие радиационных катастроф / Л.С. Балева, А.Д. Царегородцев //Сборник «Здоровье детей и радиация». – М.,2001. – С.11-16.
3. Латышев О.Ю. Влияние экологии, витаминов и минералов на здоровье детей и подростков. Стоматологический статус организма как отражение состояния внутреннего здоровья. Часть 2 /О.Ю. Латышев //Стоматология детского возраста и профилактика. – 2005. - №3-4. – С.3-10.
4. Шойхет Я.Н. Радиационное воздействие на население Алтайского края ядерных испытаний на Семипалатинском полигоне /Я.Н.Шойхет, В.И.Киселев, В.М. Лоборев и др. - Барнаул: Азбука,1999. – 346с.
5. Dautov F.F. Risk factors and incidence of dental diseases in children in a large industrial town / F.F. Dautov, G.N. Lysenko, A.I. Lysenko // Gig. Sanit. -2005.-№5. p. 16-17.
6. Ditmyer, Marcia M.; Dounis, Georgia; Howard, Katherine M.; Mobley, Connie; Cappelli, David. Validation of a multifactorial risk factor model used for predicting future caries risk with nevada adolescents. BMC Oral Health, 2011, Vol. 11 Issue 1, p18-25
7. Gabris K. Prevalence of congenital hypodontia in the permanent denti-tion and its treatment / K. Gabris, J. Tarjan, P. Csiki et al. // Fogorv. Sz. – 2001. – Vol.94. - №4. – P.137-140.

Belyi L.E.[1], Konshin I.I.[2]
[1] doctor of medical sciences, professor, Ulyanovsk State University,
[2] urologist, Ulyanovsk clinical center of specialized types of medical care

INTRASCROTAL HYPERTENSION AS CRITERION OF A CHOICE OF MEDICAL TACTICS AT ACUTE EPIDIDYMOORCHITIS

Despite prevalence acute epididymoorchitis, opinions on tactics of its treatment are very inconsistent [1,49;4,66;5,28]. In this regard the purpose of the real research was development of algorithm of diagnostics and treatment of patients with the acute epididymitis, being accompanied reactive hydrocele. Ultrasonographic research of a scrotum was conducted on the ultrasonic scanner "Philips HD3". Measurement of intrascrotal pressure carried out in the punction way by means of a water column in the graduated tube with the subsequent recalculation to Pa. Intensity of a pain syndrome estimated by means of the universal visual analog scale (VAS). We put existence of a syndrome of an intrascrotal hypertension in a basis of creation of offered algorithm [2,154;3,582]. Existence of sonographic signs is purulent - destructive process was the indication for surgical treatment - revision of organs of a scrotum during which the intraoperative decision on the volume of a surgical grant is individually made. At detection reactive hydrocele and lack of a purulent destruction carried out its puncture with definition of level of hydrostatic pressure and registration of the fact of its depression. The puncture reactive hydrocele is medical procedure as our previous researches confirmed the fact of influence of an intrascrotal hypertension on a condition of a blood flow in an epididymis and expression of inflammatory process. For the proof of expediency of use of this algorithm we conducted comparative research of clinical data of 2 groups of patients. 16 patients were included in the first group with an acute epididymitis (intrascrotal pressure of $992,92\pm117,99$ Pa) by which the operative measure in volume of a scrotumtomy on the party of a lesion, evacuation of an exudate, revision of organs of a scrotum, an epididymotomy and a drainage of a cavity of a scrotum is carried out. The second group consisted of 13 patients with an acute epididymitis (intrascrotal pressure of $909,23\pm88,72$ Pas, isn't present reliable difference with the first group), by which instead of a scrotumtomy the puncture reactive hydrocele is executed.

In the first group of patients with an acute epididymitis by which the scrotumtomy and revision of organs of a scrotum was carried out, when entering intensity of a pain syndrome made $6,4\pm0,7$, authentically without differing from a similar indicator in the first group. After performance of a surgical grant intensity of a pain syndrome essentially didn't decrease and made $5,3\pm0,4$ points. It is necessary to notice that in the first days in this group after the carried-out surgical grant of part of patients narcotic analgetics were entered. In the second group of patients (a scrotum puncture) when entering average value of intensity of a pain syndrome on VAS made 6,2±0,4 points. After a puncture reactive hydrocele this indicator made 3,1±0,7 points (p<0,001). Average depression of intensity of a pain syndrome made 2,4±0,2 points. In the first group for the 3rd and 5th days intensity of a pain syndrome made 3,7±0,6 points and 3,4±0,2 points, respectively. In the second group other picture was observed - for the 3rd and 5th days of hospitalization intensity of pain on VAS made 2,7±0,3 points and 1,3±0,3 points, respectively. Differently, for the 5th days there was an essential decrease of a pain syndrome and reliable differences of intensity of pain in studied groups were noted. It is obvious that the reason for that is the appreciable operational trauma in the first group of the patients, aggravating intensity of a pain syndrome. Research of dynamics of quantity of leucocytes in a peripheric blood showed faster cupping of inflammatory reaction at application of low-invasive treatment. In the analysis of dynamics of a temperature curve it is established that in group of patients with an acute epididymitis by which it was carried out a scrotumtomy and audit of organs of a scrotum when entering, level of a hyperthermia made 39,1±0,6 ^{0}C, authentically without differing from a similar indicator in the first group. After a surgical grant the hyperthermia didn't decrease. In the second group of patients when entering average value of body temperature made 38,6±0,5 0C. After a puncture this indicator made 37,4±0,3 ^{0}C (p<0,05). The 3rd - and the 5th in the first group average body temperature made 37,4±0,6 ^{0}C and 37,2±0,4 ^{0}C, respectively, and in the second group - 36,8±0,2 ^{0}C and 37,0±0,1 ^{0}C. That is for the 5th days noted conservation of the subfebrile condition indicating continuation of inflammatory process.

Thus, the puncture of a scrotum is one of the directions of pathogenetic therapy of the acute epididymitis, consisting in depression of intrascrotal pressure. Application of a puncture of a cavity of a scrotum at an acute epididymitis allows to reduce quantity of unjustified surgical grants, to reduce intensity of a pain syndrome, to accelerate cupping of systemic inflammatory reaction.

References:

1. Arbuliyev M. G. Diagnostics and treatment acute эпидидимоорхита/M G. Arbuliyev, K.M.Arbuliyev, Dative Gadzhiev, B.H.Abunimekh//Urologiya.– 2008.– № 3.– P 49-52.

2. Belyi L.E.Intrascrotal compartment-syndrome in a pathogenesis of acute epididymitis / L.E. Belyi, I.I.Konshin // Vestnik Novosibirskogo gosudarstvennogo universiteta. Serija: biologija i klinicheskaja medicina.– 2011.–T.9. –vyp.3.– S. 153–155.

3. Belyi L. E. Intrascrotal hypertension as factor of burdening of acute epididymitis/ L.E.Belyi, I.I.Konshin // Vestnik jeksperimental'noj i klinicheskoj hirurgii.– 2011.– T.IV.–№3.– S.582–583.

4. Belyi L.E. Acute epididymitis: etiology, pathogenesis, diagnostics and treatment /L.E. Belyi // Problemy reprodukcii.– 2010.– № 4.– S.66–71.

5. Zabirov K.I. Acute and chronic epididymitis: etiology, clinic, maintaining tactics / K.I Zabirov, I.I.Derevyanko, I.I.Trachuk, S.E. Razin // Consilium-medicum.– 2004.– T.6.– №7.– P. 28-34.

Мартемьянов В.Ф.
д.м.н., профессор ФГБУ «НИИ КиЭР» РАМН;
Мозговая Е.Э.
к.м.н., ФГБУ «НИИ КиЭР» РАМН, nauka@ pebma.ru;
Евдокимова Е.В.
ФГБУ «НИИ КиЭР» РАМН;
Зборовский А.Б.
академик РАМН, д.м.н., профессор, ФГБУ «НИИ КиЭР» РАМН

ЭНЗИМНЫЕ РАЗЛИЧИЯ КРОВИ БОЛЬНЫХ РЕАКТИВНЫМ АРТРИТОМ И АНКИЛОЗИРУЮЩИМ СПОНДИЛИТОМ

Сходство некоторых клинических проявлений реактивного артрита (РеА) и анкилозирующего спондилита (АС) нередко обусловливает трудности при их дифференциации. Поскольку схемы лечения данных заболеваний различны, их своевременная диагностика является актуальной медицинской проблемой.

Цель исследования: выявить энзимные различия крови больных РеА и АС, способствующие их дифференциации.

Материалы и методы. Под наблюдением находились 54 больных РеА и 22 больных АС. Диагноз РеА устанавливался в соответствии с диагностическими критериями, принятыми на IV международном совещании по РеА в Берлине и с учетом Российских критериев РеА [1,82;3,2187], диагноз АС – на основании модифицированных Нью-Йоркских критериев [6,362]. Из 54 больных РеА у 30 больных определялся урогенный РеА (триггерная инфекция – Chlamydia Trachomatis), у 24 – энтерогенный РеА (триггерная инфекция – Yersinia enterocolitica). Контингент больных РеА был представлен 36 (66,7%) мужчинами и 18 женщинами (33,3%). Возраст больных варьировал от 18 до 47 лет (M±m: 31,9±1,0 год). Длительность болезни – (M±m: 9,4±0,9 лет). Острое течение выявлено у 20 (37%), затяжное течение – у 19 (35,2%), хроническое – у 15 (27,8%), I степень активности процесса - у 21 (38,9%), II степень активности – у 22 (40,7%), III степень активности – у 11 (20,4%) больных. Первая стадия поражения суставов выявлена в 28 (51,9%), II стадия – в 10 (18,5%) случаях, у 16 (29,6%) больных рентгенологические признаки поражения суставов не выявлены. Все больные АС были мужского пола. Возраст больных – от 24 до 50 лет (M±m: 36,8±1,7 год), длительность болезни – от 2 до 10 лет (M±m: 5,6±0,6 год). Первая степень активности процесса определена у 8 (36,4%), II степень – у 7 (31,8%), III степень – у 7 (31,8%), I стадия поражения суставов и позвоночника - у 3 (13,6%), II стадия – у 10 (45,5%), III стадия – у 9 (40,9%) больных.

Выделение лимфоцитов из венозной крови проводилось по методике, предложенной Boyum [2,79]. Лизаты лимфоцитов и эритроцитов готовили путем трехкратного замораживания-оттаивания. В 3-х биологических средах (плазме, лизатах лимфоцитов и эритроцитов) по оригинальным методикам определяли активность гуаниндезаминазы (ГДА), гуанозиндезаминазы (ГЗДА), гуанозинфосфорилазы (ГФ), пуриннуклеозидфосфорилазы (ПНФ) [4,189;5,2041;7,3044]. Активность ферментов выражали в нмоль/мин/мл, исходя из содержания в 1 мл лизата лимфоцитов (до лизиса) 10^7 клеток, в 1 мл лизата эритроцитов (до лизиса) 10^9 клеток. Референтные пределы включенных в исследование энзимных показателей получены путем их определения в группе 30 практически здоровых доноров станции переливания крови (M±m). Иммуноферментным методом в соскобах слизистых уретры выявляли Chlamydia Trachomatis, в сыворотке крови - антитела к ней. Yersinia enterocolitica обнаруживали путем бактериологического посева кала и определения антител в сыворотке крови в реакции непрямой гемагглютинации. Результаты исследований обработаны с помощью программного пакета «Статистика 6.0».

Результаты исследований. В плазме крови здоровых лиц активность ГДА составила 1,16±0,2 нмоль/мин/мл; ГЗДА – 2,08±0,05 нмоль/мин/мл; ГФ – 1,09±0,02 нмоль/мин/мл; ПНФ – 0,85±0,02 нмоль/мин/мл; в лизатах лимфоцитов активность ГДА – 11,7±0,18 нмоль/мин/мл; ГЗДА – 7,49±0,13 нмоль/мин/мл; ГФ – 11,5±0,3 нмоль/мин/мл; ПНФ – 34,5±0,7 нмоль/мин/мл; в лизатах эритроцитов – активность ГДА – 16,9±0,3 нмоль/мин/мл; ГЗДА – 11,3±0,2 нмоль/мин/мл; ГФ – 4,87±0,08 нмоль/мин/мл; ПНФ - 180±3,2 нмоль/мин/мл. Существенной зависимости активности энзимов от пола и возраста у здоровых лиц не выявлено.

У больных РеА (всей группы) по сравнению с больными АС (всей группой) в плазме крови ниже активность ГДА, ГФ, ПНФ (все p<0,001) и выше активность ГЗДА (p<0,05); в лизатах лимфоцитов ниже активность ГЗДА (p<0,05), ГФ (p<0,001), незначительно ниже активность ГДА и ПНФ (p>0,05); в лизатах эритроцитов ниже активность ГДА и ГФ (p<0,001), ГЗДА (p<0,01) и несколько ниже активность ПНФ (p>0,05).

Проведенные исследования выявили существенную зависимость ферментных показателей от степени активности патологического процесса у больных РеА: чем выше была активность процесса, тем в 3-х изученных биологических средах определялась более высокая активность ГДА, ПНФ и более низкая активность ГЗДА и ГФ. Между всеми степенями активности процесса выявлены статистически значимые энзимные различия. Исходя из этого, нами были проведены сравнительные исследования энзимных показателей крови больных РеА и АС с учетом фактора активности процесса. Так, у больных РеА с I степенью активности по сравнению с больными АС с I степенью активности в плазме крови ниже активность ГДА (p<0,001), ГФ (p<0,001), ПНФ (p<0,05); в лизатах лимфоцитов ниже активность ГДА, ПНФ, выше активность ГЗДА (все p<0,001); в лизатах эритроцитов ниже активность всех ферментов (p<0,001). При II степени активности у больных РеА по сравнению с больными АС в плазме крови ниже активность ГДА, ГФ, ПНФ и выше ГЗДА (все p<0,001); в лизатах лимфоцитов ниже активность ГДА, ГФ, ПНФ (все p<0,001) и ГЗДА (p<0,05); в лизатах эритроцитов ниже активность всех ферментов (p<0,001). При III степени активности у больных РеА по сравнению с больными АС в плазме крови ниже активность ГДА, ГФ, ПНФ (все p<0,001) и выше ГЗДА (p<0,05); в лизатах лимфоцитов выше активность ГДА, ПНФ, ниже ГЗДА и ГФ (все p<0,001); в лизатах эритроцитов выше активность ГДА и ПНФ, ниже активность ГФ (все p<0,001).

Таким образом, сравнительные исследования энзимных показателей у больных РеА и АС с учетом фактора активности процесса выявили различия энзимных профилей крови, отличные от различий, обнаруженных при игнорировании этого фактора в случае сравнения групп в целом.

В то же время данные о том, что активность того или иного энзима выше или ниже при РеА или АС дают лишь ориентировочное представление о направлении метаболических процессов, происходящих при РеА и АС и недостаточно пригодны для дифференциации данных заболеваний у конкретного больного. Исходя из этого, в диагностических целях можно предложить ориентироваться на минимальные и максимальные величины активности энзимов, полученные нами в проведенных при РеА и АС исследованиях. Обнаружение наряду с соответствующими клинико-инструментальными данными в плазме крови больного активности ГДА ниже 1,32 нмоль/мин/мл, ПНФ – ниже 0,88 нмоль/мин/мл, ГФ – ниже 1,12 нмоль/мин/мл; в лизатах лимфоцитов – активности ГЗДА ниже 6,8 нмоль/мин/мл, ГФ – ниже 12,6 нмоль/мин/мл; в лизатах эритроцитов – активности ГЗДА менее 9,6 нмоль/мин/мл, ГФ – ниже 5,2 нмоль/мин/мл может свидетельствовать в пользу наличия у больного РеА. В случае если в плазме больного активность ГДА выше 1,48 нмоль/мин/мл, ПНФ – более 1,16 нмоль/мин/мл, ГФ выше 1,28 нмоль/мин/мл; в лизатах лимфоцитов – активность ГДА менее 9,6 или более 13,8 нмоль/мин/мл, ГЗДА – выше 12,5 нмоль/мин/мл, ПНФ – ниже 25,6 нмоль/мин/мл или выше 40,3 нмоль/мин/мл, ГФ – больше 16,5 нмоль/мин/мл; в лизатах эритроцитов – активность ГДА ниже 15,2 нмоль/мин/мл или выше 21,0 нмоль/мин/мл, ПНФ –ниже 155 или выше 205 нмоль/мин/мл, ГФ – больше 5,4 нмоль/мин/мл, то более вероятен диагноз АС. Следует отметить, что выявление у конкретного больного всех отличительных признаков в 3-х биологических средах не является обязательным. При этом надо учитывать, что вышеуказанные энзимные различия можно использовать при дифференциации РеА и АС, исключив другие ревматические заболевания суставов.

Вывод. Определение активности ГДА, ГЗДА, ГФ и ПНФ в лизатах лимфоцитов, эритроцитов и плазме крови в комплексе с клинико-инструментальными данными может способствовать дифференциации РеА и АС.

Список литературы

1. Агабабова Э.Р., Бунчук Н.В., Шубин С.В. и др. // Научно-практическая ревматология. – 2003. - №3. – С.82-83.
2. Boyum A. // Scand. J. Clin. Lab. Invest. – 1968. – Vol.21. – Suppl.97 (Paper IV) – P.77-89.
3. Braun J., Kingsley B., Vander Heijde D., et al. // J. Rheumatol. – 2000. – Vol.27. – P.2185-2192.
4. Caraway W.T. // Clin. Chem. – 1966. – Vol.12. – P.187-193.
5. Robertson B.C., Hoffee P.A. // J.Biol. Chem. – 1973. – Vol.248, №6. – P.2040-2043.
6. Van der Linden S., Valkenburg H.A., Cats A. // Arthr. Rheum. – 1984. – Vol.27. – P.361-365.
7. Yamamoto W. // J. Biol. Chem. – 1961. – Vol.236, №11. – P.3043-3046.

Григоричева Е.А.

д.м.н., проф. кафедры госпитальной терапии №1 ГБОУ ВПО ЮУГМУ Минздрава России, г. Челябинск, Россия

lenaqriq@rambler.ru

Бондарева Ю.Л.

врач Клиники 1 ГБОУ ВПО ЮУГМУ Минздрава России, г. Челябинск, Россия

Евдокимов В.В

к.м.н., ассистент кафедры госпитальной терапии №1 ГБОУ ВПО ЮУГМУ Минздрава России, г. Челябинск, Россия

Мельников И.Ю.

к.м.н., ассистент кафедры госпитальной терапии №2 и семейной медицины ГБОУ ВПО ЮУГМУ Минздрава России, г. Челябинск, Россия

СУТОЧНОЕ МОНИТОРИРОВАНИЕ АРТЕРИАЛЬНОГО ДАВЛЕНИЯ И СОСТОЯНИЕ СОСУДИСТОЙ СТЕНКИ В СТРАТИФИКАЦИИ РИСКА РАЗВИТИЯ СЕРДЕЧНО-СОСУДИСТЫХ ОСЛОЖНЕНИЙ

Актуальность. Суточное мониторирование артериального давления (СМАД) рутинно применяется для диагностики наличия артериальной гипертензии в случае высокой вариабельности артериального давления, артериальной гипертензии «белого халата», артериальной гипертонии беременных. Часть показателей (снижение АД ночью, скорость утреннего подъема АД, вариабельность АД) могут быть использованы для выявления пациентов с неблагоприятным течением АГ, однако в существующих стратификационных системах они не фигурируют. В то же время среди «новых факторов риска описаны показатели жесткости сосудистой стенки, в частность, скорость распространения пульсовой волны в аорте (PWVao) и центральное АД в аорте (ЦАДАо) [1,2]. Последние показатели могут быть получены путем анализа осциллографичеких кривых в процессе измерения АД и включены в технический комплекс СМАД [3,4].

Цель. Определить возможности рутинных и новых показателей суточного мониторирования артериального давления (АД) при стратификации сердечно-сосудистого риска пациентов с эссенциальной артериальной гипертензией (АГ).

Материал и методы. Обследовано 100 пациентов (50 мужчин и 50 женщин) с АГ 1-2 стадии, в возрасте 40-59 лет, не получавших антигипертензивную терапию. Средний возраст включенных в исследование составил $54,3 \pm 4,1$ года. Эхокардиография и ультразвуковое исследование сонных артерий проводилась на ультразвуковом сканере Logic-5 XP. Суточное мониторирование артериального давления проводилось осцилометрическим методом на аппарате BPlab (производитель «Петр Телегин») с последующим расчетом параметров СМАД и жесткости сосудистой стенки в лаборатории предприятия – изготовителя по стандартным методикам и с применением пакета прикладных программ Vasotens Office. Всего получено 190 показателей. В настоящей работе анализируются стандартные: среднее САД, ДАД днем и ночью и индекс времени. В качестве маркеров повышенной жесткости сосудистой стенки взяты PWVao и ЦАДАо. Скорость распространения пульсовой волны в аорте является досто-верным методом определения жесткости сосудов. В стандартном ее определении используется методика, принятая в приборе SphygmoCor, основанная на измерении пульсовых волн датчиками, установленными в области сонной и бедренной артерий. Однако, эта методика определения скорости распространения пульсовой волны по двум точкам не применима для суточного мониторирования. В ПО BPLab для определения PWVao используется соотношение: PWVao = K * (2 * L) / RWTT, где:RWTT - время распространения отраженной волны;L - длина ствола аорты. В ПО BPLab за длину аорты принимается расстояние от верхнего края грудины (sternum incisura jugularis) до лонной кости (symphisis pubica);

Параметры центрального аортального давления (систолическое САДао, диастолическое ДАДао, среднее СрАДао, пульсовое ПАДао) могут быть определены неинвазивно. Вначале строится усредненная форма изменения давления в плечевой артерии (синяя кривая на рис. 2.1). К этой функции применяется дискретное преобразование Фурье (DTF), полученный комплексный спектр домножается на передаточную функцию TF, после чего производится обратное дискретное преобразование Фурье (IDTF). Полученная в результате функция соответствует усредненной форме пульсаций в восходящей аорте (красная кривая). Минимальное и максимальное значение на каждой кривой соответствуют диастолическому и систолическому АД в конкретном сосуде. Поскольку АД в плечевой артерии известно по результатам измерения, таким образом, становится известной величина центрального АД (в аорте).

Результаты. При анализе связей гипертрофии левого желудочка (ГЛЖ) и параметров СМАД обнаружена достоверная связь средней силы ($r>0.3< p<0.05$) ИММЛЖ и систолического уровня АД как в дневные, так и в ночные часы, ассоциация ГЛЖ со снижением частоты сердечных сокращений. При анализе связи ТИМ с параметрами СМАД обнаружена связь средней силы с уровнем ДАД в ночные часы. Таким образом, повышение САД связано с ремоделированием сердца, а нарушение суточного ритма АД с повышением ДАД ночью (нон-дипперы) с ремоделированием сосудов.

При анализе показателей ЦАДАо были подтверждены основные связи параметров гемодинамики с поражением органов-мишеней, то есть ассоциация систолического АД с ИММЛЖ, а диастолического АД ночью с увеличением ТИМ. Факт отсутствия дополнительной информации о статусе сердечно-сосудистого риска не дает оснований для широкого клинического применения этого показателя.

Получена сильная положительная корреляционная связь среднесуточной PWVao с ИММЛЖ (r=0.61) и с ТИМ (r=0.64). Аналогичные показатели получены при расчете среднедневных и средненочных PWVao. Факторный анализ показал относительную независимость PWVao от других, гемодинамических показателей СМАД. При анализе осциллограмм у 150 добровольцев нормативным значением PWVao при проведении СМАД принято 10.1 см/с. Превышение этого значения повышает риск ГЛЖ у пациентов с АГ в 8 раз (ОР 8,1, p<0.01), а риск увеличения ТИМ в 7 раз (ОР 7,3, p<0.001).

Выводы.

1. Повышение САД по данным СМАД связано с ремоделированием сердца, а нарушение суточного ритма АД с повышением ДАД ночью (нон-дипперы) с ремоделированием сосудов.

2. Комплексным независимым показателем сердечно-сосудистого ремоделирования является среднесуточная PWVao больше 10.1 см/сек. Превышение этого значения увеличивает риск ГЛЖ у пациентов с АГ в 8 раз, а риск увеличения ТИМ в 8 раз.

Список литературы

1. Иваненко, В.В. Взаимосвязь показателей жесткости сосудистой стенки с различными сердечно-сосудистыми факторами риска / В.В. Иваненко, О.П. Ротарь, А.О. Конради // Артериальная гипертензия. – 2009. – Т. 15, № 3. – С. 290–295.

2. Илюхин, О.В. Скорость распространения пульсовой волны у больных коронарным атеросклерозом. / О.В. Илюхин, Е.Л. Калганова, М.В. Илюхина // Кардиология. – 2005. – № 6. – С. 42–48.

3. Кисляк, О.А. Значение определения артериальной жесткости и центрального давления для оценки сердечно-сосудистого риска и результатов лечения пациентов с артериальной гипертензией. / О.А. Кисляк, А.В. Стародубова // Consilium Medicum. – 2009. – Т. 11, № 10. – С. 42–47.

4. Лопатин, Ю.М. Контроль жесткости сосудов. Клиническое значение и способы коррекции / Ю.М. Лопатин, О.В. Илюхин // Сердце. – 2007. – Т. 6, № 3. – С. 128–132.

Горячева М.В.
доцент, кандидат биологических наук
Шумахер Г.И.
профессор, доктор медицинских наук,
ГБОУ ВПО Алтайский государственный медицинский университет
Ящук К.В.
врач-рентгенолог,
КГБУЗ «Диагностический центр Алтайского края»
Уваренков Э.В.
врач спортивной медицины,
КГБУДО Спортивная детско-юношеская школа олимпийского резерва по
хоккею «Алтай»

ОСОБЕННОСТИ РАННЕЙ ДИАГНОСТИКИ ДЕГЕНЕРАТИВНО-ДИСТРОФИЧЕСКИХ ИЗМЕНЕНИЙ ПОЗВОНОЧНИКА У ПОДРОСТКОВ, АКТИВНО ЗАНИМАЮЩИХСЯ СПОРТОМ С ПРИМЕНЕНИЕМ ИНСТРУМЕНТАЛЬНЫХ МЕТОДОВ ИССЛЕДОВАНИЯ

Проблема дорсалгий, сопровождающих ранние проявления дегенеративно-дистрофических изменений позвоночника, приобретает все большее социальное звучание, так как манифестация болевых синдромов позвоночника начинается у детей и подростков с 11- 14 лет, в период, когда еще не сформировались типичные для остеохондроза изменения костной структуры позвоночника.

До настоящего времени основным методом исследования патологических изменений позвоночника являлась рентгенография. При обращении пациентов с жалобами на боли в позвоночнике врачи отдают предпочтение рентгенологическим методам исследования позвоночника, хотя изменения в позвоночнике связанные с ранними проявлениями остеохондроза выявляются, преимущественно, в возрастной группе старше 20 лет, но и в этом случае данные рентгенографии не обычно не совпадают с клинической картиной и неврологическим статусом пациентов. Основными рентгенологическими данными раннего проявления остеохондроза является снижение высоты межпозвонкового диска за счет выраженных изменений в пульпозном ядре, склеротические изменения каудальной поверхности вышележащего позвонка и краниальной поверхности нижележащего позвонка. Важное значение имеет также анатомическое строение поясничных позвонков. Суставные отростки в этом отделе построены таким образом, что каждый нижний отросток имеет выпуклую хрящевую поверхность и является обхватываемым, а каждый верхний - вогнутую (обхватывающий). Сочленения расположены под некоторым углом к фронтальной плоскости (30-40 градусов), за исключением суставов между L5 и S1, обычно расположенных фронтально. Основная функция дужек в поясничном отделе - тормозная: отростки препятствуют гиперторсии этого отдела.

При большом объеме торсионно-вращательных нагрузок в данном отделе позвоночника следует ожидать главным образом изнашивание межпозвонковых дисков, как бы «стирание» их в результате комбинации инволютивных изменений с функциональными нагрузками, превышающими уменьшившуюся эластичность дисков [5, 45; 6, 78]. Поясничный отдел позвоночника испытывает не только вертикальные, но и вращательные (торсионные), сгибательные и разгибательные нагрузки в самых разнообразных комбинациях. Не только возраст, но, быть может, в гораздо большей степени функциональные перегрузки и большая или меньшая тренированность играет решающую роль в возникновении дегенеративно–дистрофических изменений в позвоночнике. Хорошо развитый, тренированный мышечный корсет значительно разгружает и облегчает работу рессорного аппарата позвоночника. Хронические и острые перегрузки, микротравмы, особенно часто встречающиеся у лиц активно занимающихся спортом в профессиональном режиме, могут вызвать преждевременное изнашивание дисков, суставов и связок с развитием необратимых и нарастающих деформирующих изменений позвоночника.

К одному из наиболее неблагоприятных факторов следует отнести острую травму позвоночника, наиболее распространенную в спортивной практике. Не подлежит сомнению, что так называемые дисторсии позвоночника, сопровождаемые разрывом связок, надрывом дисков, нередко просматриваемые переломы суставов, могут впоследствии давать исходы в форме деформирующего спондилеза, артроза.

Характерной особенностью дегенеративных процессов в межпозвонковых дисках являются пролапсы хрящевого вещества как в тела позвонков (так называемые хрящевые грыжи Шморля), как кпереди, кзади так и в стороны. В результате развиваются трещины дисков, реактивный склероз, краевые остеофиты [7, 35].

Особенно большое значение острые и хронические травмы имеет у спортсменов, так как основная нагрузка приходится на поясничный отдел позвоночника. Поэтому, важное значение имеет ранняя диагностика начальных изменений в позвоночнике у подростков, своевременное выявление и реабилитация спортсменов после различных травм позвоночника. Особенно это актуально для повреждений поясничного отдела позвоночника, так как основная физическая нагрузка на тренировках приходиться именно на этот отдел.

Как было отмечено, у пациентов подросткового возраста с ранними проявлениями дегенеративно-дистрофических изменений в позвоночника, отмечается несоответствие клинической картины, неврологического статуса и данных рентгенологического исследования. В тоже время при использовании ультразвукового исследования позвоночника по методу А. Ю. Кинзерского [1], изменения дегенеративно-дистрофического характера в структуре межпозвонковых дисков у подростков уже выявляются.

Целью настоящего исследования был сравнительный анализ инструментальных методов исследования дегенеративно-дистрофических изменений позвоночника у подростков активно занимающихся спортом в профессиональном режиме.

Нами обследована группа подростков (191 человек) подростков - мальчиков 6-14 лет, активно занимающиеся спортом (хоккей с шайбой) в профессиональном режиме (ежедневные тренировки — до 135 минут). Всем пациентам проводилось стандартное неврологическое и вертеброневрологическое обследование по методикам Я.Ю. Попелянского и Ф.А. Хабирова [2; 3]. Из инструментальных методов обследования применялись: классическая рентгенография шейного и пояснично-крестцового отделов позвоночника в 2-х стандартных проекциях, трансабдоминальная ультрасонография (ТУСГ) конвексным датчиком в частотном диапазоне от 3 до 5 МГц по методике А. Ю. Кинзерского [1].

При ультразвуковом сканировании шейного отдела позвоночника выявлены изменения в пульпозном ядре различной степени выраженности, в виде повышения эхогенности и изменения структуры (фрагментации) у 15 человек, протрузии межпозвонковых дисков у 3 человек в возрастной группе 16-17 лет. В поясничном отделе позвоночника у 162 человек выявлены изменения аналогичные изменения пульпозных ядер межпозвонковых дисков различной степени выраженности, протрузии межпозвонковых дисков у 48 человек в возрастной группе 13-17 лет.

Рентгенография шейного и поясничного отделов позвоночника была проведена 58 подросткам. У обследованных были установлены аномалии развития позвоночного столба: расщепление и дефект в дуге (spina bifida posterior) - у 9 человек, переходный пояснично-крестцовый позвонок - у 10 человек, сколиоз поясничного отдела позвоночника - у 18 человек, ротационно-сколиотическое искривление шейно-грудного перехода - у 15 человек, вариант Киммерли - у 13 человек, грыжи Шморля - у 8 человек.

Признаки раннего проявления остеохондроза, выявляемые традиционно на рентгенограммах, такие как снижение высоты межпозвонковых дисков, уплотнение смежных замыкательных пластин тел позвонков, краевые остеофиты - не были обнаружены ни в одном случае. Наличие врожденных и приобретенных отклонений в строении позвоночного столба можно рассматривать как ранние предпосылки и факторы риска развития остеохондроза и ранней манифестации синдрома дорсалгии у лиц активно занимающихся спортом в профессиональном режиме.

Изменения в пульпозном ядре, признаки воспаления эпидуральной клетчатки и протрузии межпозвонковых дисков различной степени выраженности, выявленные методом ТУСГ, у обследованных подростков - спортсменов не сопровождались патологическими изменениями рентгенологической картины, типичными для ранних проявлений дегенеративно-дистрофических изменений позвоночника.

Было установлено, что увеличение числа пораженных межпозвонковых дисков вплоть до их протрузий, напрямую связано с продолжительностью спортивного стажа.

Клиническая картина болей в позвоночнике проявлялась при стаже спортивных занятий более 5 лет и/или при протрузиях межпозвонковых дисков размером 3 мм и более (в возрастная группа 13-14 лет).

Таким образом, у детей и подростков в диагностике ранних дегенеративно - дистрофических изменений позвоночника рентгенологическое обследование необходимо сочетать с ТУСГ межпозвонковых дисков. При этом возможен более детальный анализ изменений структуры пульпозного ядра, состояния спинномозгового канала и эпидуральной клетчатки. Выраженные дегенеративно - дистрофические изменения межпозвонковых дисков у детей и подростков могут являться неблагоприятными прогностическими признаками ранней манифестации хондропатий, остеохондроза и сопутствующим им синдромов дорсалгий у лиц молодого возраста. Следовательно, при допуске детей и подростков к систематическим занятиям спортом необходимо проводить углубленное обследование с применением ТУСГ межпозвонковых дисков для выявления наиболее ранних проявлений дегенеративно – дистрофических изменений позвоночника.

ЛИТЕРАТУРА:

1. Кинзерский А.Ю. Ультразвуковая диагностика остеохондроза позвоночника / Кинзерский А.Ю. - Челябинск, 2007. - 125 с.

2. Попелянский, Я.Ю. Ортопедическая неврология (вертеброневрология): руководство для врачей / Я.Ю. Попелянский – М.: МЕДпресс-информ, 2003. - 670 с.

3. Хабиров, Ф.А. Клиническая неврология позвоночника /Ф.А. Хабиров. - Казань, 2001. - 472 с.

4. Лагунова, И.Г. Рентгеновская семиотика заболеваний скелета. Москва, 1966.-155 с.

5. Ситель, А.Б. Мануальная терапия: руководство для врачей.- М.: Русь, 1998. - 760.

6. Суслова, О.Я. Шумада, И.В. Меженина, Е.П. Рентгенологический атлас заболеваний опорно-двигательного аппарата. Киев, 1984.-166 с.
7. Тагер, И.Л. Рентгенодиагностика заболеваний позвоночника. Москва «Медицина», 1983. - 208.

Вовк И.Б.

профессор, докт.мед.наук, ГУ «Институт педиатрии, акушерства и гинекологии НАМН Украины»

Волик Н.К.

ст.науч.сотр., канд.мед.наук, ГУ «Институт ядерной медицины и лучевой диагностики НАМН Украины»

Трохимович О.В

ст.науч.сотр., канд.мед.наук, ГУ «Институт педиатрии, акушерства и гинекологии НАМН Украины»

Кондратюк В.К.

главн.науч.сотр., докт.мед.наук, ГУ «Институт педиатрии, акушерства и гинекологии НАМН Украины»

Горбань Н.Е

науч.сотр., канд.мед.наук, ГУ «Институт педиатрии, акушерства и гинекологии НАМН Украины»

ДОППЛЕРОМЕТРИЧЕСКАЯ ДИАГНОСТИКА НАРУШЕНИЙ МАТОЧНОЙ ГЕМОДИНАМИКИ В ПЕРВОМ ТРИМЕСТРЕ БЕРЕМЕННОСТИ

Ключевые слова. Маточная гемодинамика, ранние сроки беременности, допплерография, угроза прерывания беременности.

Введение. На протяжении последних лет сфера интересов ученых в отрасли перинатальной охраны плода сосредоточилась на ранних сроках беременности, так как именно в этот период происходит формирование фетоплацентарной системы, закладка органов и тканей плода, экстраэмбриональных структур и провизорных органов, что в будущем предопределяет дальнейшее протекание беременности [1, 27; 2, 49; 3, 583].

Известно, что нормальное развитие эмбриона в значительной мере зависит от успешного завершения процесса имплантации и установления маточно-плацентарной гемодинамики. Поэтому выявление первичных нарушений маточной гемодинамики и проведение своевременной коррекции является чрезвычайно важным, начиная с самых ранних сроков беременности [4, 88; 5, 27].

Целью данного исследования было выявление особенностей гестационной перестройки маточной гемодинамики у женщин с угрозой прерывания беременности в ранние сроки беременности.

Материалы и методы. Основную группу исследуемых составили 47 беременных женщин с угрозой прерывания беременности в сроках 6-11 недель беременности в возрасте 21-35 лет. В контрольную группу были включены 15 беременных женщин с одноплодной нормально развивающейся беременностью соответствующих сроков.

Ультразвуковое исследование и допплерометрию маточной гемодинамики проводили на диагностическом ультразвуковом приборе Voluson 730 Expert (GE) трансвагинальным доступом, датчиком с частотой 5-9 МГц в программе акушерских исследований. При исследовании, кроме обязательной эхографической оценки фетобиометрических параметров, анатомических структур эмбриона и исследования маркеров риска хромосомной патологии, проводили допплерографию кровотока в бассейне маточных артерий (МА). Маточную артерию, соответствующую стороне локализации желтого тела принимали за доминантную.

Анализ кривых скоростей кровотока маточных и спиральных артерий заключался в определении следующих показателей: систоло-диастолического отношения (С/Д), пульсационного индекса (ПИ) и индекса резистентности (ИР), с учетом выраженности асимметрии кровотока в МА, наличия и глубины ранней диастолической выемки.

Результаты исследования и обсуждение. Основными жалобами женщин с угрозой прерывания беременности были ощущение «тяжести» или боли в нижних отделах живота, или поясничной области. На боли «внизу» живота указывали 10 женщин (21,3%), в поясничной области – 37 (78,7%). У 24 (51,1%) женщин этой группы отмечались кровянистые выделения из половых путей разной интенсивности.

При проведении ультразвукового исследования в серошкальном режиме у 22 (46,8%) женщин основной группы диагностировался гипертонус миометрия, у 13 (27,6%) – отслойка хориальной ткани, низкая локализация хориона – у 10 (21,3%) и изменения хориона у 7 (14,9%).

У женщин с нормальным течением беременности признаком адекватного становления маточной гемодинамики являлось наличие асимметрии между показателями сосудистого сопротивления в доминантной и субдоминантной МА за счет снижения сосудистой резистентности и усиления интенсивности кровотока в доминантной МА (табл.1).

Таблица 1. Допплерометрические показатели преплацентарного кровотока у женщин в ранние сроки беременности.

Сосуд	Основная группа			Контрольная группа		
	ПИ	ИР	С/Д	ПИ	ИР	С/Д
Доминантная МА	2,26±0,22	0,82±0,01	5,22±0,29	1,91±0,07	0,79±0,02	4,10±0,33
Субдоминантная МА	(2,87±0,11)*	0,89±0,02	(8,43±0,31)*	2,30±0,08	0,85±0,01	6,64±0,31
Спиральные артерии	0,74±0,07	0,48±0,02	1,95±0,14	0,70±0,08	0,46±0,01	1,90±0,13

Примечания: - * разница достоверна относительно показателя контрольной группы, p<0,05;
- • - разница достоверна относительно показателя в субдоминантной маточной артерии, p<0,05.

При проведении допплерометрии маточного кровотока в основной группе беременных, по сравнению с контрольной группой, отмечались патологические изменения в исследуемых показателях. Так, фиксировалось достоверное повышение индексов сопротивления в МА. При этом отмечалось достоверное повышение ПИ и С/Д в субдоминантной МА, соответственно (2,87±0,11) и (8,43±0,31), по сравнению с контрольной группой - (2,3±0,09) и (6,64±0,31). В то время, как значения ИР в субдоминантной и доминантной МА в группе женщин с угрозой прерывания беременности приближались к контрольным значениям, что составило (0,82±0,01) и (0,89±0,02), соответственно (см. табл. 1).

Как следует из полученных данных, при развитии угрозы прерывания беременности определяется нарушение маточного кровотока, которое проявляется повышением сосудистого сопротивления и соответствующими изменениями интенсивности кровотока, при этом более выраженные изменения фиксируются в субдоминантной МА.

При изучении кровотока в спиральных артериях в группе женщин с угрозой прерывания беременности значительных изменений по сравнению с контрольной группой обнаружено не было (см. табл. 1). Динамика изменений индексов сопротивления со стороны спиральных артерий в основной группе беременных была малоинформативной. По нашему мнению, отсутствие достоверных изменений показателей кровотока со стороны спиральных артерий в этой группе объясняется проведением допплерометрических измерений в отдельных спиральных артериях, в основном центральных отделах хориона, где наблюдается максимальная активность инвазии трофобласта.

Таким образом, при стандартной эхографии в серошкальном режиме признаки угрозы прерывания беременности удавалось диагностировать только в половине наблюдений, в то время как при проведении допплерометрии маточного кровотока у всех беременных основной группы определялись изменения по сравнению с контрольной.

Выводы. Допплерометрическое исследование маточного кровотока в ранние сроки беременности позволяет оценить функциональные изменения преплацентарного кровотока и прогнозировать ее течение.

Маркером осложненного течения беременности является отсутствие асимметрии и повышение индексов сосудистого сопротивления в субдоминантной маточной артерии, что требует своевременного медикаментозного лечения и динамического наблюдения для повышения шансов успешного ее завершения.

Список использованной литературы

1. Белоусов Д.М. Значение нарушений гемодинамики в матке в генезе привычного невынашивания беременности I триместра / Д.М. Белоусов, К.М. Побединский // Акушерство и гинекология. – 2006. №4. – С. 27-30.

2. Заманская Т.А. Особенности гемоциркуляции в межворсинчатом пространстве при физиологическом и осложнённом течении беременности /Т.А. Заманская // Рос. вестн. акуш.-гин. – 2008. – Т. 8, № 3. – С. 49-51.

3. Screening for preeclampsia and fetal growth restriction by uterine artery Doppler at 11-14 weeks of gestation / A.M. Martin, R. Bindra, P. Curcio [et al.] // Ultrasound Obstet. Gynecol. – 2001. – № 18. – P. 583-586.

4. Маркін Л.Б. Особливості гестаційної трансформації судин плацентарного ложа матки при ідіопатичному невиношуванні вагітності / Л.Б. Маркін, І.С. Крочак // Репродуктивное здоровье женщины. – 2007. №2(31). – С.88-90.

5. Белоусов Д.М. Значение нарушений гемодинамики в матке в генезе привычного невынашивания беременности I триместра / Д.М. Белоусов, К.М. Побединский //Акушерство и гинекология. – 2006. № 4. – С. 27-30.

M.A. Lisnyak (1), N.A. Gorbach (1,3),
A.V. Zharova (2), T.V. Trepashko (3)
1. Krasnoyarsk state medical university, named after professor V.G. Vojno-Yasenetsky (Krasnoyarsk) lisnyakm@mail.ru
2. Siberian state technical university (Krasnoyarsk)
3. Siberian law institute of Federal service of drug turnover control of Russia (Krasnoyarsk)

STUDY OF PSYCHOLOGICAL HEALTH OF THE PARTICIPANTS OF EDUCATION PROCESS IN THE INSTITUTE OF HIGHER EDUCATION

Annotation. This article considers the problem of psychological health of higher education instructors and students. Psychological health is considered a factor, influencing success of activities of all the participants of the educational process at a higher education institution, as well as the one determining the quality of life of these participants. The authors describe the methodology of the psychological health research concerning higher education students and instructors, provide the results of their own research studies and justify the need to form the system of psychological health protection.

Keywords: psychological health, faculty, students, professional activities, health condition, emotional burn-out, psychological center, psychological health monitoring.

Introduction. The health, quality of life and general social state of a person are considered national priorities in the majority of countries. Health state determines the success of all the spheres of the life activity of a person, including the effectiveness of professional activity. According to the known definition of the World Health Organization, health is a state of full physical, mental and social well-being, and not only the lacking of illnesses or physical disadvantages [1]. In line with this definition lays Federal Law №323 "Concerning the foundation of health protection of the citizens of Russian Federation": health is a state of physical, psychological and social well-being of a person, when there are no illnesses, disorders of organs functions of organism systems [2]. In both cases, the need for the maintenance of the balanced combination of all health aspects of a person is distinguished.

In order to create an adequate profile of the health state of this or that population group, it is crucial to study it in context of the daily activity, in most cases professional one, as the modern person spends most of his or her time at work. Moreover, studying state conditions of different professional groups is an important school as this knowledge is crucial for the maintenance of the human capital, as well as for forecasting the effective management of human resources.

The state of health of the participants of the educational process is not studied well enough in Russia and it is especially true for psychological health. In the works of E.V. Zemtsov et al (2004); I.V. Izarovskaya (2001); T.Sh.

Minninbaev (2004); M.S. Mikerova (2007); A.A. Savin (2010); K.D. Chermit (2011) [3-9], the state of somatic health is considered mostly, with rare works considering the spreading of mental anomalies concerning this contingent. There is no general consensus regarding the nature of psychological health and its criteria among Russian authors. This problem is relatively insufficiently studied, thus a small number of works is published in this sphere in general and there are almost no studies, concerning psychological health of higher education instructors and students.

The psychological health is defined as the state of subjective inner well-being of a person, which ensures the optimal choice of actions, deeds and behavior in the situations of the interaction with objective surrounding conditions and other people, as well as allowing the person to freely actualize the individual and age and psychological abilities [10].

Studying psychological health of the key higher education participants of the educational process has got not only a theoretical application, but also a big practical importance. To start with, according to O.V. Huhlaeva [11], instructors' psychological health disorders are by all means projected on their students as the main form of the pedagogic activity is the interaction between the teacher and the student. In this case, it is appropriate to consider professional deformation [12], which decreases the labor quality of an instructor. Similar phenomena exist in case of psychological well-being disorders of the students as the process of pedagogical communication is distorted. Secondly, psychological health disorders lead to disorders of somatic health, which can in turn be a consequence of decreasing general and professional labor ability. The tension, connected with intellectual and emotional burdens, leads to the development of emotional stress, which in turn creates auspicious conditions for further pathological changes. These include psychosomatic disorders, including essential hypertension, bronchial asthma, duodenal ulcer, ulcerative colitis, neurodermatitis, nonspecific chronic polyarthritis. In addition to the external psychogenic factors, personality traits have a great importance [13].

The purpose of the research – studying psychological health of the key elements of the educational process in higher education.

Material and methods. The study is empirical and includes the findings of the research of five higher education institutions of Krasnoyarsk. The advanced study has been done for the findings of the psychological examination of 141 employees, including 84 faculty members and 57 employees, not participating in teaching process.

The methods used in preparation and processing of the material include analytical, sociological (including a specifically developed survey), statistical, expert judgments, copying of the data of medical records and reports.

Standardized multifactor personality study method was used in the research. In order to study emotional burn-out, functionality of automated information system "Professional and psychological maintenance of students and specialists" [14] and the questionnaire of V. Boiko "Emotional burn-out" [15, 16] have been used.

In addition, the 1329 full time students of first years have been examined. Diagnosis has been carried out using certified computer methogolodies: standardized multifactor personality study method (L.N. Sobchik), color choices method, diagnosis of interpersonal relations. Computer data processing has been used for drawing up conclusions.

Moreover, the specifics of vocational self-determination, individual and typological personality traits, adaptability abilities, social responsibility of higher education students have been studied.

The data are presented in the form of relative ratios and relative ratios errors ($P \pm m$). Statistical analysis of the data derived has been executed in a demo version of STATISTICA 6 (StatSoft Inc.) software. The normal distribution test of quantitative attributes has been done using Shapiro-Wilc criteria. Statistical significance test of relative ratios differences has been executed with Student's t-test. Critical value of the significance level is 5% ($p<0.05$).

Results and discussion. The research indicated that a significant number of university staff members suffer continuous emotional tension, and the instructors experience that considerably more often than other individuals, who are not engaged in teaching process ($47.6 \pm 3.4\%$ и $35.3 \pm 3.6\%$, $p<0.05$ respectively). The formed emotional burnout syndrome was detected to be experienced considerably more often by the faculty members ($10.5\pm2.5\%$) than by employees, not engaged in the teaching process ($3.5\pm1.5\%$), $p<0.05$. At that, the formed phase of "tension" was detected only in the instructors group ($1.2\pm0.9\%$) and was represented by the symptoms of "suffering from psycho-traumatic circumstances" and "anxiety and depression".

Conspicuous differences were detected in the formed phase of "resistance", which was revealed to be experienced by the instructors almost three times as often ($9.3\pm2.4\%$) as by the employees, not involved in the teaching process ($3.5\pm1.5\%$), $p<0.05$. The symptoms of "inadequate selective emotional reaction" and "reduction of professional responsibilities" dominated in both groups. The respondents from the group of instructors experience the symptom of "expansion of the sphere of emotion economization" which is not observed in the control group. This symptom of emotional burnout takes place when this form of defense is realized outside the professional field, in particular, when communicating with the closed ones, relatives and acquaintances. Interaction avoidance and minimizing communication take place. Exactly the factor, having motivated the person in choosing the career, becomes a psycho-traumatic factor and infringes social relations [17].

The formed "exhaustion" phase is also experienced only by the respondents, who are instructors ($1.2\pm0.9\%$), and is represented mainly by such symptoms as "emotional deficit" and "emotional detachment", which can be considered a distinctive pathological defence against the ever progressing emotional burnout.

It has been determined with comparative analysis of the emotional burnout syndrome for the forming phase that the syndrome is detected to be experienced more often, also during the formative phase, by university instructors (31.4±3.9%) than by the employees, not engaged in the teaching process (20.8±3.4%), p<0.05. At this, it was detected that the ratio of the forming phases is different. The phase "tension" was detected to be experienced by 12.4±2.7% instructors and by 3.5±1.5% employees, not involved in the teaching process directly (p<0.05); the phase "resistance" by, accordingly, 13.1±2.8% и 17.3±3.1% (p>0.05); and the phase of "exhaustion" was detected to be only experienced by the faculty members (5.9±1.9%).

Standardized multifactor personality research method enables its users to determine the whole set of mental conditions, which deviate from the norm and are in this or that way associated with stress-related situations. The conclusions are derived when analyzing both the indicators against different scales and the comprised profile in general. In-depth analysis of the method's data demonstrated that $11.1 \pm 2.1\%$ instructors have floating profiles: the majority (at least 7) of scales are significantly exceeded and there are no scales (or there is only one) which have indicators lower than 55T. In this profile, the scale F has the indicators of the interval 65-90T, while the scales 1, 2, 3, 7 and 8 – above 70T, with all other scales – 56T and above. This type of picture indicates the state of general stress. More than a third of faculty members $(32.1 \pm 3.1\%)$ displayed neurotic profile with "conversion fives". Neurotic profile is accompanied with the increase of the neurotic triad (namely, the scales 1, 2 and 3) and can also be associated with the second peak in the scales 7 and 8. These so-called "conversion fives", which indicate high level of neurotization and the potential risk for the psycho-somatic disorders development.

The level of neurotization of students is also a crucial issue, claiming attention. The results of expert evaluation indicate that the most influential factors in negative impact on students' health are stressful situations (W=0.7; p<0.001). According to the data of the research implemented, a relatively high portion of students have psycho-somatic well-being disorders. A small number $(17.0 \pm 1.7\%)$ are fully happy with university studies and the rest are not happy with this or that aspect of the teaching process.

Almost every third student suffers big school load $(26.9 + 2\%)$, and every seventh student claims studying takes too much time $(13.1 \pm 1.5\%)$. There is a significant number of individuals, who do not see any career prospect $(15.2 \pm 1.6\%)$. The results of the personality psychodiagnosis of the first year Siberian Technical University students' (1329 people between 2007-2012) demonstrated that there is a significant number of first year students in the state of deadaptation (in 2007 – $47.0 \pm 2.7\%$, in 2008 – $51.0 \pm 3.6\%$, in 2009 г. – $47.0 \pm 3.4\%$, в 2010 – $30.0 \pm 3.6\%$, в 2011 – $33.0 \pm 3.1\%$, в 2012 – $42.0 \pm 3.1\%$).

In different years, between 4.0 ± 0.5 % and 9.0 ± 0.7% of students were in the state of pronounced stress, and many students (between 27.0 ± 1.2% and 53.0 ± 1.3%) display accentuated personality profile.

It has been displayed that there is a tendency for connection between the level of psycho-emotional tension (aggression, irritability, anxiety) and alcoholization ($r_{xy}=+0.3$), smoking ($r_{xy}=+0.2$), drug abuse ($r_{xy}=+0.2$). Moreover, these qualities have negative effect on relationships in the microsocial environment ($r_{xy}=+0.3$). Psycho-emotional well-being of students is interrelated with mental ($r_{xy}=+0.4$) and physical ($r_{xy}=+0.3$) components of their quality of life [18, 19].

Conclusion. The derived data concerning psychological health of key participants of educational process in a higher education institution lead to a conclusion that it is necessary to form a system of its protection.

The first stage is associated with developing a system of psychological health monitoring for students and instructors on the basis of university psychological centers (departments, groups), which already function in some educational institutions of Krasnoyarsk (Krasnoyarsk Medical Unversity, Siberian Technical University, Siberian Law Institute of the Federal Service for Drug Turnover Control, Siberian Federal University etc.). At that, it is crucial to use either automated information systems used with that purpose [20] or newly created ones based on system approach and the existing experience. The creation of information base will enable the composition of an adequate notion concerning the state of psychological health of the researched contingent, its dynamics and the structure of psychological aberrations. This will, in turn, create opportunities for forecasting and for planning of prevention activities for both students and instructors.

In the second stage, it is crucial to create the conditions for psychological rehabilitation of students and instructors. The experience of the Center for Socio-Psychological Help of Siberian Technical University has indicated that modern psychological diagnostics in consultation and diagnostic course of the center's activities enables the conduction of effective educative and prevention impacts [21]. These can include both individual consultations regarding the solutions of different psychological problems, as well as groupwork activities, aimed at new coping strategies, informing about the ways of psychoprophylaxis in emotional stress [22, 23].

In general, the system of psychological health protection for students and instructors requires government support and active assistance of higher education institution administration, because its realization requires certain financial expenses and organizational activities in the optimization of school workload, psychological regulation offices creation, instruction of the key participants of the educational process at a higher education institution regarding the skills of psychohygiene and psychoprophylaxis. These expenses are economically substantiated, however, as they contribute to the maintenance of human capital in the Russian education system.

Bibliogra[hy

1. WHO: The first ten years of the world. Geneva, 1958. P. 459.
2. Федеральный закон Российской Федерации от 21 ноября 2011 г. N 323-ФЗ "Об основах охраны здоровья граждан в Российской Федерации" http://www.rg.ru/2011/11/23/zdorovie-dok.html (дата обращения 03.11.2012).
3. Земцов, Е.В. Гигиенические особенности условий труда и состояния здоровья учителей школ г. Пятигорска / Е.В. Земцов, В.С. Серкерова, С.А. Асиновская // Бюллетень «Здоровье населения и среда обитания». – 2004. – №5. – С.18-22.
4. Изаровская, И.В. Социально-валеологические проблемы современного образования /И.В. Изаровская // Валеология. – 2001. – №3. – С.30-31.
5. Миннинбаев, Т.Ш. Актуальные вопросы университетской гигиены на современном этапе / Т.Ш. Миннинбаев // Здоровье, обучение, воспитание детей и молодежи в XXI веке: Матер. Международ. Конгр. – М., 2004. – Ч. II. – С. 272-275.
6. Микерова, М.С. Здоровье и условия труда преподавателей ВУЗа/ М.С. Микерова // Вестник РГМУ. Периодический медицинский журнал. – 2006. – №2 (49). – С.322-323.
7. Микерова, М.С. К вопросу об изучении состояния здоровья преподавателей медицинских ВУЗов методом анкетирования (по материалам Астраханской медицинской академии) /М.С. Микерова, А.Г. Сердюков // Проблемы управления здравоохранением. – 2007. – №3. – С. 63-68.
8. Савина, А.А. Современные особенности состояния здоровья российских ученых и членов их семей в системе РАН / А.А. Савина // Здравоохранение РФ. – 2010. – №1. – С.26-29.
9. Чермит, К.Д. Университетская среда и здоровье участников образовательного процесса / К.Д. Чермит // Высшее образование в России. – №2. – 2011. – с.60-65.
10. Пахальян, В.Э. Психопрофилактика в практической психологии образования: Учебное пособие/ В.Э. Пахальян. – М.:ПЕР СЭ, 2003. – 208 с.
11. Хухлаева, О.В. Школьная психологическая служба. Работа с педагогами / О.В. Хухлаева. – М.: Генезис, 2008. – 192 с.
12. Безносов, С.П. Профессиональная деформация личности / С.П. Безносов. – Спб., Речь, 2004. – 272 с.

13. Менделевич, В.Д. Неврозология и психосоматическая медицина / В.Д. Менделевич, С.Л. Соловьева. – М., 2002. –334 с.
14. Горбач Н.А., Шерстяных Д.М. «Профессионально-психологическое обеспечение обучаемых и специалистов (АИС «PSYCHO») / Свидетельство о государственной регистрации программы для ЭВМ от 24.02.2011 г. № 2011611753; заявка от 29.12.2010 г. № 2010618419. – Роспатент, 2011.
15. Диагностика здоровья. Психологический практикум / Под ред. Г.С. Никифорова. Спб.: Речь, 2007. С.723.
16. Психология профессионального здоровья / Под ред. проф. Г.С. Никифорова. – СПб, 2006. – 480 с.
17. Водопьянова, Н.Е. Синдром выгорания: диагностика и профилактика / Н.Е. Водопьянова, Е.С. Старченкова. – СПб., 2005. – 336 с.
18. Жарова, А.В. Здоровье студентов вузов г. Красноярска и оптимизация мероприятий по его сохранению : автореф. дис. ... канд. мед. наук / А.В. Жарова. – Красноярск, 2004. – 25с.,
19. Гончарова, Г.Н. Оптимизация управления здоровьем студентов/ Г.Н. Гончарова, Н.А. Горбач, А.В.Жарова. – Красноярск, 2004. – 350с.
20. Лисняк, М.А. Автоматизированная информационная система профессионально-психологического обеспечения участников образовательного процесса в вузах МВД России/ М.А. Лисняк, Н.А. Горбач, Д.М. Шерстяных, Т.В. Трепашко// Современные исследования социальных проблем: журнал. – №4(08), 2011. –С.260-265.
21. Методология изучения и сохранения здоровья участников образовательного процесса в вузе: монография (авт. коллектив Н.А. Горбач, А.В. Жарова, М.А. Лисняк, Т.П. Колоскова, Т.Ю. Тимофеева, Т.В. Трепашко, Д.М. Шерстяных, А.С. Шерстяных) / под ред. Н.А. Горбач, М.А. Лисняк. – Красноярск : СибЮИ ФСКН России, 2012. – 248 с.
22. Лисняк, М.А. Использование тренинга для профилактики синдрома эмоционального выгорания у преподавателей вузов МВД России / М.А. Лисняк, Н.А.Горбач, Т.В. Трепашко // Школа и личность: журнал. – Красноярск: КГПУ, 2010. – С.133-143.
23. Колесникова, Г.И. Основы психопрофилактики и психокорекции/ Г.И. Колесникова. – Ростов н/Д: «Феникс», 2005. – 185 с.

Ревенько О.А.
кандидат медицинских наук, старший научный сотрудник отделения
реабилитации репродуктивной функции женщин
ГУ «Институт педиатрии, акушерства и гинекологии НАМН
Украины» г. Киев
oleggdoc@mail.ru

ИМУННЫЙ СТАТУС ЖЕНЩИН ПОСЛЕ МЕДИКАМЕНТОЗНОГО И ХИРУРГИЧЕСКОГО АБОРТА

Введение. Актуальность проблемы аборта и его осложнений до настоящего времени сохраняют медицинскую и социальную значимость в связи с ухудшением репродуктивного здоровья женщин и низким уровнем рождаемости. В Украине абортами заканчивается 40-53% всех беременностей и 92,2% нежелательных беременностей. При этом осложнения искусственного аборта наблюдаются у 15-52% женщин, в том числе 5-30% всех случаев материнской смертности, которая за последние 10 лет имеет тенденцию к увеличению, приходится на «неблагоприятные» аборты [1,107;2,34;3,152].

На сегодняшний день в Украине, как и в России, самым распространенным методом прерывания беременности остается дилатация и кюретаж (78,9%), который ВОЗ допускает только в исключительных случаях, когда нет возможности использовать более щадящие методы. Согласно рекомендациям ВОЗ преимущество при выполнении аборта в I триместре следует предоставлять вакуум-аспирации и медикаментозному прерыванию [4,81; 5,41].

При соблюдении протоколов дозирования и режима приема медикаментозный аборт был успешным в 94-96% случаев при частоте неполных абортов 3-5% и сохранении беременности 1-3%. Частота кровотечений, которые требуют интенсивной терапии, крайне незначительна и при предоставлении адекватной помощи не представляет серьезной проблемы [6,77].

Медикаментозный аборт рядом с его безусловными преимуществами имеет ряд недостатков по сравнению с хирургическим абортом. Основной недостаток, по мнению пациенток, более низкая эффективность - 95% по сравнению с 97-99% при вакуум-аспирации. Сам процесс прерывания беременности растянут во времени, и имеет ограничения по срокам беременности [7,96].

Однако если в литературе есть данные о состоянии эндокринной системы у женщин после перенесенного медикаментозного прерывания беременности, то функционирование иммунной системы освещается недостаточно, а данные противоречивы [3,153].

Обсуждение полученных данных. Для определения влияния аборта на состояние системного и местного иммунитета после медикаментозного и хирургического методов прерывания беременности было обследовано 40 женщин через 1 месяц после проведенного аборта: 1-ю группу составили женщины (n = 40) после медикаментозного аборта, во 2-ю группу вошли женщины после хирургического аборта (n = 40). В группу контроля - 30 здоровых женщин репродуктивного возраста без абортов в анамнезе. Объектом исследования были сыворотка крови и цервикальная слизь. Иммунный статус женщин оценивали по уровням основных классов иммуноглобулинов, секреторного иммуноглобулина А и лизоцима.

При анализе полученных данных у пациенток 1-й и 2-й групп установлено достоверное повышение концентрации иммуноглобулина G в сыворотке крови женщин обеих исследуемых групп до (11,05±0,43) г/л у женщин после медикаментозного аборта и до (11,03±0,44) г/л в группе после хирургического прерывания беременности, против (8,95±0,52) г/л в контрольной группе, (p <0,05), что отражено в таблице 1. Полученные данные о концентрации IgG в сыворотке крови совпадают с результатами других исследований в послеабортном периоде и указывают на признаки субклинического воспалительного процесса.

Средние показатели концентрации IgA и IgM в сыворотке крови как у женщин 1-й, так и во 2-й группе не отличались от данных контрольной группы и составили в 1-й группе (2,09±0,11) г/л и (1,28±0,13) г/л, соответственно, во 2-й группе (1,99±0,11) г/л и (1,44±0,19) г/л, в группе контроля (1,91±0,23) г/л (1,39±0,23) г/л, (p> 0,05).

Характеризуя концентрацию неспецифического фактора лизоцима, следует также отметить, что у пациенток 1-й и 2-й группы уровни лизоцима в сыворотке крови достоверно не отличались от показателей женщин контрольной группы и составили (0,022±0,005) г/л, (0,018±0,004) г/л (0,016±0,006) г/л, соответственно, p> 0,05 (табл. 1).

Таблица 1

Концентрации иммуноглобулинов и лизоцима в сыворотке крови у обследованных женщин, (г/л)

Группа	n	Значение показателя у обследованных женщин			
		Ig G	Ig A	Ig M	лизоцим
1-я	40	(11,05±0,43)*	2,09±0,11	1,28±0,13	0,022±0,005
2-я	40	(11,03±0,44)*	1,99±0,11	1,44±0,19	0,018±0,004
контроль	20	8,95±0,52	1,91±0,23	1,39±0,23	0,016±0,006
Примечание. * – Разница достоверна в сравнении с контролем, (p<0,05)					

В результате определения секреторного IgA, основных классов иммуноглобулинов и лизоцима (табл. 2) в цервикальной слизи женщин после прерывания беременности отмечалась активация местного иммунитета в виде достоверного повышения содержания исследуемых иммуноглобулинов.

В цервикальной слизи женщин после медикаментозного аборта выявлено повышение содержания секреторного IgA до (3,84±0,67) г/л, что в шесть раз выше показателей в контроле (0,62±0,12) г/л, (р <0,05). А у женщин после хирургического аборта концентрация sIgA была почти в десять раз выше по сравнению с группой контроля и составила (6,0±0,4) г/л, (р <0,05). При этом данный показатель во 2-й группе был достоверно выше, чем в 1-й, (р <0,05).

В исследованиях была также установлена достоверно более высокая концентрация IgG - от десяти до тринадцати раз в цервикальной слизи женщин обеих исследуемых групп по сравнению с контрольными показателями. А именно, у женщин после медикаментозного прерывания беременности уровень данного иммуноглобулина составил (1,70±0,31) г/л, у пациенток после хирургического аборта - (2,24±0,11) г/л против (0,17±0,02) г/л в контроле, (р <0,05).

Таблица 2

Концентрация иммуноглобулинов и лизоцима в цервикальной слизи у обследованных женщин, (г/л)

Группа 1-я	n	Значение показателя у обследованных женщин			
		s Ig A	Ig G	Ig A	лізоцим
2-я	40	(3,84±0,67)*·**	(1,70±0,31)*	(0,31±0,15)*	(0,09±0,02)*
контроль	40	(6,0±0,4)*	(2,24±0,11)*	(0,37±0,05)*	0,13±0,03
Группа	30	0,62±0,12	0,17±0,02	0,12±0,02	0,17±0,03
Примечание. 1.* – Разница достоверна в сравнении с 1-й группой (р<0,05) 2. ** – Разница достоверна в сравнении с контролем (р<0,05)					

Что касается концентрации IgA, то она была достоверно выше в цервикальной слизи женщин как 1-й, так и 2-й группы, относительно показателей контроля и составила соответственно (0,31±0,15) г/л, (0,37±0,05) г/л против (0,12±0,02) г/л, (р <0,05).

Относительно содержания лизоцима в цервикальной слизи, то его концентрация у женщин после медикаментозного прерывания беременности была достоверно снижена до (0,09±0,02) г/л по сравнению с пациентками после искусственного аборта и здоровыми ((0,13±0,03) г/л (0,17±0,03) г/л, соответственно, (р <0,05). Это указывает на снижение бактерицидных свойств цервикальной слизи и защитных свойств слизистых оболочек у женщин после медикаментозного прерывания беременности.

Таким образом, анализ содержания специфических и неспецифических факторов системного иммунитета показал, что уровни IgG в сыворотке крови обследованных больных были достоверно выше показателей здоровых женщин, тогда как концентрации IgA, IgM и лизоцима были в пределах нормы. Полученные данные могут указывать на признаки субклинического воспалительного процесса у обследованных больных.

При изучении распределения локальных иммунных факторов в цервикальной слизи женщин после медикаментозного аборта установлено достоверное повышение уровня sIgA, IgG и IgA по сравнению с контрольными показателями. При этом, отмечается достоверное снижение концентрации лизоцима у данных пациенток, способствует нарушению барьерных свойств цервикальной слизи.

Анализ результатов определения иммуноглобулинов в цервикальной слизи пациенток после хирургического прерывания беременности показал следующее: у женщин данной группы выявлено еще большее повышение концентраций sIgA, IgG и IgA по сравнению с данными здоровых женщин и пациенток после медикаментозного аборта, на фоне сохранения защитных функций слизистых оболочек по данным содержания лизоцима.

Однако состояние местного иммунитета у женщин исследуемых групп имеет определенные отличия. Для больных после хирургического прерывания беременности характерен достоверно более высокий уровень sIgA в цервикальной слизи, что может быть свидетельством более глубокой дисфункции иммунной системы при применении хирургического метода прерывания беременности.

Изменения в локальном защите слизистых оболочек цервикального канала свидетельствуют об активной реакции иммунной системы на местном уровне у женщин как после медикаментозного, так и после хирургического прерывания беременности. Повышение концентрации основных классов иммуноглобулинов (s Ig A, IgG и IgA) в цервикальной слизи данного контингента больных независимо от метода прерывания беременности можно расценивать как признак воспалительного процесса гениталий с хроническим типом течения.

У женщин после медикаментозного аборта на фоне повышения концентрации иммуноглобулинов в цервикальной слизи отмечено достоверное снижение содержания лизоцима и, как следствие снижение барьерных функций слизистых оболочек, также указывает на значительные нарушения местного иммунитета у данного контингента.

Выводы. Таким образом, искусственное прерывание беременности хирургическим методом приводит к развитию иммунокомплексной патологической реакции и создает опасность развития воспалительных процессов в послеабортном периоде, что в свою очередь негативно влияет на состояние репродуктивного здоровья женщин.

Показаны изменения в локальном защите слизистых оболочек цервикального канала у женщин после искусственного прерывания беременности, которые свидетельствуют об активной реакции иммунной системы на местном уровне как после медикаментозного, так и после хирургического метода. При медикаментозном прерывании беременности отмечено снижение бактерицидных и защитных свойств цервикальной слизи (повышение уровней sIgA, IgG и IgA на фоне достоверного снижения концентрации лизоцима). После хирургического прерывания беременности изменения в системе локальной защиты носят более выраженный характер (повышение уровней sIgA, IgG в десять раз), что свидетельствует о более глубокой дисфункции иммунной системы вследствие выраженной травматизации тканей и слизистых оболочек генитального тракта во время хирургического вмешательства.

Список литературы:

1. Грищенко В.И. Использование факторов охлаждения для оптимизации прерывания беременности поздних сроков / Грищенко В.И., Щербина Н.А., Салтановский А.В. и др. // Збірник наукових праць Асоціації акушерів-гінекологів України. – Київ, «Інтермед». – 2010. – С. 106-110.
2. Фролова О.Г. Аборт (медико-социальные аспекты) / Фролова О.Г., Жирова И.А., Николаева Е.И., и др. – М., 2003. – 154с.
3. Бабенко О.М. Стан здоров'я жінок після переривання небажаної вагітності (Огляд літератури) // Бабенко О.М., Могілевкіна І.О. // Здоровье женщины.– 2006. – № 3(27). – С.151-155.
4. Дикке Г.Б. Холодный старт. Проблемы внедрения технологий безопасного аборта в России // StatusPraesens. – 2009. – № пилотный. – С.80-83.
5. Железная А.А. Преимущества медикаментозного аборта сегодня в практике акушера-гинеколога / Железная А.А., Чайка К.В., Ласачко С.А. и др. // Репродуктивное здоровье женщины. – 2008. – № 5 (39). – С.39-43.
6. Савельева И.С. Чувства и предубеждения Две проблемы медикаментозного аборта – кровотечения и неполный аборт // StatusPraesens. – 2009. – № пилотный. – С.75-83.
7. Городничева Ж.А. Медикаментозный аборт / Городничева Ж.А., Савельева И.С. // Вопросы гинекологии, акушерства и перинатологии. – 2005. – т.4, №2. – С.96-100.

Низаева И.Г.

доцент, к.ф.-м.н, Башкирский государственный университет

nizaevaig@rambler.ru

ВЛИЯНИЕ МАТЕРИАЛА РЕАКТОРНОЙ КАМЕРЫ НА КИНЕТИКУ ОБРАЗОВАНИЯ ГИДРАТА

Газовые гидраты в ряду нетрадиционных видов углеводородного сырья занимают особое место. По современным оценкам потенциальные запасы газа, находящегося в газогидратных залежах в природных условиях составляют порядка 1.5×10^{16} м^3 [1,7]. Но, до настоящего времени нет эффективных технологий промышленной разработки подобных месторождений. Тем более что большинство из них (порядка 98%) расположено на шельфах. Из печати известно только об одном положительном опыте разработки подобных залежей, не считая эксплуатации Мессояхского месторождения, которое большинство исследователей рассматривают как газ - газогидратное. В апреле 2013 года в журнале [2,8] появилась короткая заметка о том, что Японская госкорпорация JOGMEC первой в мире успешно провела тест по добыче метана из газогидратов в открытом море и что ею с 12 по 18 марта 2013 года проведено испытание скважины, в ходе которого добыто 120 тыс. м^3 газа. Какая при этом использовалась технология разложения гидрата, в заметке не сообщается.

Остается актуальной задача борьбы с техногенными газовыми гидратами, осложняющими добычу и транспортировку нефти и газа. Особую остроту эта проблема приобрела с выходом на добычу традиционных углеводородов в зоне распространения многолетнемерзлых пород и в акваториях Мирового океана. Все большую актуальность приобретает задача экологического мониторинга процессов разложения и образования гидратов природных газов.

Учеными многих стран ведется поиск и разработка современных технологий, которые позволят:

- рентабельно разрабатывать месторождения гидратов природного газа;
- сократить эксплуатационные затраты на предупреждение и ликвидацию техногенных газовых гидратов;
- свести к минимуму экологические последствия, возникающие при диссоциации природных газовых гидратов и т.д.

Сказанное выше требует более глубокого изучения физических свойств газовых гидратов и условий его образования.

Газовые гидраты относятся к так называемым клатратным соединениям или соединениям включения, поскольку молекулы газов («гости») внедряются в полости льдоподобного каркаса («хозяина»), образованного молекулами воды посредством водородных связей. Молекулы - гости связаны с каркасом - хозяином Ван-дер-ваальсовыми силами. Для образования газового гидрата необходимы вода и свободный газ, находящиеся при достаточно высоких давлениях и низких температурах. На процессы образования гидратов оказывают влияние многие факторы. Это различного рода химические соединения, растворенные в воде (спирты, соли и т.д.), наличие примесей, постоянных электрических или магнитных полей и даже освещенность солнечным излучением.

В ходе экспериментов по изучению влияния постоянного электрического поля на рост гидратов автором было обнаружено, что материал ячейки и состояние его поверхности так же оказывают влияние на появление первых зародышей кристаллов гидрата и на характер образования гидратной массы. Поэтому, было выполнено ряд экспериментов по образованию гидрата углекислого газа в реакторной камере, внутренняя поверхность которой была покрыта различными материалами. Рост гидрата выполнялся в ячейках с поверхностями, изготовленными из стали марки 45, нержавеющей стали, меди, бронзы и фторопласта. В ходе выполнения экспериментов действительно отмечено, что кристаллы гидрата пространственно растут совершенно по-разному при различных материалах, отличается и количество образовавшегося гидрата. На рисунке представлены фотографии, полученные при проведении двух экспериментов, в которых использовались медь и бронза. В центре измерительной ячейки расположен металлический стержень, покрытый фторопластом, так как в дальнейшем планируется провести аналогичные эксперименты в присутствии постоянного электрического поля.

Рис. Фотографии, полученные при образовании гидрата на внутренней поверхности камеры, выполненной из бронзы (слева) и меди (справа).

На фотографии слева гидрат углекислого газа выращивался в камере, внутренняя поверхность которой выполнена из бронзы. На фотографии справа внутренняя поверхность камеры выполнена из меди. Хорошо видно, что основная масса кристаллов на бронзовой поверхности выросла в водной фазе (ячейка для получения газового гидрата наполовину заполнена дистиллированной водой). На ячейке справа гидрат начал расти на поверхности меди вблизи раздела вода - газ, затем распространился в водную и газовую фазу. Но в газовой фазе рост кристаллов происходил активнее.

Объяснить влияние материала на данный процесс можно следующим образом. В первую очередь, гидрат начинает расти в областях появления зародышей кристаллов. Часто эти зародыши образуются в местах оседания малых пузырьков газа в водной фазе или паров воды в газовой фазе на поверхности металла. Вероятно, формирование первой плоскости кристалла гидрата, контактирующей с металлической стенкой, зависит от кристаллического строения материала стенки (параметров кристаллической решетки) и обусловлено межмолекулярным взаимодействием молекул воды, образующих каркас кристалла гидрата и ионов кристаллической решетки стенки. На эту мысль навела работа [3,51] о зависимости параметров кристаллов серебра от материала подложки, на которой они формируются.

Таким образом, подбирая различные материалы для реакторной камеры, можно найти оптимальные материалы для использования в системах сбора, хранения и транспортировки газа, работающие в режиме, минимально способствующем образованию гидратов.

Литература

1.Makogon, Y.F., 1997. Hydrates of Hydrocarbons. Penn Well, Tusla, USA, 516 p.

2.В Японии успешно добыт газ из газогидратов. Oil & Gas journal Russia. №4 [70], 2013.

3.Ясников И.С. Микрокристаллы с пентагональной симметрией, формирующиеся при электроосаждении серебра / Письма о материалах. Т.1(2011), с.51-55.

Зинченко В.В.

доцент, к.п.н.,

Кузбасская государственная педагогическая академия,

Новокузнецк

vvzinchenko@mail.ru

ПРАКТИКО - ОРИЕНТИРОВАННЫЕ СРЕДСТВА ФОРМИРОВАНИЯ СОЦИАЛЬНОЙ АКТИВНОСТИ МЛАДШИХ ШКОЛЬНИКОВ

Переоценка приоритетов национального развития России в сторону признания и усиления роли социальных факторов, заложенных в человеке, повысила актуальность ответа на вопрос о формировании социально активной, инициативной, творческой личности в современном обществе.

В настоящее время имеется достаточно большое количество исследований, посвященных формированию социальной активности школьников в современных социально-экономических условиях: включение учащихся в реальные социально значимые отношения с окружающим миром, в процессе которых происходит познание самого себя, развитие и самореализация; создание условий для удовлетворения интересов детей, раскрытия творческих потенциалов личности; формирование мотивации социальной деятельности в различных сферах - трудовой, игровой, учебной, досуговой; формирование социально ценных качеств и способностей личности (готовности к взаимопомощи, инициативности, активности, самостоятельности).

Вместе с тем, хочется отметить, что основное внимание современных исследований сосредоточено на развитии социальной активности подростков и старших школьников, и не затрагиваются вопросы формирования социальной активности в младшем школьном возрасте, как начальном этапе вхождения детей в новую систему отношений с действительностью. В основном, исследования направлены на рассмотрение процесса формирования социальной активности детей преимущественно во внеучебной деятельности: трудовой, игровой, досуговой, спортивно-оздоровительной. Упускается из вида тот факт, что учебная деятельность является основной для всех категорий учащихся, а для младших школьников она является ведущей. Полученные нами экспериментальные данные на базе ряда общеобразовательных учреждений (№8,10,32,34,49,55,59,76) г.Новокузнецка, подтверждают недостаточность сформированности социальной активности младших школьников: каждый седьмой ученик начальной школы имеет низкий и нулевой уровни сформированности социальной активности, 49,3% - средний уровень.

Нами выявлено, что причинами несостоятельности начального

образования в формировании социальной активности младших школьников являются противоречия между: новыми требованиями, предъявляемыми к выпускнику начальной школы и отсутствием эффективных методов и средств, направленных на развитие социально активной личности учащихся; потребностями включения младших школьников в различные виды социально значимой деятельности и ограниченными возможностями общеобразовательных учреждений в удовлетворении этих потребностей; необходимостью организации работы по формированию социальной активности учащихся младшего школьного возраста в образовательно-воспитательных учреждениях инновационного типа и неразработанностью психолого-педагогических условий ее реализации.

Актуальность и недостаточная разработанность данной проблемы поставили нас перед необходимостью выявления педагогических условий и средств формирования социальной активности учащихся, начиная с первой ступени школьного обучения.

Социальную активность младших школьников мы понимаем как форму диалектической связи ребенка с окружающей действительностью, в которой проявляется единство внутреннего и внешнего отношений к деятельности, зависящее от объективного положения учащегося в предметно-социальной среде, форм самоутверждения и самореализации, степени его участия в социально ценных видах деятельности при овладении социальным опытом.

В качестве структурных элементов социальной активности учащихся младшего школьного возраста мы рассматриваем: внутреннюю позицию как систему потребностей и стремлений, реализуемую в социально значимой деятельности; систему общественных и личных мотивов, определяющих направленность реализации активности [2]; ценностные ориентации и социальные установки как средства регуляции отношений с предметно-социальной действительностью [4]; самооценку и оценку другого; социально ценные личностные качества: ответственность, сознательность и самостоятельность [5].

Анализ состояния проблемы формирования социальной активности личности позволяет утверждать, что условия, средства и технологии формирования социальной активности могут быть найдены в любой деятельности, включенной в воспитательно-образовательный процесс, поскольку видов активности практически столько же, сколько видов социальной деятельности.

Начало школьного периода жизни ребенка является первой ступенью в формировании социально ценных личностных образований, проявляющихся в ведущей для него деятельности. В силу того, что учебная деятельность общественна по содержанию - в ней происходит усвоение всех богатств науки и культуры; по смыслу - является общественно значимой и общественно оцениваемой; по форме осуществления - реализуется в соответствии с общественно выработанными нормами, она несет в себе большие возможности для формирования социальной активности младших школьников.

Вместе с тем, приобретение ребенком социальной позиции школьника и положительной мотивации учебной деятельности не являются достаточными условиями для поддержания их интенсивности в течение всего периода обучения в начальной школе и дальнейшего формирования социальной активности личности. Спад мотивирующего значения социальной позиции и снижение уровня социальной активности обусловлены, на наш взгляд, двумя взаимосвязанными причинами: с приходом в школу социальная позиция уже достигнута и легко поддерживается в процессе обучения; социальная позиция не зависит от содержания и характера деятельности ребенка в школе - учебной, игровой, трудовой или общения. Мотивы соперничества или принуждения также не снимают данной проблемы. Отсюда основной задачей формирования социальной активности учащихся начальных классов является развитие мотивов, придающих ведущей деятельности субъективную значимость, состоящую в оценке изменений, произошедших в самом субъекте деятельности - ребенке.

Для реализации данной задачи, нами была разработана система практико-ориентированных средств формирования социальной активности на основе системного и личностно-ориентированного подходов, в которой определяющее место занимает активизация субъект-субъектных отношений младших школьников с учителем и друг с другом. Мы полагаем, что активизация субъектных отношений младших школьников обеспечивает: превращение учащихся в субъект своей деятельности; создание социально ориентированной направленности общения; создание ситуации успеха и атмосферы эмоционального принятия; формирование адекватной самооценки учащихся; развитие их рефлексивных способностей.

В качестве основных условий активизации субъект-субъектных отношений младших школьников нами были выделены следующие:
1. Участие младших школьников в диалоге с учителем, предполагающие формирование умений формулировать вопросы, находить возможные ответы на них, проверять и контролировать собственные действия, осуществлять самооценку.
2. Участие младших школьников в диалоге со сверстниками, обеспечивающее формирование навыков равноправного общения, самоконтроля, умения слушать противоположную точку зрения, находить убедительные аргументы для доказательства собственного мнения.

Активизация субъект-субъектных отношений младших школьников

на основе формирования диалога с учителем осуществлялась посредством их включения в различные виды взаимодействий - ролевые, деловые и межличностные, причем, степень включенности учителя в эти отношения определялась позицией педагога и зависела от степени проявления социальной активности учащихся в различных видах деятельности.

Опираясь на типологию отношений педагога в процессе взаимодействия с учащимися, разработанную Н.А. Березовиным, О.С. Газманом, Я.Л. Коломинским [1;3], мы выделили четыре позиции учителя в ролевых, деловых и межличностных отношениях: «гиперопеки», «руководителя», «на равных», «увеличенной дистанции». Целенаправленный выбор педагогом позиции взаимодействия, на основе учета уровня сформированности социальной активности учащихся и оценки актуальных и потенциальных возможностей младших школьников, обеспечивает вариативность построения ролевых, деловых и межличностных отношений с детьми, формируя тем самым, субъектную позицию младших школьников.

Использование диалогического взаимодействия учащихся с учителем в целях активизации субъект-субъектных отношений младших школьников для формирования их социальной активности является необходимым, но не вполне достаточным условием для устойчивых положительных изменений социальной активности. Причину этого явления мы видим в иерархичном общении учащихся с учителем, даже при реализации опосредованных субъект-субъектных взаимодействий при осознанном выборе учителем позиций «на равных» (или, более того, «увеличенной дистанции»), потому что функции управления деятельностью непроизвольно смещаются в сторону взрослого как наиболее социализированного субъекта деятельности.

Активизация субъект-субъектных отношений младших школьников друг с другом имеет принципиально иные возможности, чем взаимодействие с учителем. Анализ психолого-педагогической литературы и наши наблюдения позволили выявить особенности диалогического взаимодействия младших школьников в процессе осуществления ими совместной деятельности:

- общение и совместная деятельность со сверстниками позволяет учащимся воспроизводить и интериоризировать предметно-социальные нормы и образцы действий;

- сверстники укрепляют друг в друге чувство самостоятельности, независимости, реализуя, тем самым, стремление к проявлению активности;

- в обществе сверстников учащиеся наиболее успешно практикуют традиционно взрослые формы поведения (контроль, оценку);

- общение со сверстниками открывает учащимся идею и практику равноправия, формирует потребность и открывается возможность встать на точку зрения другого, координировать его действия со своими.

Принимая во внимание перечисленные выше особенности, мы разработали методику активизации межсубъектных взаимодействий учащихся на основе их включения в коммуникативные ситуации, которая отражает логику поэтапного формирования социальной активности. Под коммуникативной ситуацией мы понимаем стихийно возникающие или специально организованные педагогом ситуации в общении, вызванные потребностями вербального взаимодействия учащихся в ходе совместной деятельности и требующие определенного уровня сформированности коммуникативных умений и навыков для их разрешения.

В основе данной методики лежит включение младших школьников в коммуникативные ситуации: исполнительские, адаптивные, творческие.

Коммуникативно-исполнительские ситуации предполагают формирование у младших школьников потребности в налаживании межличностных контактов в ходе совместной деятельности. При этом процесс межличностного взаимодействия основывается на четком исполнении этических норм и правил поведения в обществе, которые подробно разъясняются учащимся перед началом совместной работы, а затем многократно повторяются по ходу ее выполнения.

Коммуникативно - адаптивные ситуации направлены на формирование у младших школьников стремления реализовывать конструктивное общение с партнерами по совместной деятельности. При этом имеет место стимулирование стремлений учащихся согласовывать свои действия с требованиями других участников, включенных в данные ситуации взаимодействия.

Коммуникативно - творческие ситуации направлены на развитие у младших школьников умений и навыков анализа собственной позиции в процессе взаимодействия с партнерами и оценки результата межсубъектного взаимодействия. Ситуации данного типа предполагают определенный уровень сформированности рефлексивного компонента у учащихся, поэтому используются на заключительном этапе формирования социальной активности (в 4-й год обучения) младших школьников.

Использование практико-ориентированных средств формирования социальной активности в процессе обучения младших школьников позволило добиться достоверно значимых изменений: значительно повысилось число учащихся с высоким - на 46,3%; и оптимальным - на 22,6% уровнями сформированности социальной активности. Уменьшение количества учащихся со средним уровнем сформированности - почти на 50% произошло за счет перехода младших школьников на более высокие уровни развития социальной активности (t = 2,08; p < 0,05).

Таким образом, реализация системы практико-ориентированных средств формирования социальной активности младших школьников, предполагающая активизацию субъект-субъектных отношений младших школьников с учителем и друг с другом на основе превращения учащихся в субъектов своей деятельности, создания социально ориентированной направленности общения; развитие их рефлексивных способностей - интенсифицирует процесс развития социальной активности учащихся младшего школьного возраста, способствует повышению уровня ее сформированности.

ЛИТЕРАТУРА

1. Березовин Н.А., Коломинский Я. Л. Учитель и детский коллектив: Психолого-педагогическое исследование. - Мн., 1975. - 96с.

2. Божович Л.И. Психологический анализ условий формирования и строения гармонической личности//Психология формирования и развития личности/ Отв. ред. Л.И.Анцыферова. - М., 1981. - С.257-284.

3. Газман О.С. Ответственность школы за воспитание детей//Педагогика. - 1997. - №4. - С.45-51.

4. Лисина М.И. Общение, личность и психика ребенка/Под ред. А.Г.Рузской. - М.: Ин-т практической психологии; Воронеж: НПО «МОДЕК», 1997.-383с.

5. Фельдштейн Д.И. Социализация и индивидуализация - содержание социального взросления и социально-психологической реализации детства //Мир психологии. - 1998. -№1 -С.5-11.

Яхина З.Ш.

к.псх.н., доцент, Академия социального образования (г.Казань)

yachinaz@gmail.com

Рыбасова Ю.Ю.

к.п.н., доцент, Академия социального образования (г.Казань)

РАЗВИТИЕ СУБЪЕКТНОСТИ СТУДЕНТОВ В СИСТЕМЕ МНОГОУРОВНЕВОЙ ПОДГОТОВКИ

В современных условиях в системе университетского образования имеют место ряд тенденций:

- развитие многоуровневой системы образования, преимущество которой состоит в обеспечении более широкой мобильности в темпах обучения и в выборе будущей профессии;

- обогащение вузовского образования современными информационными и модульными технологиями;

- процесс интеграции высших учебных заведений, что приводит к появлению университетских комплексов;

- обновление высшего профессионального образования с учетом требований мировых стандартов (апробация новых учебных планов, образовательных стандартов, новых образовательных технологий и структур управления).

Переход на многоуровневую систему высшего образования актуализирует вопросы научно-методического обеспечения образовательного процесса. В связи с этим, возникает необходимость пересмотра традиционной системы подготовки студентов, смещения акцентов профессиональной подготовки в сторону усиления процессов развития их субъектных качеств. В психологии и педагогике разработаны ценные теоретические положения, на которых базируется понимание субъектности (работы С.Л.Рубинштейна, К.А.Абульхановой, А.В.Брушлинского, А.К.Осницкого, Ф.Г.Мухаметзяновой и т.д.). Обобщая их работы, можно сказать, что субъектность личности – это сдвиг в поведении человека, им самим же выстроенном.

Развитие субъектности студентов связано с проблемой: а захочет ли сам студент изменить свою личность, развить в ней субъектные качества? Оптимальное решение данного вопроса возможно, на наш взгляд, во-первых, при осознании студентом как субъектом учебно-профессиональной и в дальнейшем – профессиональной деятельности. Во-вторых, при использовании в образовательном процессе технологий, основанных на идеях равноправного участия, свободного выбора, совместного творчества преподавателя и студента.

Для успешного развития субъектности студентов нужна специально организованная учебно-профессиональная деятельность и соблюдение совокупности психолого-педагогических условий, которые можно разделить на внутренние и внешние.

К внешним условиям можно отнести:

- создание личностно-значимых для студентов ситуаций в процессе обучения;

- обучение решению профессиональных задач, при помощи интерактивных методов обучения (кейс-технологий и т.д.);

- наличие субъект-субъектных отношений в процессе совместной деятельности преподавателя и студента;

- приобщение студентов к научно-исследовательской работе.

К внутренним условиям развития субъектных качеств студентов относят:

- развитие учебно-познавательных, профессиональных мотивов;

- развитие мотивации достижения успеха;

- потребность в саморазвитии и т.д.

Формирование субъектных качеств личности студентов – это поэтапный, управляемый процесс, который в значительной степени зависит от изменения позиции и роли преподавателя по мере развития субъектности студента. Логика развития субъектности студента может быть представлена условно следующим образом: обучаемый, обучающийся, обучающий. Иначе говоря, сначала студент должен приобрести опыт организации собственной учебно-профессиональной деятельности под руководством преподавателя, затем он самостоятельно организует свою деятельность. На последних этапах обучения очень важно, чтобы студент приобрел опыт обучения других например, в качестве тьютора, куратора студентов младших курсов.

Субъектность студента проявляется в ситуациях выбора, поэтому им необходимо предоставить уже на первых этапах обучения возможность выбирать: это, прежде всего, выбор профиля подготовки в рамках направления бакалавриата, это может быть выбор заданий самостоятельной работы, выбор форм организации работы на занятии (индивидуально, в паре, группе); выбор форм промежуточного контроля знаний, и т.д.

На последующих этапах обучения, по мере приобретения студентом опыта учебной деятельности, формирование субъектной позиции обеспечивается участием студентов в выборе дисциплин вариативной части учебного плана, проектировании индивидуального образовательного маршрута, возможности оценивать свою учебную деятельность, через выполнение студентами индивидуальных творческих заданий, и т.д.

Развитие личности студента как субъекта профессиональной педагогической деятельности происходит в самом процессе ее становления, когда студент осваивает профессию, одновременно развивая и совершенствуя самого себя в процессе профессиональной подготовки.

Сегодня в вузах создаются оптимальные условия для развития субъектных качества специалистов, которые реализуются, чаще всего, как в учебной, так и во внеучебной деятельности. Например, в Академии социального образования (г.Казань) действует эффективная система организации научно-исследовательской работы студентов через студенческие научные общества, студенческие конференции, участие студентов в городских, Республиканских, Международных конкурсах и проектах, через систему студенческого самоуправления и т.д.

Однако, в настоящее время наблюдается парадоксальная ситуация: за качество подготовки студентов несет ответственность перед государством вуз, преподаватели, но не сам студент. На наш взгляд, пока студент не осознает своей ответственности перед обществом за качество своего образования, его нельзя считать полноправным субъектом образовательной деятельности. Уровень развития субъектных качеств личности выпускника определяет его конкурентоспособность на современном рынке труда. В этом аспекте субъектный подход к профессиональному образованию заключается не только в освоении различных компетенций, как это предполагается Болонским процессом и новыми Федеральными государственными образовательными стандартами, но и в развитии у будущего специалиста технологических, организаторских, коммуникативных, лидерских способностей, необходимых для эффективного выполнения профессиональной деятельности.

Немченко С.Г.

кандидат педагогических наук, доцент кафедры управления учебным заведением, педагогики высшей школы и методики преподавания общественных дисциплин Бердянского государственного педагогического университета

ПОДГОТОВКА БУДУЩЕГО РУКОВОДИТЕЛЯ УЧЕБНОГО ЗАВЕДЕНИЯ К РЕФЛЕКСИВНОМУ УПРАВЛЕНИЮ

Постановка проблемы. Реформирование системы образования Украины на современном этапе развития ставит сложные задачи перед высшим педагогическим образованием, требует пересмотра взглядов на управление деятельностью учебными заведениями, пути их развития, организацию образовательного процесса. Как следствие, в ходе реформирования происходит смена традиционной парадигмы высшего педагогического образования, в рамках которой основной акцент ранее делался на когнитивном аспекте. Проблема подготовки руководителей общеобразовательных учебных заведений, владеющих современным методами управления выходит на первый план. Это объясняется рядом причин: меняющейся структурой потребностей общества; техническим прогрессом, определяющим необходимость обладания сложным комплексом знаний, умений и навыков; увеличением информационной нагрузки; необходимостью иметь навыки коллективной работы, проявлять готовность к сотрудничеству и самостоятельно ориентироваться в смежных областях; умение брать на себя ответственность, самостоятельно думать и действовать.

Анализ последних исследований и публикаций. Эта проблема нашла свое отражение в исследованиях ведущих ученых и практиков прошлого и современности: Ю.Бабанского, В.Беспалька, В. Бондаря, Л. Даниленко, Г. Ельниковой, Б. Коротяева, В. Лугового, В. Маслова, В.Олийныка, В. Пикельной и др. Теория адаптивного управления рассматривалась в научных трудах отечественных и зарубежных ученых: Г. Ельниковой, Г. Поляковой, П. Третьякова, Т. Шамовой, и др.

Технологии образовательного процесса изучались такими ведущими учеными как В. Беспалько, Л. Даниленко, Г. Ельникова, В. Евдокимов, Т. Ильина, И. Лернер, В. Монахов, Г. Селевко, Т. Назарова и др. В научных трудах В.Бондаря, В. Григораш, Г. Ельниковой, О. Касьянова, Б.Кобзаря, Ю.Конаржевского, М.Кондакова, О. Мармаза, В.Маслова, Е.Павлютенкова, М.Портнова, Н.Сунцова, П. Фролова, П.Худоминского и других ученых актуализируются проблемы теории и практики школьного управления. Несмотря на значительное количество трудов по проблемам социальных, педагогических и психологических методов управления в учебных заведениях, остается недостаточно рассмотрена проблема управления деятельностью педагогическими подсистемами высшей школы в целом, не разработаны, научно не обоснованны технологии рефлексивного управления профессиональным развитием научно - педагогических работников. Которые ведут к максимальному раскрытию потенциала и реализации интеллектуальных, культурных, творческих возможностей, обеспечения конкурентоспособности участников образовательного процесса высшей школы. Поэтому возникает необходимость поиска новой современной управленческой парадигмы, которая бы отвечала современным потребностям.

Цель статьи: определение сущности и этапов процесса рефлексивного управления общеобразовательной школы.

Изложение основного материала исследования: Понятие "процесс" определяется "как закономерное, последовательное изменение явления, переход в другое явление"[5. с.393]. Как и любой другой, процесс рефлексивного управление в своем становлении проходить несколько этапов. Успешность перехода с одного уровня процесса на другой, непосредственно зависит от знания его основных этапов и их последовательности. В свете концепции системотехники определяются и интерпретируются четыре этапа: рефлексивна разведка; рефлексивне управление (информация или дезинформация) с целью передачи противоположной стороне таких сведений, которые отвечают замыслу первых; оперативная разведка с целью проверки результатов рефлексивного управления и принятия решений; оперативное управление [3]. Построение модели процесса рефлексивного управления школой осуществляется на основе исследования логики системной рефлексии школы, как фактора ее самоуправляемого развития [2]. В этом случае речь идет о сложном процессе рефлексивного управления. Первый этап – это осознание и понимание того, что требуется от школы со стороны заказчика. Содержание этого этапа предусматривает установление контакта между руководителем и заказчиком (государство, общество, содружество, личность), а итого процесса является первичное представление руководителем о конечного результате, который должен быть получен (способ получения не является предметом обсуждения). Второй этап – профессиональное понимание того, что должно быть достигнуто – специализированное управленческое понимание результата, который должен наименее отличается от представлений заказчика. Третий этап – профессиональное осознание деятельности, необходимой для выполнения и получения окончательного результата, которая заключается в конструировании этого процесса. Важное значение для такого конструирования имеют процессуальное и структурное представления о деятельности. Четвертый этап - фиксация имеющихся ресурсов. Начиная с этого этапа, руководитель должен получить возможность отклониться от содержания процесса достижения результата потому, что возникает большое количество проблем в процессе его моделирования. На пятом этапе моделирования процесса привлечения ресурсов в будущую деятельность, закладывается обеспечение будущей деятельности, которое подается в виде процессуального проекта. Учет конкретных условий, в которых будет протекать деятельность, определяет: какие процессы будут обеспечены ресурсами и поэтому возможные, а какие – невозможны. Шестой этап – фиксация проблем, которые возникают в связи с необходимостью получения конечного результата. В ходе последовательного отслеживание процесса привлечения ресурсов, можно получить и соответствующий перечень проблем. На седьмом этапе осуществляется анализ этих проблем. При этом важно отделить случайные факторы, вызывающие проблемы от системных. Восьмой этап – депроблематизация, нахождение путей решения зафиксированных проблем. На этом этапе определяются необходимые мероприятия, которые обеспечат решение проблемной ситуации. Девятый этап – фиксация целостной программы деятельности. Путем предыдущих исследований фиксируется конечный результат вместе с процессами, которые к нему привели. Десятый этап сама деятельность.   Реализация программы начинается с процесса обеспечения деятельности ресурсами. Привлечение людей к ресурсам деятельности возможно лишь при условии, что их отношение к программе является исполнительским, то есть они не сомневаются в правильности программы. Результатом этого этапа является реальное наполнение деятельности согласно программе. На одиннадцатом этапе осуществляется контроль деятельности. В сознании руководителя существуют два представления о процессах. Нормативное представление "как должно быть" согласно программе и представление о том, "как это происходит", – результат исследовательской рефлексии. Как только фиксируется их несоответствие, то есть реальная практика "отклонилась" от нормы, возникает следующий этап. Двенадцатый этап - критическая рефлексия несоответствия деятельности, выяснения ее причины. Тринадцатый этап – коррекция программы по результатам критической рефлексии. На этом этапе возможны несколько вариантов действий руководителя. Самый простой вариант – возвращение к деятельности, которая предшествует возникновению проблемы, предусматривается намерение "не повторять старые ошибки". Четырнадцатый этап – проблематизация содержания процесса получения необходимого результата. На этом этапе происходить: а) прекращение анализа деятельности, мнимое возвращение, в ситуацию начального определения результата; б) умственное моделирование того, что можно было бы предложить заказчику в ходе будущей полемики;   в) умственная депроблематизация: позитивный переход из критической ситуации в нормативную, осмысление реального результата, которого можно будет достичь; г) согласование гипотезы с реальным заказчиком, который или принимает, или отбрасывает предложенную ему модернизацию. Если заказчик соглашается, то есть достигнуто новое виденье окончательного результата, осуществляется возвращение на начало цикла и повторяются опять все его этапы. Пятнадцатый этап – коррекция окончательного результата. Происходит возобновление деятельности, но с учетом откорректированного результата [1].

Важным в этом подходе является выделение "критической" функции рефлексии, которая реконструирует причины проблемы и поэтому занимает центральное место в процессе рефлексии. Разработанный в свете концепции формирования управленческого мышления, этот подход к построению процесса управления выводит нас на проблему реализации в нем обратных связей в виде процессов рефлексии.

Рассмотрение выше указанных этапов управления дает основания для следующих выводов: выделение признаков этапов процесса рефлексивного управления позволяет понять его сущность и обеспечить практическую реализацию; наличие различных мнений о сущности рефлексивного управления, его содержания, количества этапов с одной стороны, полностью объединяет представления исследователей о его важной роли в развитии социальных систем с другой стороны; недостаточно изучен процесс рефлексивного управления школой на различных уровнях педагогического взаимодействия: особенности этапов рефлексивного управления и их специфика, их влияние на системную рефлексию школы и ее компонентов; недостаточно разработаны технологии рефлексивного управления школой на различных этапах и специфика, которую можно зафиксировать в таких положениях, как "возможность влияния на морально психологический аспект процесса конфликта" (В.Лефевр), "условие перехода управления развитием школы в состояние самоуправления" (П.Третьяков), "развитие способностей к самоуправлению участников образовательного процесса " (Ю. Кулюткин, Е. Шиянов).

Выводы. Рассмотренная проблема дает все основания сделать выводы, что необходимы исследования, не отдельных характеристик этапов рефлексивного управления, а целью построения целостного процесса рефлексивного управления школой, определения технологий перехода от одного этапа к другому, что приведет в конечном счете к повышению эффективности деятельности субъектов общеобразовательной школы.

ЛИТЕРАТУРА

1. Ансофф И. Стратегическое управление : пер. с англ. / И. Ансофф ; науч. ред. и авт. предисл. Л. И. Евенко. – М. : Экономика, 1989. – 519 с.

2. Анисимов О. С. Развитие. Моделирование. Технологии : методол. концепция управления образованием / О. С. Анисимов ; Рос. акад. гос. службы при Президенте РФ. – Калуга, 1996. – 92 с.

3. Дружинин В.В., Конторов Д.С. Системотехника.– М.: Радио и связь. – 1985. – 198 с.

4. Юдин Э.Г. Методологическая природа системного подхода // Системные исследования. Ежегодник 1973. - М.:Наука, 1973. - 268 с. - С.38-51.

5. Философский словарь: изд. 5–е / под Ред. И.Т.Фролова. – М. Политиздат, 1987. – 590 с.

Кузан Н.И.
кандидат педагогических наук, доцент
Дрогобычский государственный педагогический университет
имени Ивана Франко, Украина

СОВМЕСТНАЯ ДЕЯТЕЛЬНОСТЬ СЕМЬИ, ШКОЛЫ И ВНЕШКОЛЬНЫХ УЧРЕЖДЕНИЙ В ТРУДОВОМ ВОСПИТАНИИ ДЕТЕЙ

Воспитание – сложный, многофакторный процесс, в котором, кроме семьи, участвуют школа, внешкольные и культурно-просветительские учреждения. Украинской системе воспитания издавна присуще единство семейного, общественного, школьного воздействия на личность, где семейные ценности являются приоритетными.

Семья прививает ребенку любовь к жизни. Именно здесь его впервые признают как личность; здесь зарождаются его склонности, симпатии, потребности, интересы; здесь формируется его характер, навыки трудового воспитания, а именно: самообслуживание, умение одеваться, выполнение элементарных гигиенических требований (умывание, чистка зубов, мытье рук, ног). Родители должны всячески поощрять детей к самостоятельности, укреплять в них веру в свои силы, поддерживать уверенность в возможности преодоления различных трудностей. В семье происходит непосредственное соприкосновение с миром окружающих ребенка близких людей; миром, к которому ребенок привыкает с самых первых лет и с которым считается на протяжении всей жизни.

В зависимости от конкретных условий жизни семьи, родители могут давать детям различные трудовые поручения, которые с возрастом необходимо расширять. Например, дети младшего школьного возраста могут покупать продукты, ухаживать за цветами, домашними животными, содержать в порядке школьные вещи, книги; старшие – убирать помещения, помогать при ремонте помещения и т.п.. Очень важно научить их ценить любой труд, гордиться сделанной работой, воспитывать чувство ответственности за порученное. Правильное трудовое воспитание ребенка поможет ему стать личностью, которая в жизни не растеряется перед трудностями, сможет их преодолевать, достигать оптимального развития своих качеств [1, 13]

Формировать самостоятельность и ответственность у детей должны также учителя и школа в целом. Важнейшей совместной задачей школы, семьи и общественности является формирование у детей устойчивых убеждений, высоких идеалов, "горячего сердца, ясного ума, умения жить общественной жизнью" [4, 446].

Огромная роль в реализации этой задачи принадлежит педагогическому и родительскому коллективам. Анализируя деятельность учителей и родителей, В. Сухомлинский пришел к выводу, что в первую очередь нужно сформировать родительский коллектив – коллектив единомышленников в вопросах воспитательной работы. Многолетний педагогический опыт позволил педагогу обосновать и апробировать эффективные формы сотрудничества с родителями, актуальные и в наши дни. Среди них заслуживают внимания организация и проведение родительских конференций, консультации для родителей, родительские лектории, беседы и др.. Их тематика должна быть разносторонней, актуальной и соответствовать современным потребностям трудового воспитания.

Именно школа, по мнению Б. Ступарика, должна стать инициатором в воспитании детей, поскольку в ней сконцентрирован наиболее профессионально подготовленный воспитательный потенциал общества. Создание музеев, светлиц, проведение праздников, использование необходимых материалов на уроках и во внеурочное время позволяют учащимся стать активными участниками творческой трудовой деятельности, соавторами уроков и внеклассных мероприятий, которые открывают перед ними удивительный по своей красоте и духовной насыщенности мир народной жизни, песен, легенд и чувств наших далеких предков и современников [3, 318.]

В воспитании ребенка педагоги и родители должны быть партнерами, взаимодополняя друг друга. Их сотрудничество во имя развития ребенка обнаружит сильные стороны каждого и позволит скорректировать недостатки, упущения в воспитании. Отношения партнерства педагогов и родителей в воспитании предусматривают доверие, уважение и доброжелательность.

Педагог помогает семье в воспитании не только тогда, когда родители испытывают трудности и нуждаются в квалифицированном совете. Помогая семье в повседневной воспитательной работе, в реализации идей и средств народной педагогики, учитель сможет реально воспитывать школьника, при условии налаживания с ним и его родителями гуманных отношений (и как личность, и как воспитатель-профессионал). Семья и школа должны научить детей и подростков любить и уважать труд, охотно выполнять любую общественно полезную работу.

Большое значение в трудовом воспитании детей имеют внешкольные учреждения, несмотря на то, что сегодня их деятельность не всегда соответствует ожиданиям детей и возможностям родителей. Однако их роль в трудовом воспитании является значительной. Основными направлениями такого сотрудничества является создание творческой атмосферы, демонстрации результатов творчества и общественно полезного труда детей, проведение массовых детских праздников совместно с внешкольными учреждениями, привлечение общественности к массовым мероприятиям и т.п. Все это способствует коллективной творческой деятельности детей и взрослых, формирует у детей любовь к труду [5, 32].

Анализируя содержание и формы организации трудового воспитания детей по месту жительства С. Корда утверждает, что центром активной воспитательной работы с учащимися должны стать школа и общественность при условии активной поддержки семьи. Основы трудового воспитания ребенка закладываются в школьные годы, и от того, как будет организована деятельность учащихся в школе и во внеучебное время, в значительной степени зависит их место в обществе. Поэтому учителя должны осуществлять воспитательную работу как в школе, так и по месту жительства детей. Выбор форм, средств, методов повышения эффективности общественно организованного досуга во многом зависит от материальной базы школы, предприятий и организаций, расположенных в микрорайоне, координации их планов воспитательной работы, а также традиций и обычаев, сложившихся в данной местности. В деятельности кружков, объединений главное внимание необходимо уделять дифференцированному подходу к интересам школьников, привлечению их к общественно полезному труду, активным формам отдыха, самостоятельному составлению планов работы, выбору форм проведения мероприятий, привитию умений и навыков их организации т.д. [2, 68].

В руководстве совместной работой школы, семьи и общественности педагоги должны выявить широкие знания, высокую принципиальность и культуру в общении, умение убеждать, доказывать правильность требований школы. Это поможет добиться единства усилий педагогических и производственных коллективов, семьи, общественности в трудовом воспитании.

Совместная деятельность школы, семьи и общественности в трудовом воспитании ребенка будет эффективной при условии четкого понимания коллективом учителей и родителей целей и задач трудового воспитания, постоянном контакте учителей, родителей и общественности, творческом и активном участии родителей в жизни ребенка. Каждый из этих институтов должен использовать характерны для него формы, методы и средства трудового воспитания, координировать усилия в достижении поставленной цели.

Литература:

1. Доброгаєва І. В., Танигіна Г. Б., Арбузова В. М. Вплив сім'ї і колективу на розвиток дитини. – К. : Здоров'я, 1980. – 24 с.

2. Корда Г.С. В мікрорайоні школи.– К. : Рад. шк., 1987. – 69 с

3. Ступарик Б.М. Національна школа: витоки, становлення : навч.-метод. посіб. – К. : ІЗМН, 1998. – 336 с

4. Сухомлинський В. О. Лист молодому батькові //Сухомлинський В.О. Вибр. тв. у 5 т.–К. : Рад. школа, 1977. – Т. 5.– С. 440 – 446.

5. Сущенко Т.І. Виховання пізнавальних інтересів у підлітків у позашкільній роботі. – К. : Рад. школа, 1970. – 96 с.

Шумилова И.Ф.
канд. пед. наук, доцент
Бердянский государственный педагогический университет
azkur-shif@mail.ru

К ВОПРОСУ ФОРМИРОВАНИЯ ОБЩЕКУЛЬТУРНОЙ КОМПЕТЕНТНОСТИ БУДУЩИХ УЧИТЕЛЕЙ ГУМАНИТАРНЫХ СПЕЦИАЛЬНОСТЕЙ

В основу разработанных государственных стандартов в приобретении высшего образования в Украине положен компетентностный подход. В Украине уже накопился ряд исследований, в которых анализируются суть компетентносного подхода и проблемы формирования общекультурной компетентности в процессе профессиональной подготовки специалистов. Это работы А.В. Глузмана, О.В. Овчарук, О.В. Оноприенко, Н.С. Побирченко, Е.И. Пометун и др. Для нашего исследования также важными являются работы российской учёной И.А. Зимней, в которых автор акцентирует внимание на составляющих общей культуры личности и характеристике социально-профессиональной компетентности в образовании. Наиболее четкое и конкретное определение двум категориям „компетенция" и „компетентность" даёт А.В. Хуторской, указывая на то, что для разделения общего и индивидуального необходимо отличать синонимическое использование этих понятий.

По мнению учёного, компетенция включает совокупность взаимосвязанных качеств личности, а именно: знаний, умений, навыков, способов деятельности, задаваемых по отношению к определённому кругу предметов и процессов и необходимых для качественной продуктивной деятельности по отношению к ним. Компетентность – владение, обладание человеком соответствующей компетенцией, включающей его личностное отношение к ней и предмету деятельности. То есть под компетенцией следует понимать некоторое отчуждённое заранее заданное требование к подготовке, а под компетентностью – состоявшееся личностное качество.

Следует отметить, что приоритетными компетентностями приобретения высшего образования в Украине определены: социально-личностные, общенаучные, инструментальные, профессиональные (обще-профессиональные, специально-профессиональные) [7]. Как отмечает Лежнина Г.В. „обновление содержания образования, разработка нового поколения стандартов напрямую связаны с реализацией компетентностного подхода, который позволяет сформировать у специалиста не только определенные знания и умения, но и комплекс компетенций, включающих как фундаментальные знания, так и умения анализировать и решать проблемы с использованием междисциплинарного подхода" [5]. В свою очередь, реализация междисциплинарного подхода предусматривает важность и возможность взаимодействия различных отраслей науки. В контексте нашего исследования это тот багаж, арсенал компетенций, которые могут дать гуманитарные учебные дисциплины. Традиционно к ним относятся предметы из областей филологических, философских, исторических, экономических, юридических, педагогических наук, различных видов искусства, культуры и др. [3, С.159].

Незаурядный интерес к категории „общекультурная компетентность" засвидетельствован в документах ООН, ЮНЕСКО, Европейского Союза (Стокгольм, 2001г.). В этом отношении категория „общекультурная компетентность" приобретает особое (накопительное) значения. Ведь приобретение этой компетентности будущими учителями гуманитарных специальностей, в процессе профессиональной самореализации влияет на успешность их педагогической деятельности в целом. Учёные отмечают, что в последнее время происходит активный процесс наполнения гуманитарным содержанием не только гуманитарно-общественных предметов, а и математических и естественнонаучных. „Гуманитаризация содержания образования означает его деидеологизацию в том понимании, что в школе должны изучаться научные факты, а не их толкование с каких-либо идеологических позиций. Гуманитаризация образования предусматривает переориентацию образования с предметно-содержательного принципа обучения основ наук на изучение целостной картины мира, и в первую очередь, – мира культуры, мира человека, на формирование у молодёжи гуманитарного и системного мышления" [3, С. 159]. Следует отметить, что гуманитарная область знаний имеет отношение к обществу вообще, а также бытия и сознательности человека, в частности, В.Н. Гринёва, представляя систему видов знаний будущего учителя и давая характеристику каждому из них, отмечает, что гуманитарные знания это те, которые помогают сформировать профессионально-этическое отношение к действительности [1, С. 111].

Общекультурная компетентность органично входит в общий перечень ключевых компетентностей, которые определили украинские педагоги. Эта категория касается сферы развития культуры личности и общества во всех её аспектах, что предусматривает формирование культуры межличностных отношений, овладение отечественным и мировым культурным наследием, принципами толерантности, плюрализма и позволяет личности анализировать и оценивать важнейшие достижения национальной, европейской и мировой науки и культуры, ориентироваться в культурном и духовном контекстах современного украинского общества; применять средства и технологии интеркультурного взаимодействия; знать родной и иностранные языки, применять навыки речи и нормы соответствующей речевой культуры, интерактивно использовать родной и иностранные языки, символику и тексты; применять методы самовоспитания, ориентированные на систему индивидуальных, национальных и общечеловеческих ценностей, для разработки и реализации стратегий и моделей поведения и карьеры; овладевать моделями толерантного поведения и стратегии конструктивной деятельности в условиях культурных, речевых, религиозных и других отличий между народами, разнообразия мира и человеческой цивилизации» (По материалам дискуссий, организованных в рамках проекта ПРООН „Освітня політика та освіта „рівний-рівному", 2004 р.) [4, С. 86].

Одной из первых в научный оборот педагогики понятие *„общекультурной компетентности"* ввела Н.Ю. Русова. Она определила её как „совокупность знаний и навыков, которые позволяют выполнять свою деятельность в рамках культуры соответствующего социума" [8, С. 24].

Г.Р. Шпиталевская даёт следующее определение понятию общекультурной компетентности личности. Это интегрированное качество, которое определяется единством накопленных знаний, умений, опыта, отношений и качеств, а также процесс и способ реализации их в деятельности и поведении, это и состояние, и результат, и продуктивный процесс создания социальных и индивидуальных ценностей [10].

Исследуя проблему формирования общекультурной компетентности будущих учителей иностранных языков Т.В. Несвирская, акцентирует внимание на интегративных процессах в образовании, которые способствуют актуализации общекультурного компонента профессиональной подготовки современного учителя, поскольку на основе этого компонента возможна реализация задания формирования многостороннего компетентного творческого специалиста. Автор выделяет при этом принцип универсализации знаний и умений, а формирование общекультурной компетентности – ключевым подходом в совершенствовании системы профессиональной подготовки современного учителя иностранного языка.

На основе совершённого контент-анализа Т.В. Несвирская даёт авторское определение исследуемого явления. „Общекультурная компетентность – профессионально значимое интегративное качество личности, её способность взаимодействовать с представителями других культур в условиях поликультурного общества, которая основывается на совокупности знаний, умений, навыков, мировоззренческих представлений, ценностных ориентаций и опыте, что проявляется в умственной культуре, общей эрудиции, культуре общения и позволяет эффективно совершать педагогическую деятельность" [6].

Следует отметить, что автор в контексте рассматриваемого общепрофессионального стандарта высшего профессионального образования очерчивает общетеоретические основы успешного формирования у будущих учителей иностранного языка общекультурной компетентности, среди которых выделяет четыре группы общетеоретических условий: нормативные, общепедагогические, профессионально-педагогические, обще-социальные [6].

Исследуя проблему формирования общекультурной компетентности, Т.В. Ежова даёт авторское определение общекультурной компетентности студента. Представленную как профессионально значимое интегративное качество личности, соединяющее в себе мотивационно-ценностный, когнитивный, деятельностный и эмоциональный компоненты, обеспечивающее единство общей и педагогической культуры и определяет способность субъекта включаться в педагогическую деятельность и ориентироваться в современном социокультурном пространстве [2, С.146].

Среди ключевых компетентностей, которые определяет А.В. Хуторской, выделена общекультурная компетентность, учёный характеризует её как осведомлённость в национальной и общечеловеческой культуре, что закладывает основы духовно-этической жизни человека [9].

Таким образом, мысли учёных, практиков дают нам возможность определить наиболее характерные черты общекультурной компетентности, формирование которой у будущих учителей гуманитарных специальностей является движущей и продуктивной силой профессиональной социализации. Проведенное исследование проблемы рассмотрения общекультурной компетентности как фактора профессиональной социализации будущих учителей гуманитарных специальностей позволяет полагать следующее. В результате профессиональной подготовки должна формироваться профессионально-значимая осведомлённость, которая при полном соответствии всем требованиям педагогической деятельности позволяет студенту успешно приобретать знания в постижении национальной, общечеловеческой культуры, формировать профессионально-этические умения, приобретать и изучать опыт общекультурных отношений, развивать коммуникативные способности, достигать намеченной цели и результата, взаимодействовать с педагогами и воспитанниками. Это качество может быть определено как общекультурная компетентность будущих учителей гуманитарных специальностей.

Литература:

1. Гриньова В.М. Формування педагогічної культури майбутнього вчителя (теоретичний та методичний аспекти). – Харків: Основа, 1998. – 300 с. С. 111

2.	Ежова Т. В. Формирование общекультурной компетентности студентов в образовательном процессе вуза : дис. ... канд. пед. наук : 13.00.01 / Татьяна Владимировна Ежова. – М.: РГБ, 2003. – 185 с.] 2

3.	Енциклопедія освіти / АПН України; [голов. ред. В. Г. Кремень]. – К. : Юрінком Інтер, 2008. – 1040 с.

4.	Зимняя И.А. Общая культура и социально-профессиональная компетентность человека / Ирина Алексеевна Зимняя // Эйдос. – [Електронний ресурс]. – Режим доступу : http://www.eidos.ru/journal/2006/0504.htm.

5.	Лежнина Г.В. Компетентностный подход: теоретический анализ понятия / Г.В. Лежнина. – [Електронний ресурс]. – Режим доступа : http://www.eduhmao.ru/info/1/3760/83683/.

6.	Несвірська Т.В. Формування загальнокультурної компетентності майбутніх учителів іноземної мови у процесі професійної підготовки / Тетяна Вікторівна Несвірська : автореф. канд. пед. наук : 13.00.04 / Тетяна Вікторівна Несвірська. – Житомир, 2012. – 22 с.

7.	Побірченко Н. С. Компетентнісний підхід у вищій школі: теоретичний аспект / Наталія Семенівна Побірченко // Education and Pedagogical Sciences („Освіта та педагогічна наука"). – № 1 (156). – 2013. – [Електронний ресурс]. – Режим доступу : http://pedagogicaljournal.luguniv.edu.ua/index.htm – Заголовок з екрану.

8.	Русова Н. Ю. Современные технологии в науке и образовании. Магистерский курс. Программа и терминологический словарь / Н. Ю. Русова. – Нижний Новгород : НГПУ, 2002. – 30 с.

9.	Хуторской А. В. Методика личностно-ориентированного обучения. Как обучать всех по-разному? : пособ. для учителя / А. В. Хуторской. – М.: Изд-во ВЛАДОС-ПРЕСС, 2005. – 383 с.

10.	Шпиталевська Г. Р. Підготовка майбутніх учителів початкових класів до формування у молодших школярів загальнокультурної компетентності [Текст] : дис. ... канд. пед. наук : 13.00.04 / Галина Романівна Шпиталевська. – Ялта, 2013. – 20 с.

Иовчева А.М.
соискатель степени кандидата политических наук
Черноморского государственного университета
имени Петра Могилы
alina.iovcheva@gmail.com

ГЕНДЕРНАЯ СОСТАВЛЯЮЩАЯ ПОЛИТИЧЕСКОЙ КУЛЬТУРЫ

Политическая система большинства современных демократических стран функционирует и развивается на всеобщих принципах равенства и свободы. Между тем, сегодня можно наблюдать определенный диссонанс в этой сфере, по крайней мере, в тех вопросах, которые касаются сбалансированного представительства мужчин и женщин в политической системе общества. Несмотря на то, что принцип обеспечения гендерного паритета в государственных структурах власти признан приоритетным в большинстве развитых стран мира, практика доказывает, что реализация данного положения является сложным и многовекторным процессом, даже при наличии качественного нормативно-правового регулирования.

Опыт внедрения гендерного равенства в политические системы стран Юго-Восточной Европы доказал, что формальное законодательное закрепление данного вопроса является необходимым, но недостаточным для достижения паритетной демократии в обществе. Важным условием становления гендерно-симметричной политической системы является реальное осознание и принятие обществом основных принципов равенства прав и возможностей мужчин и женщин в этой области. Иными словами, становление гендерного равенства в политической системе находится в прямой зависимости от политико-культурных норм, преобладающих в обществе.

Связь политической культуры и политической системы замечена была довольно давно. В середине 1960-х годов в американской политологии сформировалось отдельное направление изучения политической культуры, где базовые политические ценностные ориентации рассматривались через связь с фундаментальными основами функционирования общественной жизни. Так, Д.Элазар [5] утверждал, что политические культуры и субкультуры являются результатом социокультурных различий между народами. В основе такой дифференциации лежат базовые ориентации, которые являются компонентами политической культуры: ориентация политической организации, гражданское общество, политическое действие и т.д. [5]. Признанными классиками в исследовании политической культуры того времени являются Г. Алмонд и его ученик С.Верба, которые опубликовали в 1963 году книгу под названием «Гражданская культура» [2]. По мнению исследователей, политическая культура относится, прежде всего, к политическим ориентациям, которые заключаются во взглядах и позициях индивидов и социальных групп в отношении политической системы и ее структурных компонентов [2].

Похожего толкования политической системы придерживается и украинский исследователь В. Курилло, который отмечает, что «политическая система – это сложившаяся под влиянием политических, исторических, экономических, национальных, культурных и географических факторов определенная совокупность структур власти, норм и отношений, которые в большей или меньшей степени определяют, представляют и реализуют специфические интересы общественных групп в сфере управления на почве принципов, ценностей, преференций и других компонентов политической культуры»[1].

Таким образом, фактор политической культуры играет ключевую роль в определении модели развития и функционирования политической системы. В то же время сама политическая культура является сложным и многоуровневым явлением, которое можно определить как сложившуюся в результате политико-исторического опыта совокупность политических знаний, ценностных ориентаций, убеждений, взглядов, идей и установок, определяющих характер поведения и деятельности отдельных индивидов и социальных общностей, которые принимают непосредственное участие в функционировании политических институтов и процессов в данном обществе. Как система разновидностей человеческой деятельности, поведения и общения, выступающих условием воспроизводства политической жизни во всех ее основных проявлениях, политическая культура определяет также развитие гендерных вопросов в социально-политической сфере.

В данном контексте, считается необходимым определение соответствующей гендерной составляющей политической культуры, которая характеризуется построением специальной системы политических взглядов и отношений на основе гендерных представлений и убеждений.

Основными компонентами гендерной составляющей политической культуры являются:
- гендерные стереотипы и убеждения;
- гендерные роли;
- мотивация мужчин и женщин участвовать в принятии политических решений;
- уровень информирования касательно гендерного паритета в политической среде;

Гендерная составляющая политической культуры непосредственно влияет на процесс реализации власти, а ее собственное развитие находится одновременно в зависимости от политических преобразований и гендерных стереотипов социума.

Гендерные стереотипы, в общем смысле, определяются социальными образами женственности (фемининности) и мужественности (маскулинности). Однако, единства в определении гендерных стереотипов нет. Ряд исследователей (Р. Ашмор, Ф.Дель Бока [3]) определяют гендерные стереотипы как совокупность представлений о персональных социально-психологических особенностях мужчин и женщин. В другом научном подходе (Р. Угнер [4, 17]) определений акцент приходится на гендерные отношения. Согласно этим определениям, гендерные стереотипы – это социально сконструированы категории «маскулинность» и «фемининность», которые подтверждаются разным, в зависимости от пола, поведением и распределением социальных ролей в обществе с одной стороны, и психологической потребностью человека действовать согласно социальных ожиданий – с другой. Еще одна группа исследователей (К. Рензетти, Д.Кьюран [8], И.Фриз [6]) определяет гендерные стереотипы как схематизируемые, обобщенные социально-коллективные эмоциональные образы маскулинности и фемининности.

Анализируя вопрос трансляции гендерных стереотипов в обществе, нужно обратить внимание на то, что существует целый комплекс характеристик индивида, который определяет содержание и устойчивость гендерных стереотипов. Наиболее значимым среди них, по мнению исследователей, является возраст. Считается, что наиболее устойчивые гендерные стереотипы существуют в молодежной среде, поскольку с возрастом, вследствие получения определенного жизненного опыта, человек приобретает способность корректировать свои взгляды и убеждения, связанные с общественно-политической деятельностью [7, 20]. Другими возможными факторами, влияющими на функционирование гендерных стереотипов, могут быть: пол, социальный статус, материальное обеспечение, национальность и т.д.

Проводниками гендерных стереотипов является большинство социальных институтов – семья, система образования, средства массовой информации (далее – СМИ), государство, политические и общественные организации. Наиболее влиятельным из всех является СМИ, в частности всемирная сеть Интернет и телевидение, которые транслируют в общество нормативную информацию об эмоционально-поведенческих характеристиках мужественности и женственности. Так, например, женщины изображаются СМИ преимущественно в ролях: матери, жены или секс-символа. И, несмотря на то, что все больше женщин сегодня заняты в коммуникационном секторе, средства массовой информации продолжают воспроизводить стереотипы, основанные на сексизме. Можно предположить, что СМИ только отражают реальную ситуацию, но нельзя не считаться с тем, что они формируют стиль мышления, расставляют социальные акценты и влияют на политический процесс. Поэтому то, каким образом политически активных женщин изображают СМИ, может сыграть существенную роль в становлении общественного мнения в отношении женщин-политиков и мобилизации женщин как электората и политических актеров. Нужно отметить, что данный аспект является наиболее популярным в исследованиях гендерных стереотипов, как в отечественной, так и в зарубежной научной мысли.

Стереотипизации подвергается также набор социальных ролей. Социальная роль – это модель поведения, которая ожидается в обществе и регламентируется правами и обязанностями, которые закреплены за определенным социальным статусом.

Отдельной подгруппой социальных ролей можно выделить гендерные роли, которые также включают в себя модели поведения, специфический набор требований и ожиданий, предъявляемых обществом к представителям мужского или женского пола. Стереотипность представлений о гендерных ролях в обществе традиционно связывает мужскую деятельность с публичной сферой – активным участием в общественно-политических процессах, а женскую, в свою очередь, с частной – сферой семьи, дома и воспитания детей. Мужчина воспринимается, прежде всего, как работник и гражданин, а женщина – как жена и мать.

Именно подобная гендерная стереотипизация мышления относительно распределения социальных ролей в обществе, как представляется, мешает созданию и развитию гендерно-сбалансированной политической системы общества.

Процесс трансформации политической системы и становления многопартийной парламентской демократии в постсоциалистических странах мира, характеризуется проблемностью в сфере восприятия обществом паритетности социальных ролей мужчин и женщин, в частности в политическом контексте. Как оказалось, общественное мнение о роли и функциях женщин в обществе носит исключительно традиционно патриархальный характер, и женщина как активный общественно-политический актер, в целом, не воспринимается социумом.

Именно, исходя из этого, первым основополагающим стратегическим шагом в становлении паритетной демократии должно стать повышение уровня гендерной политической культуры общества, в частности трансформация гендерных стереотипов относительно распределения гендерных ролей в общественно-политической среде. Конечно, полифункциональность феномена политической культуры определяет сложный и неоднозначный характер ее динамики. Развитие политической культуры, в частности ее гендерной составляющей – явление не однолинейное, а многокомпонентное и длительное. Нормы политической культуры, которые сформировались в результате исторического опыта, не заменяются новыми, а продолжают свое существование рядом с ними, определяя их характер и специфику.

Развитие гендерной политической культуры означает ее обогащение и расширение культурного контекста, а не разрыв с культурной традицией путем приобретения принципиально нового качества. Основной возможный путь модернизации гендерной политической культуры и трансформации гендерных стереотипов – основательная и комплексная информационно-просветительная работа с помощью СМИ, системы гендерного образования, реализации специальных образовательных мероприятий и т.п.

Литература:

1. Курилло В.Е. Политические режимы и политические системы современности: учебно-методические материалы / В.Е. Курилло. – Николаев : Из-во ЧГУ им. П.Могилы,2004. – 30 с.
2. Almond G. The Civic Culture : Political Attitudes and Democracy in Five Nations / G.Almond, S. Verba. – Princeton : Princeton University Press, 1963.
3. Ashmore R. The Social Psychology of Female-male Relations : A Critical Analysis of Central Concepts / R. Ashmore, F. Del Boca. – N.Y., 1986.
4. Basow S. A. Gender stereotypes and roles / S.A. Basow. – Pacific Grove, 1992.
5. Elazar D.J. Globalization Meets the World's Political Cultures [Internet resource] / D.J. Elazar // Jerusalem Center for Public Affairs. – 2006. – Access mode : http://www.jcpa.org/dje/articles3/polcult.htm
6. Frieze I. Women and Sex Roles : a Social Psychological Perspective / I. Frieze. – N.Y., 1978.
7. Lips H.M. Sex and Gender: An Introduction / H.M. Lips. – Radford Univ. press, 1997.
8. Renzetti. C. Women, Men and Society / C. Rentzetti, D. Curran. – Boston, 2003. – 512 p.

Тихонова Н.В.[1], Ильюшенко В.М.[2], Астанина Н.Г.[3], Бондаренко Н.И.

[1]доцент, кандидат медицинских наук; [2,3]студент; [1,2,3]Красноярский государственный медицинский университет им. проф. В. Ф. Войно-Ясенецкого;

Адреса электронной почты: nvt24@mail.ru; 1993vadim@mail.ru

ОДИНОЧЕСТВО, КАК ФАКТОР ДЕЗАДАПТАЦИИ ПОЖИЛЫХ ЛЮДЕЙ

Увеличение доли пожилых и престарелых в структуре населения, числа больных хроническими заболеваниями, одиноких стариков с особенностями их образа жизни и вытекающими отсюда социальными и психологическими проблемами выдвигает новые требования к оказанию социально-медицинской помощи.

Одной из значимых проблем в пожилом возрасте является одиночество. Одиночество - социально-психологическое явление, эмоциональное состояние человека, связанное с отсутствием близких, положительных эмоциональных связей с людьми и/или со страхом их потери в результате вынужденной или имеющей психологические причины социальной изоляции.

Целью нашего исследования было определить, существуют ли различия переживания одиночества у пожилых людей, проживающих с кем-либо из близких и одиноко проживающих, а так же выявить различия в самооценке их психических состояний.

Для исследования были использованы методики:
- Тест «Самооценка психических состояний» Айзенка из 40 вопросов (4 блока по 10 вопросов)
- Методика «Субъективное ощущение одиночества» Д. Рассела и М. Фергюсона (20 утверждений)

База проведения исследования: Краевой геронтологический центр «Уют». Проведен опрос 109 человек в возрасте от 56 до 86. Из них 78 – женщины, 25 -мужчины. Все они неработающие пенсионеры, дееспособные и не утратившие навыков самообслуживания. В результате анкетирования все опрошенные были разделены на 2 группы: одиноко проживающие (39,4%) и проживающие совместно с кем-либо (супруг, дети, иные близкие – 60,55%). По итогам диагностических мероприятий проведена комплексная оценка данных.

Рис.1 Субъективное ощущение одиночества внутри каждой группы (распределение данных в процентах).

Как представлено на рисунке 1, подавляющее большинство опрошенных пожилых людей имеют низкий уровень субъективного ощущения одиночества. Другими словами, не чувствуют себя одинокими.

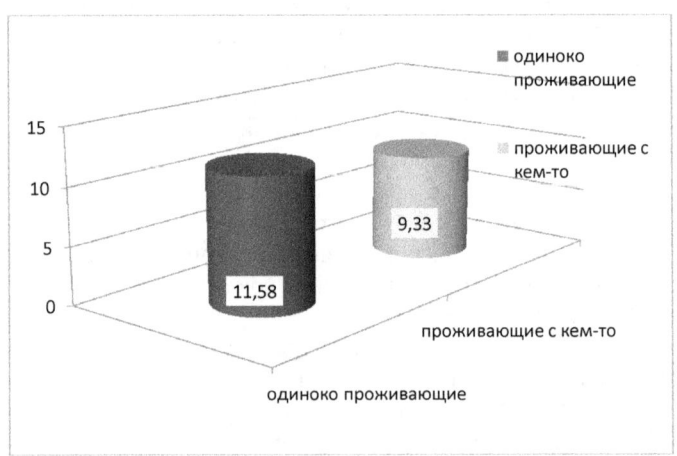

Рис.2 Сравнение средней оценки «Уровень субъективного ощущения одиночества».

По итогам сравнения средней оценки (рис.2) «Уровень субъективного ощущения одиночества» в группах проживающих с кем-либо из близких и одиноко проживающих обнаружены незначительные различия – одиноко проживающие в незначительно большей степени испытывают субъективное ощущение одиночества.

С целью установления значимости различий в группах был использован критерий Манна-Уитни. Результат: $U_{Эмп}$ = **1148**. Полученное эмпирическое значение $U_{Эмп}$ находится в зоне незначимости. Таким образом, гипотеза о том, что в группе проживающих с кем-либо уровень субъективного ощущения одиночества ниже, чем у одиноко проживающих пожилых людей, опровергнута. Т.е. в обеих группах субъективное ощущение одиночества переживается примерно одинаково.

Кроме того, проведена самооценка психических состояний Айзенка в каждой группе.

Таблица 1. Самооценка психических состояний Айзенка

		высокий	средний	низкий
Тревожность	*проживающие с кем-то*	7,58%	37,88%	54,55%
	одиноко проживающие	4,65%	48,84%	46,51%
Фрустрация	*проживающие с кем-то*	3,03%	36,36%	60,61%
	одиноко проживающие	0%	41,86%	58,14%
Агрессивность	*проживающие с кем-то*	4,55%	57,58%	37,88%
	одиноко проживающие	11,63%	41,86%	46,51%
Ригидность	*проживающие с кем-то*	9,09%	59,09%	31,82%
	одиноко проживающие	6,98%	46,51%	46,51%

Из представленной таблицы видно, что в обеих группах большинство опрошенных имеют средний уровень ригидности и низкий уровень фрустрации. В группе одиноко проживающих больше лиц со средней тревожностью, а у большинства проживающих с кем-либо тревожность низкая. Тогда как агрессивность более характерна для проживающих с близкими, чем для одиноких.

С целью определения значимости различий в группах критерий Манна-Уитни был применен к каждому критерию методики «Самооценка психических состояний» Айзенка.

Таблица 2. Значения критерия Манна-Уитни по методике Самооценка психических состояний» Айзенка

Психическое состояние	$U_{Эмп}$	Значимость
Тревожность	1132	Находится в зоне незначимости.
Фрустрация	1156,5	Находится в зоне незначимости.
Агрессивность	860,5	Находится в зоне незначимости.
Регрессия	1063	Находится в зоне незначимости.

Из выше представленной таблицы можно сделать вывод о том, что значимых различий между двумя группами нет, как и в случае с субъективным переживанием одиночества.

Для определения связи психического состояния с субъективным переживанием одиночества был применён коэффициент Спирмена для каждой группы.

Таблица3. Связь психических состояний с субъективным переживанием одиночества

		Значение коэфф. Спирмена	Значимость связи
Тревожность	Одинокие	0,383	Значимая прямая
	Проживающие с кем-либо из близких	0.523	Значимая прямая
Фрустрация	Одинокие	0,229	Не значима
	Проживающие с кем-либо из близких	0.545	Значимая прямая
Агрессивность	Одинокие	0,005	Не значима
	Проживающие с кем-либо из близких	0.166	Не значима
Ригидность	Одинокие	0,328	Значимая прямая
	Проживающие с кем-либо из близких	0.333	Значимая прямая

Сравнивая полученные в результате статистической обработки данные, можно сделать следующие выводы:

1. Связь агрессии с субъективным ощущением одиночества не значима в обеих группах.

2. По критерию «Фрустрация» существует прямая зависимость с субъективным ощущением одиночества только в группе пожилых людей, проживающих с кем-либо из близких.

3. По критериям «Ригидность» и «Тревожность» в обеих группах обнаружена прямая зависимость. Т.е., чем выше уровень субъективного ощущения одиночества, тем выше ригидность и тревожность.

Таким образом, можно сделать вывод, что в данной выборке нет существенных различий в переживании субъективного ощущения одиночества и психических состояний (тревожность, фрустрация, агрессивность, ригидность). Однако есть различия внутри групп. Ригидность и тревожность в обеих группах пожилых людей напрямую связаны с переживанием субъективного ощущения одиночества, агрессивность же наоборот, не имеет связи с этим ощущением.

Кроме того, фрустрация переживается в каждой группе по-своему: у одиноких людей она не имеет связи с субъективным ощущением одиночества, а у пожилых, проживающих с кем-либо из близких, существует прямая зависимость с ощущением одиночества.

Исходя из этого, можно сформулировать следующие рекомендации для социально-психологической реабилитации в направлениях работы с пациентом:

- Принятие ответственности за своё одиночество;
- Работа с тревогой и страхами;
- Развитие коммуникативных навыков и умений;
- Повышение самооценки, формирование положительного самовосприятия;
- Поиск ресурса.

Группа пожилых людей, проживающих с кем-либо из близких, имеет более высокий показатель по агрессивности и регрессии. Для таких клиентов подходят индивидуальные и групповые формы работы с использованием различных психотерапевтических методов.

Для пожилых людей с повышенной агрессивностью очень подходят методы психодрамы, арт-терапии и телесноориентированной терапии, т.е. методики, позволяющие снять мышечное напряжение и «выбросить» энергию злости в безопасном пространстве психологической сессии.

Пожилые люди с высоким уровнем ригидности нуждаются в психологической поддержке больше других. Для них важно создать в рамках психологически безопасную среду для освоения новых, более эффективных методов взаимодействия с внешним миром и другими людьми, закрепить приобретённые навыки, развивать креативность.

В настоящее время проблемы пожилых людей вызывают значительный интерес в научном сообществе. Тема активного долголетия рассматривается социологами, биологами, психологами и другими учеными. Определить степень участия в трудовой деятельности вышедшего на пенсию пожилого человека, помочь ему адаптироваться к новым условиям, содействовать активному участию в формировании адекватного образа жизни - это задачи специалиста службы социальной защиты, вооруженного знаниями психофизиологических особенностей данной группы населения.

Результаты данного исследования легли в основу разработки индивидуальной программы медико-социальной психологической реабилитации пожилых пациентов геронтологического центра, что позволит повысить эффективность проводимых реабилитационных мероприятий с пожилыми пациентами.

Литература

1. Краснова О. В., Лидерс А. Г. Социальная психология старости. Учебное пособие. – М.: «Академия», 2008. - 288 с.

2. Максимова С.Г. Социально-психологические проблемы в геронтологии. – Барнаул : Изд-во Алт. ун-та, 2006. - 223 с.

3. Практическая психодиагностика. Методики и тесты. Учебное пособие./под ред. Д.Я. Райгородского. – Самара: Изд-во «Бахрах-М», 2001.- 141 с.

4. Райгородский Д. Я. Практическая психодиагностика. Методики и тесты. Учебное пособие. – Самара: Издательский Дом «Бахрак-М», 2005. - 672 с.

5. Сидоренко Е. В. Методы математической обработки в психологии. – СПб.: ООО «Речь», 2007.- 350 с.

Мжельская Н.В.

аспирант ФГБОУ ВПО «Алтайская государственная академия культуры и искусств»,

ассистент кафедры специальной педагогики и психологии ФГБОУ ВПО «Алтайская государственная педагогическая академия»

КОММУНИКАТИВНАЯ КОМПЕТЕНТНОСТЬ И ПРОБЛЕМЫ ЕЕ РАЗВИТИЯ У ДЕТЕЙ С НАУШЕНИЯМИ ЗРНИЯ

Работа проводится при финансовой поддержке РГНФ за счет средств проекта 13-36-01271 «Развитие навыков общения младших школьников с нарушениями зрения средствами театрально-художественной деятельности»

В настоящее время в отечественной психологии в исследовании коммуникативной компетентности сложилось два подхода: теоретический и практический.

В рамках теоретического подхода исследователи рассматривают понятие коммуникативной компетентности, процессы, условия и факторы, определяющие ее изменение, разрабатывают теоретические концепции и модели коммуникативной компетентности, определяют ее место и роль в эффективном общении и взаимодействии, выделяют ее структуру. Одни авторы рассматривают коммуникативную компетентность как отдельную характеристику личности (Л.А. Петровская, Е.В. Сидоренко, Л.А. Цветкова, О.И. Муравьева, И.В. Макаровская), другие – как часть более широкого понятия (В.Н. Куницина, В.А. Спивак), третьи – как часть других видов компетенций, и как отдельную характеристику личности одновременно (Ю.М. Жуков), четвертые – как индивидуальное качество и определенное состояние сознания группы людей (Ю.Н. Емельянов).

Представители практического подхода акцентируют свое внимание на процессе развития и совершенствования коммуникативной компетентности: разрабатывают методы развития коммуникативных умений (Л.А. Петровская, В.П. Захарова, Н.Ю. Хрящева, А.С. Прутченков, Е.В. Сидоренко, С.И. Макшанов), реализуют программы повышения коммуникативной компетентности (Г.Н. Николаева, Е.М. Горюнова, И.К. Гаврилова и др.), предлагают практические рекомендации для эффективного общения (И. Атватер, Ю.С. Крижанская, В.П. Третьяков).

Коммуникативная компетентность состоит из следующих структурных компонентов: эмоциональный, когнитивный, поведенческий.

Н.Б. Буртовая в структуре коммуникативной компетентности выделяет социально-психологический, индивидуально-психологический и психофизиологический уровни [1].

На социально-психологическом уровне коммуникативная компетентность проявляется во взаимодействии людей в процессах деятельности, общения, познания. Коммуникативная компетентность на этом уровне позволяет строить коммуникацию на предвидении ее результатов, удовлетворении социальных потребностей. Ее формирование на этом уровне происходит как стихийно в процессе формального общения и воспитания так и на основе целенаправленного обогащения знаний, умений, навыков, привычек. Коммуникативную компетентность на индивидуально-психологическом уровне определяют особенности ощущений, восприятия, внимания, памяти, мышления, воли, эмоций, воображения, психическое состояние субъекта. На психихофизиологическом уровне определяют тип высшей нервной деятельности, темперамент, экстра- и интровертированность, возрастные и гендерные различия [1].

Относительно проблемного поля нашего исследования, наиболее интересным представляется индивидуально-психологический уровень. Что касается коммуникативной компетентности младших школьников, то в возрасте 7-11 лет ребенок должен обладать набором следующих знаний, умений и навыков в сфере общения как со взрослыми, так и со сверстниками: желание общаться, наличие внеситуативно-деловой формы общения (по М.И. Лисиной), умение вступать в общение и грамотно выходить из данного процесса, овладеть навыками адекватного употребления средств общения, уметь выражать эмпатию, принимать точку зрения другого человека и уметь отстоять свою и др [2]

Дети, имеющие патологию зрения, должны так же овладеть набором компетенций, необходимых для развития коммуникативной компетентности.

Наиболее оптимальным средством развития коммуникативных умений и навыков, на наш взгляд является театрально-игровая деятельность с использованием средств и методов арт-терапии.

В процессе драматизации моделируются различные ситуации общения. Театральное искусство близко и понятно детям, ведь в его основе лежит игра. Опора на преимущественно игровые моменты дает возможность ребенку не принудительно, а естественно, с удовольствием войти в мир театра, полюбить его, реализовать свои возможности.

Театрально-игровая деятельность позволяет решать многие педагогические задачи, касающиеся формирования выразительности речи ребенка, интеллектуального и художественно-эстетического воспитания. В результате у ребенка формируются адекватные представления о мире, он учится выражать свое отношение к добру и злу, познает радость, связанную с преодолением трудностей общения, неуверенности в себе.

Игра – наиболее доступный ребенку, интересный способ переработки, выражения эмоций, впечатлений. Театрализованная игра –

одно из эффективных средств развития коммуникативных способностей ребенка в процессе осмысления им нравственного подтекста литературного произведения, участие в игре, создающей благоприятные условия для развития чувства партнерства, освоения способов позитивного взаимодействия. В ходе совершенствования диалогов и монологов, освоения выразительности речи эффективно происходит не только речевое развитие ребенка, но и развитие его коммуникативных способностей. В театрализованной игре дети знакомятся с чувствами, настроениями героев, осваивают способы эмоционального выражения, самореализуются, самовыражаются, знакомятся с окружающим миром через образы, краски, звуки, которые способствуют развитию психических процессов, качеств и свойств личности – воображения, самостоятельности, инициативности, эмоциональной отзывчивости, коммуникативности.

В результате у ребенка развивается коммуникативная компетентность как важнейший фактор формирования личности, один из главных видов деятельности человека, устремленный на познание и оценку самого себя через посредство других людей.

У младших школьников с патологией зрения имеются нарушения средств общения и, как следствие, страдает эффективное взаимодействие с людьми и гибкость в общении. Помимо вовлечения таких детей в театрально-игровую деятельность необходим ряд подготовительных мероприятий. Целесообразней, на наш взгляд, использовать на таких занятиях методы арт-терапии.

В последние годы арт-терапия все больше включается в коррекционно-развивающий процесс специальных образовательных учреждениях для детей с разными видами нарушений развития и дает положительные результаты.

В работе по преодолению коммуникативных трудностей ребенка, как отмечает А.Г. Самохвалова, можно использовать две основные формы арт-терапии: пассивную, в процессе которой ребенок воспринимает и анализирует художественные произведения, созданные другими людьми и активную форму, в процессе которой ребенок сам создает продукты творчества [3]. В процессе коррекции коммуникативных трудностей детей используют различные методы: изобразительное творчество, музыкотерапия, библиотерапия, танцевальная терапия, куклотерапия, психологические этюды. Относительно детей с нарушениями зрения, необходимо учитывать их индивидуальные особенности и подбирать наиболее для них приемлемые методы.

Таким образом, используя сочетание методов арт-терапии и театрально-игровых приемов, возможно наиболее эффективное развитие коммуникативной компетентности детей с нарушением зрения.

Литература

1. Буртовая, Н. Б. Профессиональная и коммуникативная компетентность педагога вуза / Н. Б. Буртовая // Вестник Томского государственного педагогического университета. - 2012. - № 6 (121). - С.180-182.

2. Лисина М. И., Ветрова В. В., Смирнова Е. О. Влияние потребности в общении на отношение детей к речевым воздействиям взрослого // Общение и его влияние на развитие психики дошкольника / Под ред. М. И. Лисиной. – М., 1974. – С. 128–146.

3. Самохвалова А. Г. Коммуникативные трудности ребенка: проблемы, диагностика, коррекция: Учеб.-метод. пособие. — СПб.: Речь, 2011. — 432 с.

Растопшина Л.В.
доцент, кандидат сельскохозяйственных наук
ФГБОУ ВПО АГАУ

ГЕМАТОЛОГИЧЕСКИЕ ПОКАЗАТЕЛИ ЦЫПЛЯТ-БРОЙЛЕРОВ ПРИ ИМПЛАНТАЦИИ ПОВЫШЕННЫХ ДОЗ ЙОДА

В последние годы птицеводство стабильно развивается в России и Алтайском крае.

Для повышения эффективности отрасли создаются новые высокопродуктивные кроссы, разрабатываются детализированные нормы кормления и оптимальные условия содержания птицы. Для увеличения продуктивности птицы активно используютя биологически активные вещества. В связи с недостатком йода в почве, воде, кормах в Алтайском крае изыскание способов его введения в организм и изучение влияния на продуктивность, и общее физиологическое состяние птицы является актуальным. С целью восполнения йодной недостаточности в животноводстве принято скармливание йодных препатов или их подкожная имплантация [1,17; 18].

Нами установлено, что традиционно применяемые методы подкожной имплантации таблеток йода в птицеводстве использовать невозможно, так как у птицы очень тонкая и подвижная кожа. В этой связи нами разработан новый способ имплантации йодида калия, приготовленного на основе пищевого желатина. В исследованиях В.О. Мохнач [2, 21] доказано, что йод после включения в молекулу высокополимра, в данном случае желатина, теряет токсические и раздражающие свойства, но полностью сохраняет свою активность как микроэлемент и антисептик.

Целью исследования определено изучить влияние повышенных доз йода на желатиновой основе, введенного цыплятам-бройлерам методом однократной подкожной имплантации на гематологические показатели.

Эксперимент проведен в производственных условиях птицефабрики Алтайского края на цыплятах-бройлерах кросса «Сибиряк».

Методом случайной выборки птицы на 19 день выращивания распределили в 3 опытных и 1 контрольную группу по 100 голов в каждой. Имплантант вводили в область нижней трети шеи цыплятам опытных групп второй 2,5 мг; третьей -3,0 мг и четвертой - 3,5 мг на голову. Птице первой контрольной группы йод не имплантировали. Цыплята содержалась напольным способом, на глубокой несменяемой подстилке. Условия микроклимата в помещении соответствовали зоогигиеническим требованиям. Уровень и питательность рациона изменялся с учетом возраста и потребности птицы в питательных веществах.

Продолжительность опыта составила 30 дней, т.е. до 49-дневного возраста птицы.

Исследование состава крови является важной частью научных экспериментов, поскольку она отражает физиологические процессы и изменения, происходящих в организме.

Кровь для исследования у птицы брали из крыловой вены в отдельные пробирки от 10 голов из подопытных групп. Количество эритроцитов, число лейкоцитов в периферической крови подсчитывали на счетной камере Горяева. Уровень гемоглобина определяли гемоглобинцианидным методом на КФК-2. Среднее содержание гемоглобина в эритроците устанавливали путем деления концентрации гемоглобина на число эритроцитов в одинаковом объеме взятой крови.

Гематологические показатели цыплят-бройлеров при имплантации йода приведены в таблице 1.

Таблица 1

Гематологические показатели цыплят на откорме

Показатель	Группа							
	1 контрольная		2 опытная		3 опытная		4 опытная	
	на начало опыта	на конец опыта	на начало опыта	на конец опыта	на начало опыта	на конец опыта	на начало опыта	на конец опыта
Эритроциты, 10^{12}/л	2,46± 0,067	2,57± 0,073	2,52 ± 0,063	2,81± 0,075	2,51± 0,070	2,77± 0,063	2,45± 0,075	2,74± 0,058
Лейкоциты, 10^9/л	12,07± 0,575	16,05± 0,757	12,12± 0,549	16,09± 0,753	12,15± 0,733	16,46± 0,696	12,05± 0,137	16,31± 0,418
Гемоглобин, г/л	87,0± 2,78	112,0± 3,66	86,7± 2,55	120,4± 4,58	87,3± 3,06	116,3± 4,44	85,6± 2,15	115,4± 3,93
Содержание гемоглобина в эритроците, пг	35,6± 1,28	43,9± 2,04	34,6± 1,18	43,3± 2,39	35,2± 2,20	42,3± 2,01	35,4± 1,77	42,3± 2,05

Анализируя данные таблицы 1 видно, что на конец опыта наблюдается увеличение количества эритроцитов в перифирической крови молодняка на откорме в пределах 4,5-11,9 %, но в опытных группах у цыплят по сравнению с контролем эритроцитов в крови больше во второй на 9,2 % %, в третьей на 6,3 % и в четвертой на 6,5 %.

Лейкоциты в организме выполняют защитную функцию. Необходимо отметить, что число лейкоцитов в крови цыплят подопытных групп за месяц опытного периода повысилось на 36,3-49,2 %. Это говорит о становлении имунной системы с возрастом молодняка. На конец откорма лейкоцитов в крови бройлров второй, терьей, четвертой опытных групп превосходило первую контрольную на 10,0 %, 6,2 % и 5,2 % соответственно.

Гемоглобин осуществляет перенос крови к органам и тканям. В наших исследованиях, уровень гемоглобина к концу откорма в крови цыплят-бройлеров опытных групп выше во второй на 8,4 %, в третьей на 4,3 %, в четвертой на 3,4 %. Необходимо отметить, что количество эритроцитов, лейкоцитов и уровень гемоглобина в крови птицы подопытных групп находилось в пределах физиологической нормы.

Показатель степени насыщения эритроцита гемоглобином указывает на наличие анемии у птицы. Среднее содержание гемоглобина в эритроците цыплят на откорме находилось на уровне 34,6-35,6 пг при постановке на опыт. На момент окончания опыта данный показатель увеличился у подопытного молодняка на 19,4-25,1 %, что указывает на осутствие гиперхромной или гипохромной железодифицитной анемии.

Анализируя количественный состав элементов крови и уровень гемоглобина у цыплят-бройлеров при имплантации повышенных доз йода видно, что усиление эритро- и лейкопоэза, повышение концентрации гемоглобина и среднее его содержание в эритроците наблюдается у птицы при дозировке йода 2,5 мг на голову, а более высокие дозировки 3,0 и 3,5 мг данного микроэлемента оказывают угнетающее воздействие на обменные прцессы в организме бройлеров.

Таким образом, однокартная подкожная имплантация йода в желатиновой фракции 2,5 мг на голову способствует усилению обменных процессов в организме птицы, а более высокие дозировки 3,0 и 3,5 мг данного микроэлемента оказывают угнетающее воздействие на обменные прцессы в организме бройлеров.

Литература:

1. Шевченко Н.И. Эффективность подкожной имплантации йода коровам / Н.И. Шевченко, И.Н. Плешакова // Зоотехния.-2004.-№8.-С. 17-18.
2. Мохнач О.В. Йод и прблемы жизни (Теория биологической активности йода и проблемы практического применения соединений йода с высокополимерами) / В.О. Мохнач. - Л: Изд-во «Наука», 1974.- 254 с.

Оськин С.В.
д.т.н., профессор
Курченко Н.Ю.
аспирант
Кубанский Государственный Аграрный Университет

ПОВЫШЕНИЕ ЭНЕРГЕТИЧЕСКИХ ХАРАКТЕРИСТИК ЭЛЕКТРОАКТИВАТОРА ПУТЕМ РАЗРАБОТКИ И ВНЕДРЕНИЯ СХЕМЫ АВТОМАТИЗИРОВАННОГО УПРАВЛЕНИЯ

В настоящее время предприятиями выпускается большое количество электроактиваторов, предназначенных для работы в различных отраслях производства, в том числе и для сельского хозяйства. Однако применение таких агрегатов в сельском хозяйстве ограничено в связи с их низкими эксплуатационными характеристиками: не могут работать в условиях низкого качества электроэнергии; требуют дополнительное оборудование для очистки первичной воды (вода из артезианских скважин содержит большое количество примесей); требуется частая профилактическая промывка установок кислотами; большая стоимость оборудования. Предлагаемая нами установка в комплекте с системой автоматизации позволяет решить все выше перечисленные проблемы и при этом не требуя значительных материальных трудозатрат для подготовки воды, что составляет основную долю капиталовложений сельскохозяйственного предприятия.

Электроактиватор воды предназначен для получения экологически чистой активированной (деполяризованной) воды: кислотной и щелочной, для использования в технологических целях. Электроактивированная вода получается пропусканием электрического тока через обычную воду или слабые ее солевые растворы концентрацией до 1%. Активированная вода обладает как высокой растворяющей способностью, так и широким спектром действия благодаря большим электрическим зарядам: положительному в кислотной воде (анолит) и отрицательному в щелочной воде (католит).

Качество и надежность работы электроактиватора определяется такими параметрами как: производительность, потребляемая мощность, масса-габаритный показатель, количество часов наработки до профилактического обслуживания. В течение времени работы электроактиватора его электрические параметры не стабильны, что приводит к снижению качества раствора. В связи с этим мы предлагаем оснастить электроактиватор средствами автоматизации. Это позволит осуществлять постоянный контроль за работой устройства, поддерживать в оптимальном режиме все необходимые параметры и автоматически, по заданному алгоритму, производить их регулировку.

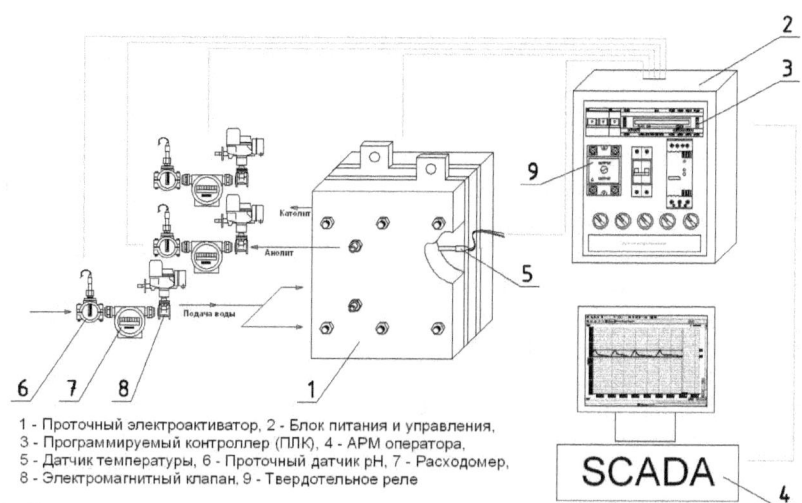

1 - Проточный электроактиватор, 2 - Блок питания и управления,
3 - Программируемый контроллер (ПЛК), 4 - АРМ оператора,
5 - Датчик температуры, 6 - Проточный датчик pH, 7 - Расходомер,
8 - Электромагнитный клапан, 9 - Твердотельное реле

Рисунок 1 – Функциональная схема автоматизированного
управления проточным электроактиватором

Схема автоматизированного управления представляет собой комплекс устройств, размещенных как на корпусе самого активатора непосредственно, так и в блоке управления. Она состоит из: датчиков температуры (5)- для отслеживания температуры подаваемой воды и температуры католита и анолита внутри камер, датчиков pH(6) установленные на общем входе и выходах камеры, расходомеров(7), Основу управления составляет программируемый логический контроллер (ПЛК, 3) фирмы «ОВЕН» оснащенный дискретными и аналоговыми входами/выходами. По заранее написанному алгоритму ПЛК осуществляет контроль и управление, а так же полученную информацию посылает по информационным каналам в программную среду мониторинга, задачей которой является построение трендов, в реальном времени, и архивации данных. Регулирование тока реализует твердотельное реле (9) располагаемое в блоке управления. Так же сегодня есть техническая возможность применения клапанов аналогового регулирования производительности, но применение этих технологий значительно увеличивает стоимость установки. Алгоритм управления прописывается в программной среде CoDeSys обеспечивающей надежную связь с контроллером. Оператор устанавливает необходимый по технологическим нормам уровень pH. и контроллер получив показания о состоянии параметров активатора выбирает оптимальный режим работы.

Во время работы активатор представляет собой в первую очередь проточный нагреватель жидкости. Энергия, затраченная из электрической сети, уходит на нагрев воды с одновременной диссоциацией молекул. В результате увеличивается температура жидкости на выходе активатора и изменяется уровень водородного показателя (отдельно в каждой камере активатора). Проведенный анализ и опыт эксплуатации электроактиваторов дает основание предположить равенство постоянных времени по водородному показателю и нагреву жидкости. Известна также большая зависимость скорости диссоциации от температуры. В диапазоне температур 20 - 100 °C проводимость воды возрастает в 3 - 5 раз, во столько же раз изменяется мощность, потребляемая из сети. Удельное сопротивление воды подчиняется зависимости только до наступления заметного парообразования, интенсивность которого зависит от давления и плотности тока в электродах. Пар не является проводником тока, и поэтому при парообразовании удельное сопротивление воды возрастает. Таким образом, пока не установится температура, не установится и уровень водородного показателя и чтобы поддерживать значение водородного показателя можно регулировать или производительность или подводимый ток.

Разработанная схема управления режимами работы электроактиватора, учитывает возможность как ручного так и автоматического управления. Предложенная схема позволяет согласовать параметры схемы управления с параметрами электроактиватора, что в свою очередь обеспечивает оптимизацию работы, надежность, и дает возможность для разработки устройства отвечающего требованиям энергосбережения с затратой максимального количества полезной энергии на процесс активации.

Шишкова Г.В.
ассистент кафедры «Управление персоналом и социология» ФГБОУ ВПО «Уральский государственный Университет Путей Сообщения» город Екатеринбург

ПРОФЕССИОНАЛЬНЫЕ ДЕФОРМАЦИИ ЛИЧНОСТИ В СОВРЕМЕННОМ ОБЩЕСТВЕ

Большую часть своей жизни человек проводит в процессе выполнения профессиональной деятельности, что, несомненно, накладывает определенный отпечаток на личность, ее осуществляющую. Любая профессиональная деятельность это источник особенностей и противоречий применительно к личности.

Профессиональная деятельность – это род трудовой деятельности, возникающий вследствие разделения труда. В конечном счете, профессиональная деятельность производит какой-либо продукт, необходимый человеку. В современном обществе при выполнении профессиональной деятельности большая роль отводится машинам и механизмам, способным полностью или частично заменить человеческий труд. Со временем человек может превратиться в придаток машины, если будет выполнять стандартные действия на производстве и переносить эти привычки на частную жизнь.

Прежде всего, работнику угрожает опасность оказаться в чрезмерной зависимости от орудий труда. Возникает необходимость заботы о них (всем известно, что автомобиль мужчины часто считают своей «второй женой», о которой они заботятся значительно более старательно), приспособления своих действий, а иногда даже ритма жизни ритму пущенного в ход механизма. Зависимость человека от машины снимается новой машиной: автоматами и роботами, способными реагировать на различные возбудители, в том числе на возбудители, источником которых является отклонение от нормы функционирования и которые вызывают самодействующую реакцию авторегулирования.

В то же время профессиональная деятельность дает возможность варьировать свои действия, несмотря на требования их стандартизации, дается определенная свобода принятия решений, в зависимости от занимаемой должности, наличия функционального аппарата и специфики объекта труда.

Например, в области медицины существуют строгие правила, предписывающие поведение врача. В то же время, если больному поставлен диагноз с прогнозируемым летальным исходом, согласно этическому своду правил, принятому в российской медицине, врачам разрешается сознательно вводить в заблуждение пациента, при этом достоверно информировать его родственников. Сокрытие истинного положения вещей продиктовано традицией дать возможность человеку как можно дольше не знать о грозящей опасности, насладиться несколькими дополнительными днями или месяцами в окружении любящих родственников, а не провести это время в удручающем ожидании конца, сопровождаемого болевыми ощущениями.

По мнению американских врачей, например, Хиггса Р. [8, 154-156], прямолинейность и откровенность в информировании пациента заслуживают применения, так как за это время, отпущенное ему, пациент может составить завещание, привести в порядок дела, потратить деньги на себя, скрасив последние месяцы своей жизни, посетив экзотические страны, скупить все юмористические фильмы и книги, купить предметы роскоши, о которых всю жизнь мечтал, но которые так и остались за пределами досягаемого. Такой радикальный поворот в поведении от скрытного и выжидательного к динамичному и решительному исполнению своих желаний может привести к исцелению, затормозив и даже повернув вспять деструктивные физиологические процессы. История медицины знает подобные примеры.

Таким образом, оба подхода имеют право на применение в профессиональной деятельности. Важно использовать их гибко и с учетом конкретной ситуации.

В процессе профессиональной деятельности нередко возникают как внутренние конфликты, так и конфликты с внешним миром, приводящие к профессиональной деформации личности. Это не всегда благоприятно для человека и его деятельности. Признаком начала деформации личности служат снижение работоспособности, снижение качества выполнения работы, иногда – ослабление эмоциональной реакции на результат работы, неадекватная реакция на возникающие задачи, требующие безотлагательного принятия решений. Все это приводит к разнообразным проявлениям профессиональной деформации личности, усугублению ее при сопутствующих факторах [3,47]. Особенно актуальным вопрос о профессиональных деформациях личности становится в период появления новых профессий.

Впервые термин «профессиональная деформация личности» ввел в научный оборот П.А. Сорокин, рассматривая преимущественно негативный аспект влияния профессиональной деятельности на человека. Рассмотрению данного феномена посвятили свои труды и такие ученые, как С.П. Безносов, С.Г. Геллерштейн, Р.М. Грановская, Э. Ф. Зеер, Е.П. Ильин, А.В. Коваленко, А.К. Маркова, Э.Э. Сыманюк, Н.И. Шаталова, Л.А. Шиканов и другие современные авторы.

Профессиональная деформация (от лат. deformatio) – когнитивное искажение, психологическая дезориентация личности, формирующаяся из-за постоянного давления внешних и внутренних факторов профессиональной деятельности, и приводящая к формированию специфически-профессионального типа личности. В физике под термином «деформация» подразумевают изменение формы и размеров тела (или части тела) под действием внешних сил, при воздействиях, вызывающих изменение положения частиц тела [2, 21].

Однако до сих пор еще не сформировано единое, удовлетворяющее всех понятие «профессиональной деформации». Трудности раскрытия ее природы обусловлены, прежде всего, сложностью структуры и многообразием связей между формами проявления деформации в процессе профессиональной деятельности и их личностной сущностью.

Социологом Шаталовой Н.И. в многочисленных работах, посвященных профессиональным деформациям, были рассмотрены и классифицированы наиболее часто встречающиеся их виды. Так, согласно Шаталовой Н.И. [7, 139-152], в процессе жизнедеятельности человека возникают следующие виды профессиональных деформаций: рестрикционизм (или минимизация производительности труда), избыточная интенсивность труда (или патологическая одержимость работой), карьеризм, бедность ролевой системы, замкнутость, некомпетентность, боязнь самовыражения, ригидность.

Деформацией профессионального поведения можно назвать и «притупление» реакции медицинского работника на боль пациента. Безусловно, врач не должен умирать со смертью каждого больного, но оказать максимальную помощь, профессионально понимая его состояние, – именно это и есть норма. Подобная деформация наблюдается сегодня у работников правоохранительных органов, у служащих детских домов и социальных работников, обязанных обеспечить нормальное воспитание детей и жизнь престарелых граждан.

Профессиональная деформация личности имеет «свое лицо» у руководителей. Имея должностной статус, который некоторые из них принимают за личное достоинство, и даже профессионализм, они позволяют себе относиться к подчиненным и ко всем, кто ниже их по должности как к людям низшего сорта. Другой крайностью данной деформации является и низкопоклонство перед теми, кто стоит выше их по должностной лестнице. В то же время, у рабочих, понимающих, насколько отличается материальное вознаграждение у директора предприятия от простого рабочего, может возникнуть не повышение профессионального роста, поступление в высшее учебное заведение, а развитие склонности к простому воровству с завода.

Основными факторами при формировании отклонений в профессиональных реакциях служат: однообразие, рутинность профессиональной деятельности вкупе с дополнительными раздражающими факторами окружающей среды, как то: необходимость сохранения концентрации и внимания на постоянных или изменяющихся объектах приложения труда, вынужденное общение (входящее в обязанности по исполнению должностных обязанностей) с большой массой людей, зачастую раздраженных, неадекватно реагирующих на информацию сотрудника службы.

Ухудшение здоровья, вызванное производственными условиями, такими, например, как шум в цехе, слабая освещенность, необходимость постоянно находиться около объектов (плавильная печь, загазованность, испарения вредных веществ, и т.п.) с повышенной температурой, необходимость постоянно напрягать органы зрения за монитором компьютера, избыток общения педагогов с учениками или медиков с пациентами и т.п. Все профессии заслуживают пристального внимания с точки зрения возможностей профессиональных деформаций. Зарождение профессиональных деформаций личности наиболее ярко демонстрируется на примере профессий, связанных с экстремальными действиями и необходимостью мгновенного принятия решений. К таким профессиям следует отнести медицинских работников, в первую очередь, хирургического сектора; пожарников, работников МЧС, задействованных при спасении людей; военных и полицейских, принимающих участие в оперативных действиях.

Не менее жестко подвержены профессиональной деформации представители такой, ставшей популярной в последние годы профессии, как риэлторы. Зачастую в эту профессию приходят люди, которые не смогли добиться высот в своей основной деятельности, или же, их не устраивала заработная плата. Тогда как работа с недвижимостью в случае успеха может принести хороший доход. Но тут возникают издержки профессии. Как в рыночной торговле, необходимо применять самые простые механизмы торговли – как реклама, торг, сокрытие истинной информации, приукрашивание. Развиваются такие качества, как склонность к обману, скрытность.

Но не только люди, работающие в перечисленных сферах, подвержены профессиональной деформации личности. Так, в произведении известного зарубежного писателя Чака Паланика «Дневник» [6] в сюрреалистичной форме рассматривается актуальная жизненная проблема, чем же в действительности приходится платить художнику, творческому человеку, в целом, за возможность приблизиться к совершенству. Это плата за абсолютизацию, идеализацию объекта творческой деятельности, которая может стать непомерно высокой, если не обозначить заранее границы проникновения в сферы, находящиеся за гранью возможностей человеческого понимания.

Ярким и критическим примером профессиональной деформации опасного для общества, окружающих людей и самого человека является произведение «Парфюмер» Патрика Зюскинда [4]. Человек, профессионально занимающийся созданием новых запахов, вознамерился найти и воспроизвести секрет идеального аромата, источаемого юными девушками. Возникшее криминальное звено в деятельности Парфюмера наглядно демонстрирует крайнее и чрезвычайно опасное проявление профессиональной деформации.

При создании литературных произведений за основу, так или иначе, берутся жизненные ситуации. А это означает, что подобные проявления существуют в жизни. Их нужно выявлять и предупреждать.

Задача социологов состоит в том, чтобы обозначить возможные варианты профессиональных деформаций с тем, чтобы выработать и рекомендовать к применению альтернативные действия и меры, направленные на предотвращение возможных проявлений профессиональных деформации личности на производстве. Заблаговременное выявление возможных причин, провоцирующих развитие профессиональных деформаций, внимательное отношение руководства к своим подчиненным позволит сохранить здорового, полноценного, опытного работника, повысить эффективность профессиональной деятельности.

Наиболее действенным фактором, предупреждающим профессиональные деформации личности, является формирование комплекса нравственных ценностей на всех этапах и во всех областях проявления человеческой деятельности.

Список литературы

1. *Гречко П.К.* Введение в обществознание.-М:Поматур, 2000.
2. *Жуковец И.И.* Механические испытания металлов.-М.: Высш.шк., 1986.
3. *Зеер Э.Ф.* Психология профессий. – Екатеринбург, 1997.
4. *Патрик Зюскинд* / Парфюмер: История одного убийцы: роман / пер. с нем. Э.Венгеровой. - СПб.: Азбука, Азбука-Аттикус, 2012.
5. *Спиркин А.Г.* Философия. М, 1972.
6. *Чак Паланик* /Дневник.- М. АСТ: АСТ МОСКВА, 2008.
7. *Шаталова Н. И.*Трудовой потенциал работника.- М.:ЮНИТИ,2003.
8. *Higgs R.* Obstructed death revisited. // J. med. Ethcs. – 1982, vol. 8, H 3.

Бодрова О.А.
аспирант НОУ ВПО «Северо-Кавказский социальный институт»
Маслова Т.Ф.
д. социолог. н., профессор, НОУ ВПО
«Северо-Кавказский социальный институт»
peace.stavropol@yandex.ru

МУЛЬТИПАРАДИГМАЛЬНЫЙ ПОДХОД К ИССЛЕДОВАНИЮ СОЦИАЛЬНОГО ПАРТНЁРСТВА

Партнёрство как социальный феномен представляет собой вид общественного взаимодействия, который функционально обеспечивает различные его сферы. Это и области общественных интересов с точки зрения всеобщего блага и позитивного развития, это и область мирного взаимодействия людей в социуме с итогом общественного консенсуса – область формирования, поддержания и трансляции гражданской культуры цивилизованного общества.

Социальное партнерство имеет свои типологические характеристики и структурные особенности.

Можно выделить различные типы взаимодействия в социальном партнёрстве, в том числе в зависимости от его субъектов, объектов, предметов и ситуации. Также, можно описать и структурные компоненты социального партнёрства, включая цели и интересы сторон, их ресурсные возможности (общекультурные, методические и другие), ожидаемые результаты, индикаторы мониторинга результативности партнёрского взаимодействия и так далее.

На основе такого структурно-типологического описания определяется целесообразность мультипарадигмального подхода для изучения и понимания феномена социального партнёрства. Парадигма предполагает совокупность предпосылок, определяющих научные исследования. Множественная парадигма соответственно предполагает наличие многих и разнообразных предпосылок для исследования.

В философии науки, так же как и в социологии науки, термин «парадигма» стал использоваться с конца 60-х годов двадцатого века для обозначения системы идей, взглядов, понятий, концептуальной схемы, модели постановки проблем и определения методов их исследования и решения. «Под парадигмами я подразумеваю признанные всеми научные достижения, которые в течение определённого времени дают научному сообществу модель постановки проблем и их решений» [1, 11].

Историк науки Томас Кун также впервые ввёл термин «смена парадигм». Под сменой парадигм понимаются подходы в разных системах ценностей, применение разных способов решения задач, методов и способов исследования явлений.

Предлагая мультипарадигмальный подход в изучении социального партнёрства, т.е. исследовательские действия на основе разных парадигм, мы исходим из условий многообразной типологии и многосложной структурной организации этого процесса общественного взаимодействия, как уже было сказано выше. А также из наличия новых данных и информации о его особенностях, поскольку в современном обществе социальное партнёрство, получив название феномена цивилизации [2], давно перешагнуло привычную границу трудовой сферы и в формировании и обеспечении цивилизованных отношений играет всё большую роль, встраиваясь в ткань взаимодействия самых разных социальных субъектов.

В качестве примера реализации предлагаемого здесь мультипарадигмального подхода можно привести примерный алгоритм построения исследовательской программы по изучению ценностной природы социального партнёрства, имея новым его рассмотрение одновременно как базовой и как инструментальной ценности. Общей целью такого исследования можно назвать определение превалирующей ценностной позиции из двух указанных в качестве базового условия объективации социального партнёрства в социуме. Задачами исследования – выявление условий и методов ценностного формирования, а также особенностей ценностной ретрансляции социального партнёрства как субъект-субъектного и субъект-объектного взаимодействия.

Так, исходя из парадигмы социологической науки и на основе её методов, мы будем определять у субъектов общественного взаимодействия уровень осведомлённости, мнение и характер отношения, ситуации и частоту использования относительно социального партнёрства, как метода взаимодействия с индивидами и общественными институтами в повседневной практике.

На основе психологической научно-исследовательской парадигмы можно выявить роль личностных характеристик индивида, как субъекта общественного взаимодействия, в конкретных объективациях социального партнёрства.

Научная парадигма культурологии в соединении с социологическими научными подходами позволят сформировать исследовательский инструментарий для определения социально-культурных условий и методов ценностного формирования и условий ценностной ретрансляции социального партнёрства.

Мы видим, что мультипарадигмальный подход открывает перед нами широкие аналитические возможности. При этом, мультипарадигмальный подход к анализу отдельных исследовательских направлений в рамках заданной темы распространяется и на анализ течений, существующих внутри отдельно взятого направления. Например, много о таком феномене анализа пишет канадский исследователь политической философии Уилл Кимлика. Российский исследователь-социолог Т.А. Симонова говорит, что сама возможность применения мультипарадигмального подхода к изучению социальных проблем связана с тем, что социология социальных проблем представлена рядом школ и направлений, которые можно условно разделить на две основные теоретические парадигмы: объективистский подход и субъективистский подход. [3, 65-69].

Очевидно, что в данном контексте занимают прочное место идеи «интергрированных социологических парадигм», описанных Дж. Ритцером, Дж. Александером, И. Девятко и приведённых в качестве примера в данной статье выше, в рамках которых происходит совмещение субъективно-объективного и макро-микро уровней социологического анализа [4, 420].

Таким образом, развивая описанную выше идею, можно пытаться совместить существующие парадигмы как взаимодополняющие в единую концепцию исследовательской программы социального партнёрства.

Рассмотрение многообразных вопросов социального партнёрства с такой позиции позволяет каждый раз иметь чёткие границы и цели, успешно выбирать необходимые направления действий и методы в его исследовании.

Литература:

1. Т. С. Кун, Структура научных революций, М.: Прогресс, 1977, С. - 11
2. Иванов С. А. Социальное партнерство как феномен цивилизации / С. А. Иванов, 2008 . - Информационный портал Электрон [Элсктронный ресурс]. – Режим доступа: http://www.iourssa.ru/2005/3/4aIvanov.pdf (дата обращения 15.03.2013.)
3. Журнал «Социологические исследования», № 8 , август, 2009 год, М.: Институт социологии Российской академии наук, С. - 65-69.
4. Дж. Ритцер. Современная социологическая теория, СПб, 2002, С.- 420.

Гуськова Е.А.

кандидат психологических наук, ФГАОУ ВПО «Белгородский государственный национальный исследовательский университет»
guskova@bsu.edu.ru

СТРАТЕГИИ САМОРЕАЛИЗАЦИИ СТУДЕНТОВ В ВУЗОВСКОМ ОБУЧЕНИИ КАК ФАКТОР ФОРМИРОВАНИЯ ТРУДОВОГО ПОТЕНЦИАЛА РЕГИОНА

Современные преобразования в сфере высшего образования привели к глобальной перестройке самосознания студентов. Эти изменения коснулись в первую очередь мотивации профессионального самоопределения и особенностей реализации индивидуального потенциала студентов (задействованности и вовлеченности) в процессе вузовского обучения. Обучение является важным этапом становления профессионала и способствует получению компетентных специалистов, из которых и формируется трудовой потенциал станы и региона. Трудовой потенциал региона представляет собой совокупную рабочую силу и совокупную общественную способность населения к труду. Современная молодежь представляет собой потенциальные и реальные трудовые ресурсы, от качества которых зависит благосостояние и развитие страны. Однако обеспечение квалифицированными кадрами различных отраслей производства не всегда сбалансировано, поскольку в процессе профессионализации молодежь избирает разные стратегии самореализации, зачастую вне сферы будущей трудовой деятельности.

Именно особенности самореализации студентов в вузовском обучении выступили в качестве проблемы нашего исследования, поскольку в последнее время наметилось противоречие между избираемой абитуриентом сферой профессионализации и степенью его вовлеченности в процесс освоения трудовой деятельности. Отмечается переход в сторону внешних по отношению к предстоящей трудовой видов деятельности.

Объектом исследования выступила студенческая молодежь как носитель трудового потенциала региона, предметом – стратегии самореализации студенческой молодежи в процессе вузовского обучения.

В своем исследовании мы исходили из предположения о том, что для успешного формирования трудового потенциала региона необходима информация не только о количестве и качестве выпускников вузов, но и о стратегиях самореализации студентов в вузовском обучении, основанных на мотивационных установках личности.

Для изучения основных параметров нашего исследования была разработана анкета, позволяющая выявить особенности самореализации в вузовском обучении. В качестве стратегий самореализации нами были выделены пассивно-адаптивная, инструментальная, латентная и самодеятельная. Такая классификация стратегий самореализации была основана на типологии моделей трудовой активности, разработанной Т.О. Соломанидиной и В.Г. Соломанидиным [1]. Модели трудовой активности являются следствием мотивационных установок сотрудника. Поскольку мотивация представляет собой относительно устойчивое образование (ядро) личности, то основные установки, возможные в трудовой деятельности, проявляются уже в юношеском возрасте, во время освоения выбранной специальности. Опыт педагогов высшей школы показывает, что студенты по-разному относятся к освоению профессиональной деятельности, ее теоретических и практических аспектов.

В соответствии с предложенной классификацией моделей трудовой активности, нами были выделены основные характеристики и разработаны критерии оценки стратегий самореализации студентов в вузовском обучении. В исследовании принимали участие студенты белгородских вузов в количестве 238 человек. Выборка сбалансирована по полу, возрасту, основе обучения (бюджетной или договорной). Все респонденты – студенты очной формы обучения.

По результатам исследования было выявлено, что доминирующей стратегией самореализации является инструментальная (67,23%), в меньшей степени в выборке представлены пассивно-адаптивная (15,97%) и латентная (13,86%) стратегии. Наименьшее число респондентов (2,94%) избирают самодеятельную стратегию.

Пассивно-адаптивная стратегия реализации, которую лишь условно можно назвать стратегией самореализации студента, характеризуется выжидательно-пассивным поведением, овладение профессией не является внутренней потребностью такой личности. Освоение программы происходит под давлением внешних факторов (например, давление со стороны родителей, жесткий контроль администрации учебного заведения и т.п.). Общий уровень учебной и внеучебной деятельности низкий. Выбор профессии у 98% опрошенных данной группы совпадает с личностной профессиональной перспективой (ЛПП), однако сама ЛПП является сформированной извне, под воздействием обстоятельств, и реализует установки референтных лиц, под влиянием которых находится студент. Формирование трудового потенциала региона из индивидов подобного типа имеет свои перспективы только в том случае, если профессия не престижная, не требует особой ответственности от работника, неконкурентная на рынке труда. В иных случаях человек с пассивно-адаптивной стратегией саму профессию воспринимает как стрессовый фактор, что ведет к отсутствию удовлетворенности трудом, восприятию труда как тяжкой повинности, а, соответственно, снижает трудовой потенциал региона.

Следующая модель самореализации в вузовском обучении – латентная, при которой студент положительно относится к процессу овладения профессиональной деятельностью, осознает общественную значимость труда. Однако активной самореализации от таких студентов ожидать не стоит. Они всегда готовы к ответу, осознают значимость полученных знаний и сформированных умений в будущей профессиональной деятельности, однако, в силу конформизма, 74% из опрошенных представителей данной группы не проявляют самостоятельной активности и инициативы в вузовском обучении. Как профессиональная группа в плане формирования трудового потенциала региона такая молодежь имеет перспективы, если будет принята на работу в трудовые коллективы с высоким уровнем организационной культуры, личной ответственностью за результаты работы коллектива. В противном случае позитивная мотивация таких специалистов не проявится в высоком качестве трудовой деятельности, сфера их интересов будет находиться вне организации, и индивидуальный трудовой потенциал работника не будет реализован на благо общества.

Третья модель самореализации студентов в вузовском обучении – инструментальная. Если в трудовой деятельности основным мотиватором активности таких личностей является материальная заинтересованность (деньги, бенефиты и пр.), то, казалось бы, в вузовском обучении сложно представить такой управляющий мотив. Однако, как показало исследование, таких студентов большинство – 67,23% выборки. Причем, основными стимулами для самореализации таких студентов являются: «автоматы» по изучаемым предметам – 100%, стипендиальные программы, повышенные стипендии (для бюджетной основы обучения) – 54%, возможность получить «свободное посещение занятий» и освободить время для другой активности – 9%. Как показала практика стимулирования учебной, научной и общественно полезной деятельности студентов НИУ «БелГУ», с введением повышенной стипендии «результативность» студенческой активности резко увеличилась. Причем студенты, опираясь на показатели эффективности, указанные в рейтинге, сфокусировали свои усилия на критериально значимых направлениях деятельности, игнорируя другие виды вузовской работы. Эта тенденция нашла свое подтверждение и в нашем исследовании – участвовать в научных конференциях, творческих коллективах, заниматься волонтерской деятельностью и т.п. без внешнего стимулирования готовы только 7,14% всей выборки. Среди респондентов, для которых характерна инструментальная стратегия самореализации, их вообще выявлено не было. Реализация инструментальной стратегии в вузовском обучении отличается четкой дифференциацией студентом «выгодных» и «невыгодных» сфер активности. Выбор сферы профессионализации и построение ЛПП таких студентов в 96,4% связаны с возможностью много зарабатывать и иметь выгодные связи. В качестве трудового ресурса такая молодежь перспективна на конкурентоспособных, высокооплачиваемых должностях.

Причем ориентация идет не на качественные, а на количественные показатели труда, для них имеет смысл не содержание самой работы и возможность саморазвития, а материальные блага, которые может получить работник в итоге. От специалистов данной группы можно ожидать высоких результатов при наличии соответствующей системы стимулирования. Такие сотрудники часто не отличаются лояльностью к организации-работодателю, и в случае получения более высокооплачиваемой должности или наступления кризисного периода для работодателя, покинут место работы. Являясь носителями коммерческой тайны, такие высокооплачиваемые специалисты могут стать фактором риска для работодателя. В вузовской практике отмечены случаи, когда договорные отношения между предприятием, спонсирующим обучение студента с надеждой получить квалифицированного специалиста, и студентом нарушались выпускником в пользу получения более выгодного места работы. В последние десятилетия следствием малопривлекательности и непрестижности некоторых профессий стало неоправданное завышение оплаты труда специалистов в данных областях. Поэтому выпускники, получившие высшее образование по одному профилю, могут избирать иную сферу профессиональной деятельности, не требующую сформированных в вузе компетенций. Результатом перехода России к рыночной экономике явилось вливание потока специалистов с высшим образованием в сферы, не требующие такового, но приносящие стабильный доход.

Наименьшее количество респондентов в выборке (2,94%) относятся к четвертому типу стратегий – самодеятельной. Это активные и инициативные личности с выраженной мотивацией достижения. Выбор профессии и построение ЛПП для них является процессом осознанным и внутренне мотивированным, они проявляют личную заинтересованность в сфере профессионализации. Как трудовой ресурс представители данной группы наиболее интересны стране и региону. В частности, в Белгородской области даже создан кадровый резерв такой талантливой молодежи. Такие студенты активно задействуют свой творческий и интеллектуальный потенциал для саморазвития в профессиональной сфере. Часто к концу обучения они, показав себя с лучшей стороны на производственной практике, уже трудоустроены и имеют опыт работы.

В заключении следует отметить прогностическую ценность проведенного исследования, поскольку информация о стратегиях самореализации современной молодежи в освоении профессиональной деятельности позволяет прогнозировать успешность обеспечения региона квалифицированными и мотивированными кадрами.

Литература:

1. Соломанидина Т.О., Соломанидин В.Г. Мотивация трудовой деятельности персонала. – М.: «Журнал «Управление персоналом», 2005.

Таранов Ю.А.
аспирант, ФГБОУ ВПО «Тюменский государственный нефтегазовый университет», г. Тюмень
Борзых В.Э.
профессор, доктор физико-математических наук, ФГБОУ ВПО «Тюменский государственный нефтегазовый университет», г. Тюмень

РАЗРАБОТКА ИНФОРМАЦИОННОЙ СИСТЕМЫ ДЛЯ МЕДИЦИНСКИХ УЧРЕЖДЕНИЙ С ИНТЕЛЛЕКТУАЛЬНОЙ ПОДДЕРЖКОЙ ВРАЧЕБНОЙ ДЕЯТЕЛЬНОСТИ

Для решения задач автоматизации деятельности лечебно-профилактических учреждений (ЛПУ) разрабатываются медицинские информационные системы (МИС) различного назначения. Как показывает анализ МИС [1,2], большинство из них направлены на решение задач сбора и обработки первичных данных о пациентах и задач управления ЛПУ без учета их специфики; при этом недостаточное внимание уделяется реализации систем интеллектуальной поддержки врачебной деятельности.

В этой связи в настоящей работе поставлена задача создания АСУ для узкоспециализированных медицинских учреждений (перинатальные центры), реализующей помимо стандартного набора функций МИС, также и поддержку принятия решений для обеспечения оперативности и обоснованности принимаемых врачебных решений. Разработка имеет региональную направленность и ориентирована, в первую очередь, на ГБУЗ «Перинатальный центр» (г. Тюмень) и подведомственные ему ЛПУ юга области.

Система разрабатывается с использованием СПО (на базе Linux) и технологии «тонкий клиент» и представляет собой веб-приложение, состоящее из серверной части (веб-сервис), базы данных и клиентской части. При разработке частей системы использованы следующие технологии, приемы и методы программирования.

Веб-сервис представляет собой RESTful-сервис, отвечающий всем требованиям технологии REST. Сервис предоставляет доступ к данным, хранящимся в СУБД, возвращая их в формате JSON. Обработка JSON-файлов производится в клиентской части приложения.

База данных для приложения спроектирована с использованием CASE-пакета ERWin Data Modeller и методологии IDEF1X [3]. Учитывая предлагаемый подход, можно выделить несколько ключевых моментов. Во-первых, учитывая используемый фреймворк и обработку всех данных на стороне клиента, вместо полей типа DATE, DATETIME, TIMESTAMP приняты поля типа VARCHAR. Это связано, в основном, с тем, что типы представления дат в фреймворке DoJo и в MySQL не совпадает, и для приведения типов требуются дополнительные действия. Во-вторых, выборка данных из связанных таблиц даёт несколько значений — поле с суффиксом Raw (данные ключа, хранящиеся непосредственно в таблице), и поле без этого суффикса, имеющее JSON-структуру («расшифрованные» данные, с которыми создана связь). Формирование выборки данных производится в следующей последовательности: подключение к СУБД с использованием драйвера MySQLi, основываясь на данных из конфигурационного файла; формирование запроса к СУБД; считывание результатов как ассоциативных массивов; сохранение данных в общий массив результатов выборки; формирование результирующего JSON-файла; отправка файла пользователю в виде MIME-типа «text/json». Обмен данными между частями приложения происходит в кодировке UTF-8.

Клиентская часть системы основана на фреймворке DoJo версии 1.8.3. с реализацией модульного механизма работы. В разработке предусмотрена возможность активация и деактивация модулей с учетом специфики медицинского учреждения. Основой приложения является HTML-файл, подгружающий стили оформления, фреймворк DoJo и скрипт первоначальной инициализации компонентов. Клиентская часть работает на основе технологии AJAX, что делает приложение крайне отзывчивым и высокоскоростным.

При выборе системы поддержки принятия решений учитывали возможность реализации основных функций врача – постановка диагноза и определение тактики лечения пациента, а также большой накопленный опыт практикующих врачей и ведущих ученых в предметной области. Это предопределило использование экспертных систем (ЭС), позволяющих оценивать состояние пациента путем сравнения со стандартными ситуациями и обеспечивать помощь в постановке диагноза. Выбор тактики коррекции здоровья осуществляется на основе рекомендаций, выработанных специалистами в своей области (экспертов). Граничные значения диагностируемых параметров и выработанные экспертами схемы лечения закладываются в базу знаний ЭС. Взаимодействие врача с пациентом осуществляется посредством МИС с ее БД и с использованием базы знаний ЭС. Общая структура взаимодействий приведена на рис.1.

МИС проектируется с возможностью обеспечения как стандартных функций (регистрация, ведение электронной истории болезни, выдача направлений, формирование статистики и т.п.), так и поддержку врачебной деятельности относительно постановки диагноза и принятия решений по тактике лечения. Система (МИС) предоставляет врачу доступ к следующим модулям и подсистемам:

- модули: «картотека пациентов», «история болезни», ЛДК «лабораторно-диагностический комплекс»,
- подсистемы: диагностики, поиска, назначения лечения.

Экспертная система (ЭС) имеет свою базу знаний и предоставляет взаимодействие с подсистемами:

- подсистема постановки диагноза,
- подсистема оценки риска,
- подсистема определения вариантов лечения.

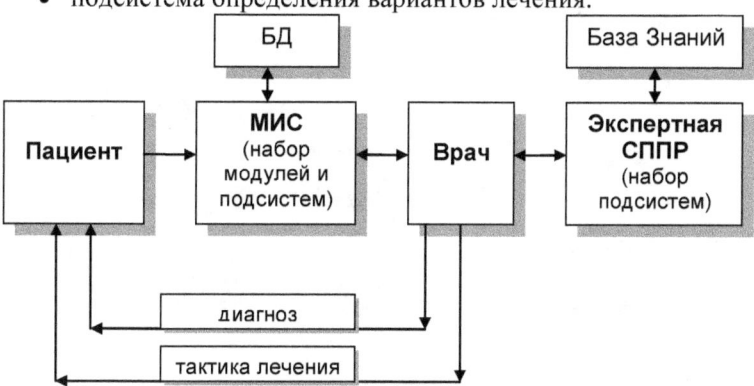

Рис.1. Общая структура разрабатываемой системы

Подсистемы ЭС используются подсистемами МИС – подсистемы диагностики и назначения лечения. Диаграмма взаимодействия компонентов разрабатываемой системы представлена на рис.2.

Реализацию основных функций ЭС осуществляют с использованием различных моделей представления знаний. В медицинских системах, как показывает анализ литературы, преимущественно используются продукционные и нейросетевые модели. В данной работе предпочтение отдается способным к самообучению нейросетевым моделям.

Учитывая региональную направленность системы и проведенный предварительно анализ заболеваний пациентов перинатального центра на территории юга Тюменской области [4], задачи медицинской диагностики в данной работе рассматриваются на примере задачи дифференциальной диагностики патологий щитовидной железы (ЩЖ) у беременных. Задача заключается в построении модели диагностики, т.е. построении решающего правила для отнесения i-го объекта (i=1...m) (пациента) с определенным набором признаков j (j=1...n) к одному из имеющихся классов yi (i=1...k) (диагнозов) и сводится, таким образом, к решению задачи классификации.

Анализ работ ведущих специалистов по заболеваниям ЩЖ, а также рекомендации эндокринологических ассоциаций США, России, и Американской Тиреоидной Ассоциации [4] позволили выявить численные значения диагностируемых показателей и критерии диагностики для наиболее распространенных заболеваний ЩЖ при беременности. Эти данные можно считать репрезентативными, отражающими истинное положение вещей в предметной области и пригодными в качестве обучающей выборки при проектировании сети на следующем этапе исследований.

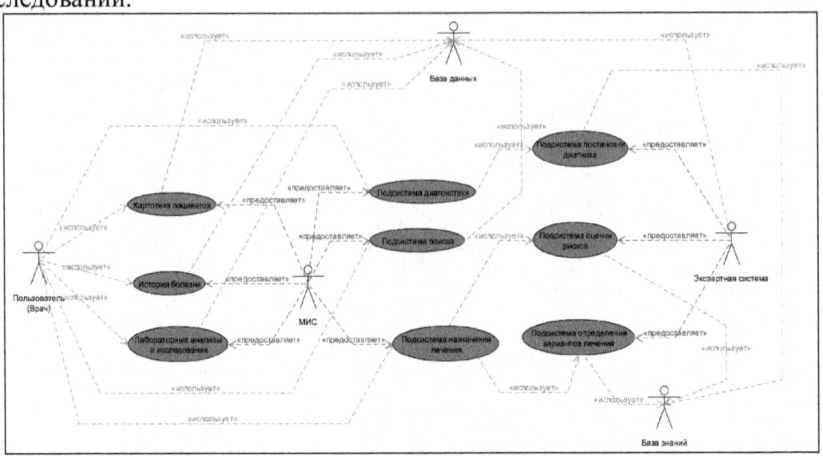

Рис.2 Диаграмма взаимодействия компонентов системы

Таким образом, в работе предложена структура автоматизированной системы управления лечебно-диагностическим процессом в перинатальном центре, обеспечивающая интеллектуальную поддержку врачебной деятельности; определены функции и взаимосвязи компонентов системы; выполнена программная реализация базовой части системы; выбраны модели для решения задач диагностики наиболее значимых для региона патологий беременности.

Список литературы

1. Назаренко Г.И., Гулиев Я.И., Ермаков Д.Е. Медицинские информационные системы: теория и практика. [под ред. Г.И. Назаренко, Г.С.Осипова.]. - М.:ФИЗМАТЛИТ, 2005. – 320с.
2. Каталог «Медицинские информационные технологии// сайт АРМИТ. – URL: http://www.armit.ru/catalog/index.php (дата обращения 12.11.2012)
3. Таранов Ю.А. Разработка модульной информационно-аналитической АСУ для перинатальных центров. //«Физико-математические науки и информационные технологии: теория и практика»: материалы международной заочной научно-практической конференции. (26 ноября 2012 г.) — Новосибирск: Изд. «СибАК», 2012. — с. 35-42
4. Таранов Ю.А. Анализ значимых факторов при разработке системы поддержки принятия решений в перинатальном центре для юга Тюменской области //Фундаментальные исследования. – 2013. – №4 (часть3). – с.602-607.

Мустафин А.А.[1], Зиганшин Б.Г.[2], Кашапов И.И.[3], Гайнутдинов Р. Р.[4]
[1]к.т.н.; [2]д.т.н., профессор; [3]инженер; [4]инженер
ФГБОУ ВПО «Казанский государственный аграрный университет»,
г. Казань

АНАЛИТИЧЕСКИЙ МЕТОД ОПРЕДЕЛЕНИЯ ТЕОРЕТИЧЕСКОГО МОМЕНТА СОПРОТИВЛЕНИЯ ДВУХРОТОРНОГО ДВУЗУБОВОГО ВАКУУМНОГО НАСОСА

В литературных источниках известно значительное количество теоретических положений для определения мощности и момента сопротивления насоса. Однако эти зависимости недостаточно отражают геометрические параметры двухроторного двузубового вакуумного насоса.

Теоретический момент сопротивления двухроторного вакуумного насоса зависит, во-первых, от геометрических параметров роторов, во-вторых, от создаваемого насосом перепада давления [1, 77].

На кафедре машин и оборудования в агробизнесе Казанского ГАУ был разработан новый двухроторный двузубый вакуумный насос (рисунок 1). Теоретический момент сопротивления двухроторного двузубового вакуумного насоса может быть определен по нижеследующей методика, по итогам которой выводится зависимость для определения величины момента сопротивления M_c.

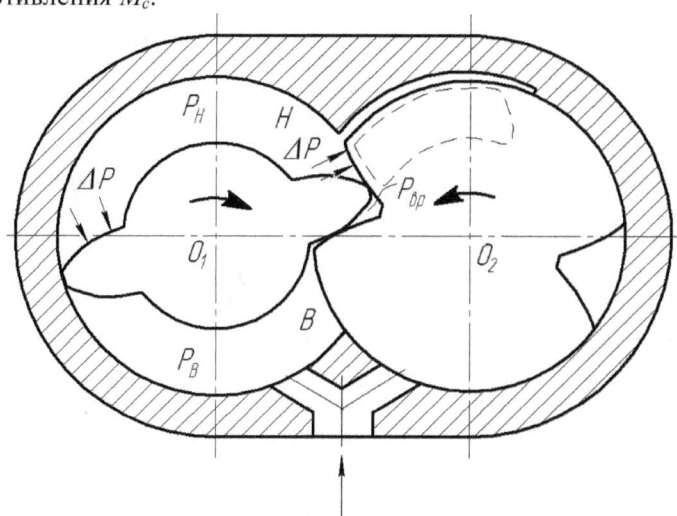

$P_н$ – давление в полости нагнетания; $P_в$ – давление в полости всасывания;
$P_{вр}$ – давление газа в полости вредного объема; *В* – всасывание; *Н* – нагнетание
Рисунок 1 – Схема двухроторного двузубового вакуумного насоса (патент РФ на полезную модель №127837)

Как известно, теоретический момент сопротивления – это момент, возникающий при перекачивании газа из полости всасывания в полость нагнетания без учета механических потерь [2, 147].

Момент сопротивления, определяемый перепадом давления, воздействует на роторы насоса, которые преодолевают его во время работы насоса (рисунок 2).

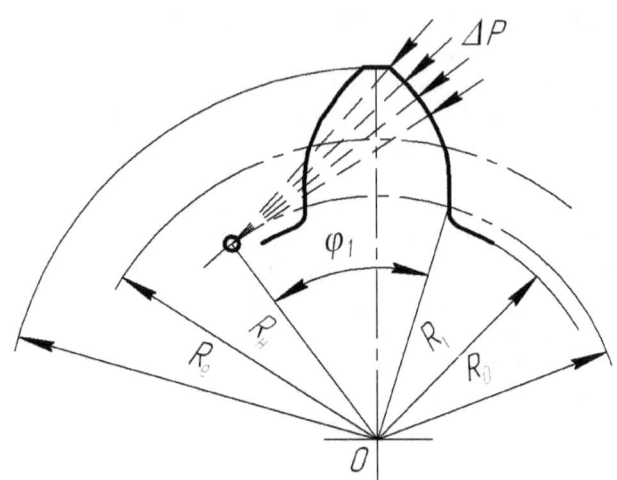

$R_н$ – радиус начальной окружности; R_o – радиус основной окружности; R_e – радиус окружности выступов; R_i – радиус окружности впадин; φ – угол развёрнутости эвольвенты. φ_x – угол развёрнутости эвольвенты, соответствующий переменному радиусу R

Рисунок 2 – Схема действия сил

Для определения момента сопротивления воспользуемся силовым методом. В общем случае к криволинейной поверхности зуба ротора S, которая находится от центра вращения на определенном расстоянии, приложено давление ΔP (рисунок 3). Ширина L криволинейной поверхности S постоянна (поверхность S представлена дугой на плоскости XOY). Элементарная сила dF, приложенная к элементарной площади dS составляет $dF = \Delta P\, dS$.

Разложим силу по осям X и Y на составляющие. Заменяя элемент дуги S на прямолинейный отрезок, по рисунку 3 получим

$$dF_y = \Delta P Cos\alpha dS,$$
$$dF_x = \Delta P Sin\alpha dS.$$

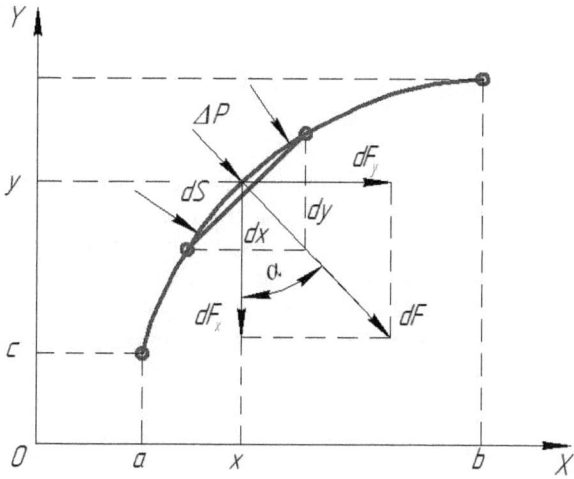

Рисунок 3 – Схема определения момента сопротивления

Элементарный момент, действующий относительно центра вращения 0 вдоль оси X равен

$$dM_x = xdF_x. \tag{1}$$

Подставляя значение dF_x и выразив $Cos\alpha dS$ через Ldx, получаем

$$dM_x = \Delta PLxdx. \tag{2}$$

Аналогично, элементарный момент, действующий относительно центра вращения 0, вдоль оси Y равен:

$$dM_y = ydF_y. \tag{3}$$

Делая подобные преобразования, получаем

$$dM_y = \Delta PLydy, \tag{4}$$

где $Ldy = Sin\alpha dy.$

Проинтегрировав уравнения (2) и (4) по оси X от «*а*» до «*в*» и по оси Y от «*с*» до «*d*», получим

$$M_x = \Delta PL \int_a^b xdx; \ M_y = \Delta PL \int_c^d ydy. \tag{5}$$

Таким образом, момент сопротивления равен

$$M = M_x + M_y. \tag{6}$$

После подстановки значений M_x и M_y, общее уравнение для определения момента примет вид

$$M = \Delta PL \left(\int_a^b xdx + \int_c^d ydy \right). \tag{7}$$

Рассмотрим перепады давления, воздействующие на ведущий и ведомый роторы. Перепад давления между полостью всасывания и полостью нагнетания равен

$$\Delta P = P_{н} - P_{в},$$ (8)

где $P_{н}$ – давление газа в полости нагнетания, кПа;
$P_{в}$ – давление газа в полости всасывания, кПа.

Температура нагнетаемого газа является важным термодинамическим параметром, определяющим характер сжатия газа, а также многие конструктивные, тепловые и энергетические показатели насоса. При определении температуры нагнетаемого газа целесообразно использовать известную зависимость:

$$T_{н} = T_{в} \left(\frac{P_{н}}{P_{в}}\right)^{\frac{m-1}{m}},$$ (9)

где $T_{в}$ – температура газа на всасывании, К°;
m – условный показатель политропы, характеризующий процесс сжатия газа

Условный показатель политропы зависит от следующих параметров: коэффициента наполнения насоса, количества отводимого тепла, степени совпадения давления внутреннего сжатия с давлением нагнетания и рода сжимаемого газа [3, 145].

Определим условный показатель политропы m из выражения:

$$m = \frac{\lg\left(\frac{P_{н}}{P_{в}}\right)}{\lg\left(\frac{P_{н}}{P_{в}}\right) - \lg\left(\frac{T_{н}}{T_{в}}\right)}.$$ (10)

На основании выражения (9), выразим давление нагнетания $P_{н}$ через соответствующие параметры. Полученная зависимость имеет следующий вид:

$$P_{н} = P_{в}^{\frac{m-1}{m}} \sqrt{\frac{T_{н}}{T_{в}}}.$$ (11)

После соответствующих преобразований с учетом зависимости для коэффициента, учитывающего конструктивные особенности двухроторного двузубового вакуумного насоса получим следующую зависимость

$$M_c = P_{в}\left(\sqrt[\frac{m-1}{m}]{\frac{T_{H}}{T_{B}}} - 1\right)L\left\{R_e^2 - R_i^2 - \frac{3t_0 - B}{2t_0}\left[R_H^2 - R_i^2 + \frac{t_0^3 + (2t_0 - B)^3}{12(3t_0 - B)}\right]\right\} - \frac{L(B - t_0)}{2t_0} \times$$
$$\times \left\{\left(P_{в}^{\frac{m-1}{m}}\sqrt{\frac{T_{H}}{T_{B}}} - P_{H}\right)\left[R_H^2 - R_i^2 + \frac{t_0^3 - (2t_0 - B)^3}{12(B - t_0)}\right] - (P_{H} - P_{B})\left[R_H^2 - R_i^2 + \frac{B^2 + Bt_0 + t_0^2}{12}\right]\right\}$$ (12)

где B – коэффициент, учитывающий конструктивные особенности двух-роторного двузубового вакуумного насоса, который определяется по следующей формуле [4, 76]:

$$B = (\sqrt[2]{R_e^2 - R_o^2} - A_\text{д} \cdot \sin\alpha), \qquad (13)$$

где R_e – радиус окружности выступов ведущего и ведомого роторов, м;

R_o – радиус основной окружности, м;

A_∂ – действительное межосевое расстояние, м;

α – угол зацепления, в градусах.

Мощность двухроторного двузубового вакуумного насоса определяется далее по классической формуле [5, 103]:

$$N_e = M_c \cdot \omega, \qquad (14)$$

где ω – угловая скорость, рад/с.

В зависимости (14) устанавливается связь между обобщающими параметрами, которые характеризуют рабочий процесс вакуумного насоса. Сюда относятся такие параметры как температура нагнетаемого газа и условный показатель политропы [3, 143]. Анализ выражения (12) показывает, что путем уменьшения момента сопротивления насоса является снижение температуры нагнетаемого газа. В связи с этим, одним из путей совершенствования данных вакуумных насосов является уменьшение внутренних потерь энергии, а также обеспечение охлаждения насоса.

Список литературы

1. Зиганшин Б.Г., Гаязиев И.Н., Мустафин А. А., Гайнутдинов Р.Р., Нуриахметов Т.Р. Исследование влияния площади нагнетательного окна на энергетические параметры двухроторного вакуумного насоса / Вестник Казанского государственного аграрного университета, 2013. – №1(27). – С. 77-80.

2. Механические вакуумные насосы/Е.С. Фролов, И. В. Автономова, В. И. Васильев и др. – Машиностроение, 1989. – 288 с.: ил.

3. Волков И.Е., Зиганшин Б.Г. Совершенствование вакуумных средств механизации в молочном животноводстве. – Казань: Изд-во Казанского ун-та, 2006. – 276 с.

4. Зиганшин Б.Г., Гаязиев И.Н., Кашапов И.И., Гайнутдинов Р.Р., Нуриахметов Т.Р. К определению конструктивно-технологических параметров двухроторного вакуумного насоса / Вестник Казанского ГАУ, 2012. – №4(26). – С. 75 – 78.

5. Зиганшин Б. Г. Методика расчета двухроторного вакуумного насоса с эвольвентным зацеплением / Б. Г. Зиганшин, А. А. Мустафин, Гайнутдинов Р.Р. / Вестник Казанского государственного аграрного университета. 2012. – № 1 (23). – С. 102–104.

Усманова Л.Р.[1], Прочухан К.Ю.*[1],Блинов С.А.*[2],
Прочухан Ю.А.**[1]**
к.х.н.*, д.х.н. и профессор**, д.т.н.***
Башкирский Государственный Университет[1],
Институт нефтегазовых технологий и новых материалов АН РБ[2]
dissovet2@rambler.ru

ПОЛУЧЕНИЕ СТАБИЛЬНЫХ ЭМУЛЬСИЙ

Свойства эмульсий и суспензий зависят от их морфологии (структуры) и свойств исходных компонентов. Главными факторами являются содержание воды (дисперсной фазы), распределение капель по размерам (фракционность) и стабильность, значения которых зависят от методики приготовления эмульсионно-суспензионных систем (ЭСС) [1,706].

Целью работы является разработка методики управления качеством эмульсионно-суспензионных систем на стадии ее приготовления. В связи с этим были проанализированы особенности процессов получения подобных систем при заданном соотношении их компонентов с использованием различных методов массообмена.

Современные технологии очень часто основываются на реализации процессов, протекающих между двумя или несколькими неоднородными средами в системах жидкость – жидкость и жидкость – твердое тело [2]. Это процессы массообмена, процессы диспергирования, разделения жидкостей и суспензий, кристаллизации и т.д., а также различные химические реакции. Скорость протекания большинства гетерогенных процессов в обычных условиях незначительна и определяется величиной поверхности соприкосновения реагирующих компонентов (рисунок 1).

Рис. 1 – Механизмы ускорения процессов в гетерогенных средах

Интенсификация гетерогенных процессов может быть обеспечена исключительно за счет снижения диффузионного переноса в условиях кавитации или высоко турбулентного режима течения жидкости, обеспечивающая максимальное значение коэффициента турбулентной диффузии. Кавитация возникает в результате местного понижения давления в жидкости, которое может происходить либо при увеличении её скорости (гидродинамическая кавитация), либо при прохождении акустической волны большой интенсивности во время полупериода разрежения (акустическая кавитация), существуют и другие причины возникновения эффекта. Перемещаясь с потоком в область с более высоким давлением или во время полупериода сжатия, кавитационный пузырёк схлопывается, излучая при этом ударную волну.

Высоко турбулентный режим течения жидкости формируется под действием высокой линейной скорости потока, при этом устраняется сопротивление переносу реагирующих веществ, многократно увеличивается плотность контакта и интенсифицируется технологический процесс.

Наиболее интересными из гетерогенных процессов являются процессы эмульгирования (диспергирование жидкостей в жидкостях) и диспергирования (получения тонкодисперсных суспензий). Эти процессы связаны с увеличением поверхности взаимодействия и поэтому лежат в основе интенсификации множества других процессов.

В данной работе были исследованы три вида установок, применяемых для получения эмульсий и суспензий:

- малогабаритный массообменный аппарат - кавитатор (высоко турбулентные режимы течения жидкости, с линейной скоростью более 70 м/с и гомогенизацией эмульсии во всем объеме (за счет организации потока жидкости);

- установка смесительная СжН-3 "Воронеж-электро" (максимальная скорость на краю лопасти мешалки ~ 3,14 м/с (12 тыс.об.));

- механическая мешалка (максимальная скорость на краю лопасти мешалки ~ 1,0 м/с (2 тыс.об.)).

В ходе исследований было обнаружено, что с повышением скорости перемешивания увеличивается вязкость и образуются более стабильные ЭСС, что показано на рисунках 2 и 3.

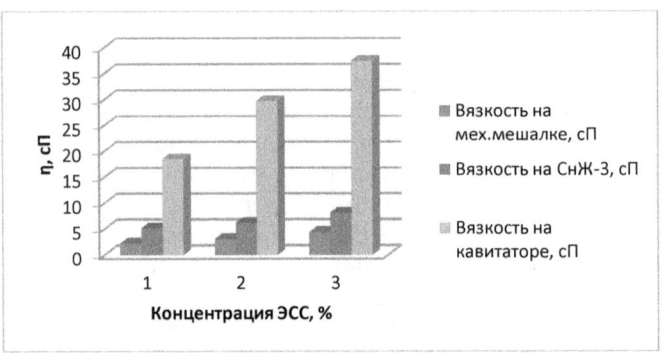

Рис.2 Зависимость вязкости от скорости перемешивающей установки

Из рисунка 2 видно, что применение кавитатора для образования ЭСС приводит к резкому увеличению вязкости.

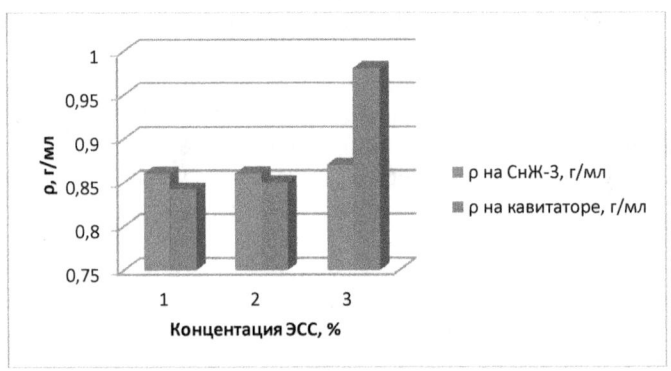

Рис.3 Зависимость плотности ЭСС от скорости перемешивания на установках

Таким образом, применение установок с более высокой энергией перемешивания приводит к образованию более стабильных однородных эмульсий с высокой вязкостью. Достижение необходимых вязкостных характеристик системы в этом случае обеспечивается при более низкой концентрации компонентов и в меньший промежуток времени, что существенно интенсифицирует процесс в целом.

Литература

1. Аттия А.М.А. Особенности подготовки водо-топливных эмульсий на основе легких топлив // Фундаментальные исследования, №8. – 2011□ – с.706-709
2. http://u-sonic.ru/book/export/html/912

Муратаев Ф.И.

доцент, к.т.н.

Клабуков М.А.

аспирант

"Казанский национальный исследовательский технический университет им. А.Н. Туполева-КАИ"

ЗАКОНОМЕРНОСТИ ПОВЕРХНОСТНОГО, ЛАЗЕРНОГО, УДАРНОГО УПРОЧНЕНИЯ ТИТАНОВЫХ СПЛАВОВ

Приведены результаты исследований по оценке лазерного воздействия на поверхностные слои титановых сплавов псевдо–α состава (ОТ4-1) и мартенситных сплавов ВТ6, ВТ8, ВТ8М и ВТ25. Использовались варианты различных структурных состояний: полного и не полного отжига, двойной мягкой закалки с последующей термической стабилизацией, включая глобулярно - пластинчатую структуру варианта технологии сплава ВТ8М [1,50,52]. В качестве источников упрочнения использовались лазерный комплекс «FMark-20 RL» и установка «Квант-16». Диапазон технологических параметров упрочнения соответствовал значениям характеристик соответственно: скорость обработки V=20, 50 и 100мм/сек, число проходов n=20, средняя выходная мощность N=20«ТЕМоо» (100%), f=21500 Гц, размер пятна в зоне обработки d=40мкм; напряжение накачки «Квант-16» U=1200...1500В; продолжительность импульса t ~2мс; плотность потока излучения q_o~1...1,8x10^{4}Вт/см^2; площадь пятна S ~10^{-7}см^2 и максимальная удельная энергия Е~2...5x10^{8}Дж/см^2.

Полученные результаты измерения микротвёрдости в зонах лазерного воздействия (ЗЛВ) свидетельствуют о существенном упрочнении сплавов в зависимости от режимов обработки образцов, их состава и исходного структурного состояния. Диапазон увеличения твёрдости у поверхности кратера лазерного пятна относительно микротвёрдости на участках объёмной обработки образцов составляет 1,25...2,85 раз и может достигать степени упрочнения у поверхности ЗЛВ сплава ВТ8~до 111%, ВТ6~ до 167%, ВТ25 до 33%. Пример микроструктуры с отпечатками измерения твёрдости в глубь образца сплава ВТ8 на участках ЗЛВ представлен на рис.1. Анализ структуры ЗЛВ

Рис.1 Микроструктура сплава ВТ8 с участками ЗЛВ и отпечатками микротвёрдости (H_{100})

позволяет предположить, что она состоит из зон термического влияния (ЗТВ) и оплавления (ЗО), последняя представлена участками непосредственного взаимодействия со средой (у поверхности кратера) и изолированного от взаимодействия участка ЗО. Рис 2 иллюстрирует изменение глобулярно - пластинчатой структуры варианта технологии сплава ВТ8М на участках ЗЛВ и степени упрочнения по результатам измерения микротвёрдости.

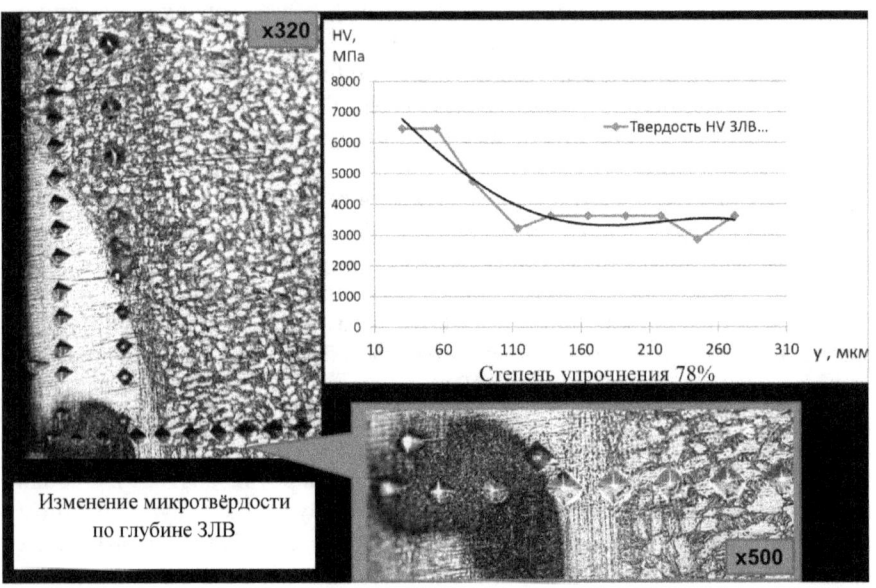

Рис.2 Результаты измерения микротвёрдости по глубине ЗЛВ с фрагментами микроструктуры

Геометрические параметры ЗЛВ и особенно ЗО в титановых сплавах заметно зависят от режимов лазерной обработки. Установлено [2,83], что в зависимости от величин удельной энергии и плотности потока излучения на поверхности кратера могут появляться трещины. При сочетании больших величин теплового вложения высококонцентрированной энергии и низких теплофизических свойств титана возможны случаи упомянутого негативного результата лазерной обработки [2, 82]. В таком случае, при очень значительных градиентах температуры, давление испаряющихся паров приводит к выдавливанию части расплавленного металла, способствуя увеличению проплавляющей способности лазерного луча, за счёт более глубокого его проникновения через небольшой кратер в центре ЗО, который в последней фазе импульса заплавляется в виде «плато». При этом возникают огромные внутренние напряжения, способные его разрушить. Для обеспечения стабильности структуры и свойств и достижения ещё большего эффекта упрочнения высоколегированных титановых сплавов после лазерной поверхностной закалки необходимо проводить фазовое старение. Рис 3 иллюстрирует эффективность дисперсионного твердения и стабилизации сплава ВТ8.

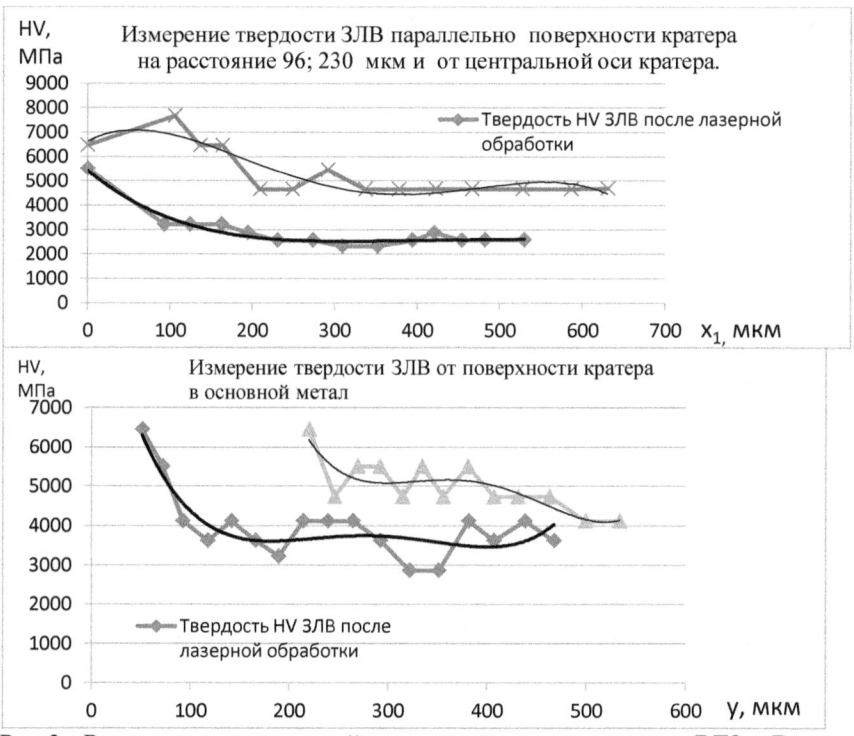

Рис.3 Результаты измерений микротвёрдости сплава ВТ8. Верхние кривые – после упрочнения лазером и старения при 590°С

Помимо очевидного увеличения степени упрочнения видно увеличение размеров ЗЛВ (на поверхности и в глубину). Эффективность упрочнения определяется скоростью роста величин градиентов температуры и концентрации пересыщенного $\alpha+\alpha^{I}+\alpha^{II}+\beta^{I}$ раствора

Литература

1. Муратаев Ф.И., Жаржанази М.А. Обеспечение конструкционной прочности титановых сплавов по критериям предельной пластичности и сопротивления усталости // Вестник КГТУ им.А.Н. Туполева. 2013 №1. С. 50-54.
2. Муратаев Ф.И., Клабуков М.А. Особенности лазерного ударного упрочнения сталей и титановых сплавов // Вестник КГТУ им.А.Н. Туполева. 2012 №4. С. 82-84.

Bazhin A.G., head teacher
Pechenkin I.A., post graduate
Puzanov Y.V., associate professor, candidate of technical sciences
Yakimovich B.A., professor, doctor of technical sciences
Kalashnikov Izhevsk State Technical University
e-mail: rt@istu.ru

ADAPTIVE MANUFACTURING TECHNIQUES OF PRECISELY CONJUGATED PARTS BASED ON THE DELCAM SOLUTIONS

There is a range of product, in which it is necessary to achieve firm adherence of conjugated parts surfaces, or it is necessary to ensure required attachment with a high accuracy [1,119]. Meanwhile, because of the design features (for example, fragility of the parts thin-wall case) and the production technology (for example, deformation after heat treatment), requirements cannot be ensured by means of complete and incomplete interchangeability, and it is impossible to apply the method of adjustment due to constructive and design peculiarities.

Then fitting method is usually used at machine-building plants. This manual operation is very labour-consuming and a worker should have a great experience, particularly when it is necessary to achieve firm adherence of several surfaces (Fig.1). At the same time, manufacturers are equipped with modern CNC machinery for both machining and control of parts.

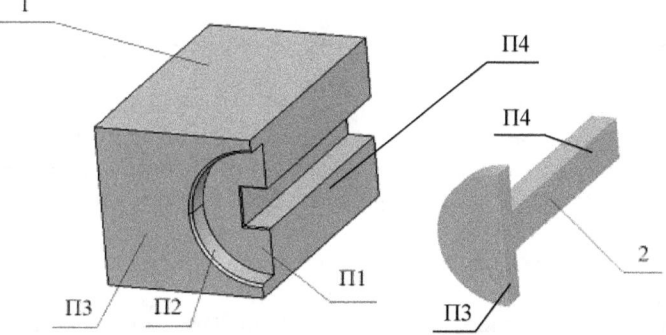

Fig.1. Conjugated parts (1 – the original part, 2 – the counterpart,
П1, П2, П3, П4 – surfaces).

Therefore the issue of developing the automated adaptive technology [1,119], when machining of conjugated surfaces of a counterpart is to be done as a replica (impression) based on the control results of the original part becomes relevant.

This technology based on the Delcam program products: PowerINSPECT, PowerSHAPE and PowerMILL is being developed at the Institute of Advanced

Technologies of Machine-Building, Automotive and Metallurgy, the Centre of Collective Use «Technological Preparation of CNC machines».

The authors of this article suggest a series of technological steps, which should be automatically carried out after completing the production of the original part at the technological module that consists of a 3D scanner, a 5-axis CNC machine and a software system which uses the functions derived from the Delcam programme package. These steps are focused on modeling and manufacture of the counterpart. Considering that the counterpart is made as a replica of the original part, on the one hand, the precision of manufacture, and as a result - the labour content of the original part can be reduced [2,272]. On the other hand, the operation of assembly skips the operation of fitting, which results in the reduction of labour content of the entire product (Fig.2).

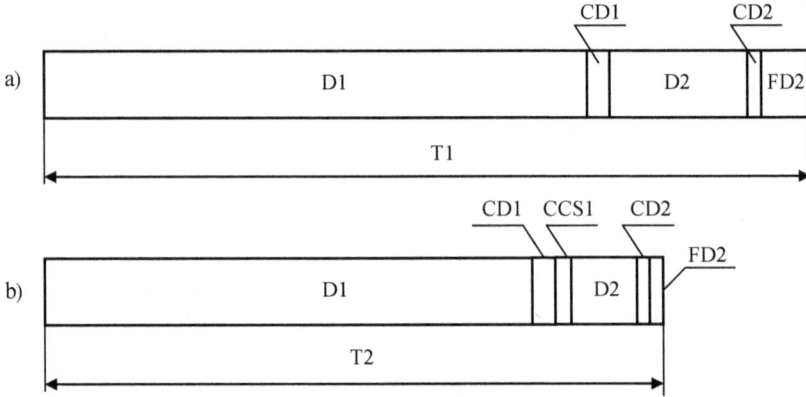

Fig.2. Elements of technology: a) the underlying technology, b) the proposed technology. T1, T2 – total labour content; D1, D2 – machining of parts; CD1, CD2 — control of parts; FD2 – manual rework of the counterpart in place (fitting); CCS1 – control of conjugated surfaces of the original part and creation a virtual model of conjugated surfaces of the counterpart.

For the purpose of materializing such a technology, the following research have been performed:
1) creation of virtual models of both the original part and the counterpart and their virtual assembly (zero backlash in conjugation), without taking machining errors of the original part into account;
2) intentional errors were introduced into the original part's model to imitate the real technological manufacturing errors;
3) the model was exported into PowerMILL and the NC codes of manufacturing were created;
4) the original part was manufactured on a 3-axis milling machine;
5) the critical surface of the part was measured by means of PowerINSPECT at the automated measuring system;

6) the cloud of points was transferred into PowerSHAPE for the alignment of the counterpart surface;

7) based on the results of scanning, a new surface was created and a new model upgraded;

8) the model of the counterpart was exported into PowerMILL and the NC codes of manufacturing were created;

9) the counterpart was manufactured at the 3-axis milling machine;

10) the conjugation of the original part and the counterpart was subject to quality control.

These research have shown that the used means and methods allow us to achieve firm adherence of complex surfaces of parts with required accuracy.

Currently, we are developing such a program upgrade, which ensures automatic transfer of data between PowerINSPECT, PowerSHAPE и PowerMILL and also can automatically alter the surfaces following the results of measuring, can re-calculate the paths of movements of tools and enhance control programmes [3,215; 4,82].

Also, we are developing algorithm the justification of applicability of the new technology of manufacturing of precisely conjugated parts on the basis of assessment of their constructive-technological complexity.

References

1. Якимович Б.А., Пузанов Ю.В., Бажин А.Г., Печёнкин И.А. Способ обеспечения качества сборки сопряжения изделий машиностроения // Механика и процессы управления: материалы 42 Всероссийского симпозиума. – М.: РАН, 2012. – Т.4. – с.188.

2. Пузанов Ю.В., Бажин А.Г., Печёнкин И.А. Методика проектирования технологических процессов изготовления деталей с высоким качеством прилегания // Автоматизация и прогрессивные технологии в атомной отрасли: Труды VII международной научно-технической конференции (15-19 октября 2012 г.). – Новоуральск: – Изд-во Форт-Диалог, 2012. – с.450 с ил. – ISBN 5-332-00033-8.

3. Печёнкин И.А., Сивцев Н.С., Пузанов Ю.В., Бажин А.Г. Новая автоматизированная технология пригонки поверхностей // Материалы 13-й Международной научно-технической конференции, 03-07 мая 2013 г., г. Ялта. – Киев: АТМ Украины, 2013 – 324с.

4. Печёнкин И.А., Бажин А.Г., Пузанов Ю.В. Обработка результатов измерений при изготовлении сложносопряжённых деталей сборочной единицы // Интеллектуальные системы в производстве. 2013. №1 (21) . Ижевск: Изд-во ИжГТУ имени М.Т. Калашникова, 2013 – 200с. с ил. – ISSN 1813-7911.

Liashenko P.A.
Dr.Sc. (Tech.), Prof.
Kuban State Agrarian University, Krasnodar, Russia, lyseich1@yandex.ru

ABOUT NATURE OF THE SOIL COHESION AND INTERNAL FRICTION

1 Introduction

The cohesion soil consists of clay particles and the sand-dust granules at that all of them are binding at the contacts by the forces including molecular, electrostatic and structural components [1, 2, 3, 4]. The mechanics of the coagulation contact of spherical and coplanar surfaces are examined well [4].

It's well known that summed interaction force of plane-parallel surfaces depends on the distance between them and the potential function $U(r)$ has two minima and the potential barrier. This contact is named "bases-bases" [4]. The 1-st minimum of $U(r)$ with coordinate h_1 suits to the nearest aggregation, the 2-nd with coordinate h_2 – to the remote aggregation, the barrier coordinate denote by b (Fig. 1). The maximum interaction forces during approach and divergence of the clay particle surfaces F_{1b}, F_{b2} and F_3 may be calculated from the potential function:

$$F(r) = -\frac{dU(r)}{dr}, \ (1)$$

Where r is the distant between the surfaces [4]. The 3-rd value F_3 suits to the 4-th zero of $U(r)$.

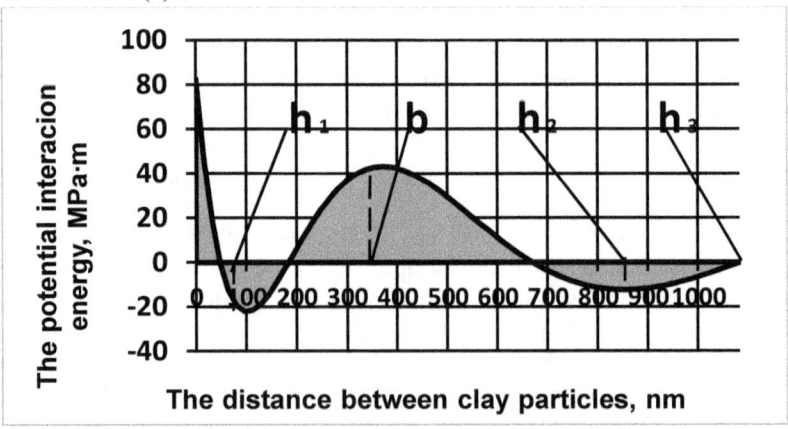

Fig. 1 – The appearance of function U(r)

The force F_{1b} has more value than F_{b2} has. That explains why microaggregates of the clay particles are stronger than the solid in common. Obviously the failure has place in the micropore between the adjacent microaggregates. It is the shearing and tearing failure off the microaggregates interacting with the aid of contacts [3, 4, 5].

The contact with a parallel faces resists to their approach into the interval $r \in [b; h_2]$ by the maximum force F_{b2} and to divergence into the interval $r \in [h_2; h_3]$ by the maximum force F_3. This scheme explains the resistance to normal stress on faces. The resistance to tangential stress in contact may be presented as viscous friction in the micropore. In that case a viscous flow begins at arbitrarily small tangential stress all over the loading soil body. So we get the model of fluid substance without pores therefore practically incompressible.

It's easy to image the pore soil with contact of "bases-split" where the particle splits are bound with the basal surfaces and prevent from their mutual shear. Such orientations were observed in microscopic experiments [5] and were classified as the flocculated structure [2].

The "bases-split" contact is less strong then "bases-bases" because of turning of particle around the split point. It provides smaller resistance to the normal stress and the finite resistance to the tangential stress.

2 The contact particle deformation model

Let's imagine the clay contact as micropore between two parallel clay surfaces what are bound by the plane contact particle (CP) that is fastening to one surface (name it "bases") by the force F_{1b} and to the another surface (name it "adjacent") by the force F_{b2}. To suggest that distributions of interacting forces between CP and "bases", on the one hand, CP and "adjacent", on the other hand, may be calculated from (1) for suitable values of distances. Now they are functions of the angle β between the normal vector to CP-plane and "bases" (Fig. 2a).

The solution of the statement equations of contact particle gives us the formulas for normal Y and tangential X reactions as the functions of angle β [6]. To use them need to have the parameters of $U(r)$ and $F(r)$ for each soil researched. They may be determined from an experiment with macroscopic soil body by with the help of mathematic model of microstructure deformation.

3 The model of microstructure deformation

Both reactions $Y(\beta)$ and $X(\beta)$ increases on the interval $0 \leq \beta \leq \beta_o$ with narrowing of micropore where CP is placed and decreases when it dilates. This deformation comes elastic all over the loaded soil body.

Then at the $\beta = \beta_o \approx 45°$, the normal stress reaches the breaking point which may be evaluated as $Y(0)$ and adjacent surface begins slide on the micropore   where   tangential   stress   has   maximum   value: $\tau_{xy} = \tau_{max}$, where $\tau_{xy} = 2X(\beta)/h_3^2$, h_3 is the length of CP. So the condition of strength at the basic surface is $\tau_{max} = 2X(\beta_o)/h_3^2$ and $\sigma = 2Y(\beta_o)/h_3^2$ where σ is the average stress.

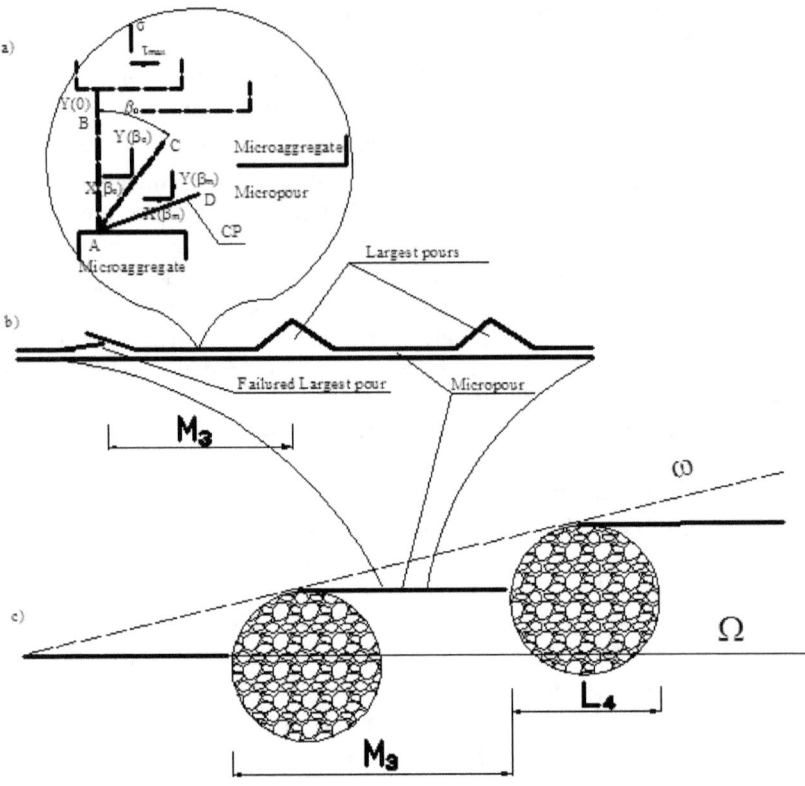

Fig. 2 – The contact particle (CP) turns around A-point and provides the
resistance to external load: elastic on the track BC and viscos-
plastic on the track CD (a); microaggregates move on the surface
of maximum tangential stress due to the failure of the largest pores
(b); physical slide surface deviates from by the largest granular (c)

The contact deformation becomes viscous-plastic. Its dimension in the direction of $grad_{max}$ is determined by the dimension of the largest pores that
lay on the surface of maximum tangential stresses Ω more precisely on the part
of it Ω_i that lays between the largest mineral granular. This part Ω_i becomes
the part of the physical slide surface ω (Fig. 2b).

The part of surface Ω_i is combined from shearing playgrounds that is
formed simultaneously at the strength condition $\tau_{xy} = \tau_{max}$. It is combined from
there because summarized elastic energy is less of the sum of energy each of
them. It is the result of the collective reaction of great number of shearing

playgrounds. The dimension of Ω_i is determined by the dimension of the loading soil body. The part of surface Ω_i is the principal feature of the microstructure deformation model that use us go from microscopic level to macroscopic one.

The collective action of microaggregates in the conditions of all-round compression on contacts with the greatest mineral granular lead to increasing σ to its maximum value $\sigma_{max} = 2Y(\beta_m)/h_3^2$ where $\beta_m \approx 70^o$ [6]. Suitable value $\tau_m = 2X(\beta_m)/h_3^2$ is much more than $\sigma(\beta_o)$ so the shearing failure go over weak contacts and the physical slide surface ω rounds the granular with the ledge in the direction of $-grad\,\sigma$.

4 The soil cohesion and internal friction

The soil cohesion and internal friction may be calculated on the microstructure deformation model. The unit soil cohesion may be evaluated by formula

$$c = \frac{X(\beta_o)}{M_1 M_3} + \frac{X(\beta_m)}{M_1 M_4}, \quad (2)$$

where M_1, M_3 and M_4 are the average distances between CP, the largest pours and the largest granular suitably (Fig. 2c).

The angle of internal friction may be evaluated by formula

$$\varphi = 2\,arctg\,\frac{L_4}{2M_4}, \quad (3)$$

where L_4 is the average dimension of the largest granular.

All parameters in (2) and (3) are determined over the results of experiments with the constant rate of deformation (CRD) or with constant rate of loading (CRL) of the soil sample and continuous registration of the sample reaction [7, 8]. These experiments reveal the particular feature of reaction: its stepwise character and the cyclic changing rate of reaction. They may be used for the calculation of the parameters applied.

References

1 Casagrande, A. Classification and Identification of Soils/Trans. A.S.C.E. , vol. 113, pp. 901-991, 1948.

2 Lambe, T.W. The Structure of Inorganic Clay. Trans. Am. Soc. Civil Eng., N 315, 1953.

3 Rebinder, P.A. The Physico-chemical Mechanics of The Dispers Structures// The Physico-chemical Mechanics of The Dispers Structures, Moskaw, Nauka, 1966. (in Russian)

4 Osipov, V.I. The Nature of Strength and Deformation Properties of Clays. – Moskaw, Moskaw State University publish., 1979. (in Russian)

5 Pusch R. Microstructural changes in Soft quick clay at failure/Canadian Geotechn. Journal, N 1, 1970.

6 Liashenko P.A., Denisenko V.V. The Contact Interaction of Clayey Soil Microstructure Elements//The Science Journal of KubSAU. – Krasnodar: KubSAU, 2012, N 04(078), pp. 278-305. (in Russian)
http://ej.kubagro.ru/2012/04/pdf/25.pdf

7 Liashenko P.A., Denisenko V.V. The Calculation of the Soil Micro-structure Characteristics in Consolidation Testing of Sample// The Science Journal of KubSAU. – Krasnodar: KubSAU, 2009, N 01(045). (in Russian)
http://ej.kubagro.ru/2009/01/pdf/03.pdf

8 Liashenko P.A. The Soil Microstructure Deformation Model// The Science Journal of KubSAU. – Krasnodar: KubSAU, 2005, N 03(011). (in Russian)
http://ej.kubagro.ru/2005/03/02/p02.asp

Галимова Р.К.
доцент, к.т.н., КНИТУ-КАИ им. А. Н. Туполева
Якупов З.Я.
доцент, к.ф.-м.н., КНИТУ-КАИ им. А. Н. Туполева
zymat@bk.ru

ИССЛЕДОВАНИЕ ТЕХНОЛОГИЧЕСКОГО ПРОЦЕССА ОБРАБОТКИ ПОВЕРХНОСТЕЙ ИЗДЕЛИЙ ПАРОГАЗОВЫМ РАЗРЯДОМ МЕЖДУ ТВЕРДЫМ МЕТАЛЛИЧЕСКИМ И ЖИДКИМ НЕМЕТАЛЛИЧЕСКИМ ЭЛЕКТРОДАМИ

Современная техника требует развития методов создания материалов с заданными свойствами и оптимальной для целей их применения структурой [1, 266].

Благодаря широким возможностям применения, интерес представляют способы получения низкотемпературной плазмы зажиганием разряда между твердым металлическим и жидким неметаллическим (электоролиты с добавлением неорганических и органических примесей) электродами.

Изучение явлений в таких разрядах представляет интерес для специалистов по технологии обработки материалов с различными физико-механическими свойствами с целью улучшения их эксплуатационных свойств [1, 266].

Методы обработки поверхностей изделий с использованием указанного типа разряда позволяют совмещать процессы очистки поверхности от жиров минерального, растительного, животного происхождения, продуктов, образовавшихся на поверхности изделия в результате взаимодействия с окружающей средой с эффективной обработкой изделия. Обработка обеспечивает полировку поверхностей металлических изделий с закруглением краев и удалением острых микровыступов, уменьшением шероховатости при использовании различных электролитов и различных режимов горения парогазового разряда.

Эффективность очистки изделия определяется как химическим действием раствора на слой загрязнений, так и воздействием парогазового разряда на обрабатываемую поверхность, изменением электрического заряда обработанной поверхности, механическим воздействием на поверхностный слой выделяющихся при обработке пузырьков газа. По сравнению с химической и электролитической обработкой поверхностей изделий, описываемые методы позволяют вести обработку в электролитах с гораздо меньшей концентрацией примесей (неорганических и органических), эффект очистки достигается в течение меньшего времени за счет дополнительного воздействия на поверхность парогазового разряда.

Таким образом, явления, протекающие на границе металл-электролит и в межэлектродном промежутке в процессе обработки поверхностей парогазовым разрядом с жидким электродом, представляют собой совокупность взаимосвязанных процессов физического, химического и электрохимического характера. К основным макроскопическим физико-химическим явлениям, определяющим процесс обработки поверхности, следует отнести электрическое поле, обеспечивающее обрабатываемость поверхности и режим тепломассопереноса между обрабатываемой поверхностью и электролитом.

Многофакторность процесса и большое количество видов связи вызывает трудности планирования эксперимента в технологии обработки поверхностей изделий парогазовым разрядом между твердым металлическим и жидким неметаллическим электродами. Как и в большинстве технологических процессов, наряду с контролируемыми факторами существует целый ряд неконтролируемых входных переменных. Поэтому изменение выходных параметров, например шероховатости поверхности, носит случайный характер. В силу этого математическое описание процесса в виде уравнения не указывает точной связи между входом и выходом объекта и является лишь условным математическим ожиданием случайной величины выходного параметра или уравнением регрессии.

Работа посвящена исследованию технологического процесса обработки поверхностей изделий парогазовым разрядом между твердым металлическим и жидким неметаллическим электродами.

Основное требование, предъявляемое к плану факторного эксперимента – минимизация числа опытов, при которой получают достоверные оценки вычисляемых параметров при соблюдении приемлемой точности математической модели в заданной области факторного пространства. Рассчитаны уравнения регрессии, проверена их адекватность для заданного вектора выхода.

Проведенные исследования показали, что экспериментальные данные по измерению шероховатости образцов до и после обработки рассматриваемым технологическим методом хорошо согласуются с расчетными [2, 40]. Это свидетельствует о преобладающем характере электрохимической обработки.

В процессе обработки использовались электролиты с концентрацией растворенных веществ порядка 1 %, тогда как обычная электрохимическая обработка предполагает использование значительно концентрированных электролитов с агрессивными добавками. Разрядные процессы значительно активируют процесс обработки поверхностей.   Подтверждается факт одновременного воздействия на обрабатываемую поверхность парогазового разряда и электрохимического растворения микронеровностей.

Литература

1. Шустов В. А., Галимова Р. К., Хазиев Р. М., Закиров Д. У. Рентгенографические измерения поверхностей элементов электротехнических устройств после обработки парогазовым разрядом с жидкими электродами //Тезисы докладов международной научно-технической конференции "Прогрессивные технологии машиностроения и современность". – Донецк, Севастополь, 1997 г. С. 266.

2. Орлов В. Ф., Чугунов Б. И. Электрохимическое формообразование. – М.: Машиностроение, 1990. 240 с.

Митин С.Г.[1], Бочкарёв П.Ю.[2]

1 – к.т.н., доц., 2 – д.т.н., проф., Саратовский государственный технический университет имени Гагарина Ю.А.

ПРОЕКТИРОВАНИЕ ОПЕРАЦИЙ МЕХАНИЧЕСКОЙ ОБРАБОТКИ В СИСТЕМЕ ПЛАНИРОВАНИЯ ТЕХНОЛОГИЧЕСКИХ ПРОЦЕССОВ

Планирование технологических процессов (ТП), будучи связующим звеном между конструированием и производством, требует больших временных затрат. Поэтому автоматизация проектирования ТП является актуальной задачей, решение которой позволит сократить дистанцию между разработкой конструкции детали и её производством.

В Саратовском государственном техническом университете имени Гагарина Ю.А. ведётся разработка системы автоматизированного планирования технологических процессов (САПлТП) [1; 2], в которой предлагается параллельное проектирование ТП для всех запланированных деталей. При этом наличие связи между подсистемами проектирования и реализации ТП позволяет корректировать технологию с учётом изменений в производственной системе. САПлТП представляет собой многоуровневую иерархическую систему и состоит из двух страт (рис. 1).

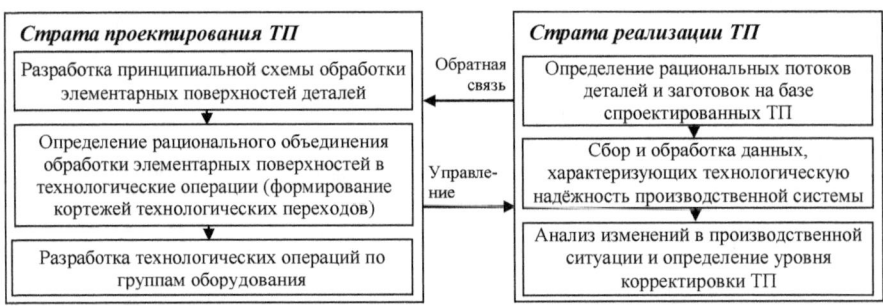

Рис. 1. Система автоматизированного планирования ТП

На страте проектирования формируется множество ТП, которые обеспечивают возможность изготовления всей номенклатуры деталей в конкретной производственной системе. На страте реализации ТП определяются показатели эффективности работы производственной системы, которые наряду с информацией об изменении производственных условий поступают в виде обратной связи на страту проектирования. При изменении производственной ситуации (отказе оборудования, выходе из строя инструмента или оснастки, изменении номенклатуры деталей), из ранее сформированного множества ТП выбираются варианты, соответствующие действующим производственным условиям.

Решение задачи автоматизации проектирования операций механической обработки при многономенклатурном производстве видится в разработке соответствующей подсистемы в рамках САПлТП. Формирование методического обеспечения автоматизированной подсистемы проектирования операций механической обработки представляет собой комплексную задачу по созданию модели подсистемы проектирования операций механической обработки и разработке моделей и методик для формализации всех проектных процедур.

Определение места подсистемы проектирования операций механической обработки в составе САПлТП, входных и выходных данных, внешних факторов, влияющих на процесс проектирования, позволили создать структурную модель данной подсистемы, выявить её информационные взаимодействия с другими элементами и подсистемами системы планирования (рис. 2).

Рис. 2. Структурная модель подсистемы проектирования операций механической обработки

Исходными данными для разработки технологических операций служит информация об обрабатываемых деталях, о технологических возможностях оборудования и средствах технологического оснащения, кортежи переходов, нормативно-справочная информация.

Процесс проектирования технологических операций целесообразно разделить на три стадии. На первой стадии генерируется множество возможных вариантов технологических операций, на второй стадии производится отсев нерациональных вариантов, а на третьей – выбор рациональных вариантов реализации технологических операций в соответствии с действующими производственными условиями.

Выходными данными является множество вариантов технологических операций, а также комплект технологической документации, который поступает в качестве управляющего алгоритма на вход подсистемы реализации технологических процессов.

В роли внешнего возмущающего воздействия выступает информация о текущем состоянии производственной системы, благодаря чему существует возможность оперативно реагировать на изменение производственной ситуации путём выбора альтернативных вариантов реализации технологических операций.

При разработке внутренней структуры подсистемы проектирования технологических операций предлагается выделить в ней ряд подсистем: подсистему формирования комплектов технологической оснастки, подсистему разработки структур технологических операций и подсистему расчёта параметров обработки. В каждой подсистеме предусматривается взаимодействие с производственной системой для возможности быстрого реагирования на изменение производственной ситуации.

Таким образом, благодаря созданию структурной модели подсистемы просктирования операций механической обработки, появляется возможность разработки методического обеспечения для автоматизации проектирования операций механической обработки в рамках системы автоматизированного планирования ТП.

Работа выполнена при поддержке гранта Президента РФ МК-1835.2013.8.

Литература

1. Бочкарёв П. Ю. Системное представление планирования технологических процессов механообработки / П.Ю. Бочкарёв // Технология машиностроения.– 2002. №1.– С.10-14.

2. Митин С. Г. Особенности создания автоматизированной системы планирования технологических процессов в условиях многономенклатурного механообрабатывающего производства / С.Г. Митин, П.Ю. Бочкарёв // Системы проектирования, технологической подготовки производства и управления этапами жизненного цикла промышленного продукта (CAD/CAM/PDM-2011) : тр. 12-й междунар. конф. / Ин-т проблем упр. РАН.– М., 2012.– С. 305-309.

УДК 621.43

И. Е. Агуреев

доцент, доктор техн. наук, декан факультета транспортных и технологических систем, заведующий кафедрой автомобилей и автомобильного хозяйства ТулГУ, г.Тула

Чан Куок Тоан

аспирант

НЕЛИНЕЙНАЯ МОДЕЛЬ СИСТЕМЫ НАДДУВА ДВИГАТЕЛЕЙ ВНУТРЕННЕГО СГОРАНИЯ

В настоящей статье рассматриваются вопросы математического моделирования бензинового двигателя внутреннего сгорания (ДВС) с турбонаддувом на основе использования нелинейных математических моделей [1;4-6]. Поршневой ДВС отличаются значительной сложностью физико-химических процессов. Динамический процесс в ДВС выражается в виде системы обыкновенных дифференциальных уравнений для основных фазовых координат [1], например: давление рабочего тела в цилиндре, масса рабочего тела, угловая скорость коленчатого вала и угловая координата. Для моделирования агрегатов турбонаддува могут быть использованы известные зависимости [2-6]. В результате формулируется система обыкновенных дифференциальных и алгебраических уравнений, описывающая динамику ДВС (в 0-мерной постановке). Такая система вместе с начальными условиями составляет основу постановки задачи Коши для описания переходных и стационарных режимов работы ДВС с наддувом.

На рис. 1 показаны основные элементы ДВС с турбонаддувом.

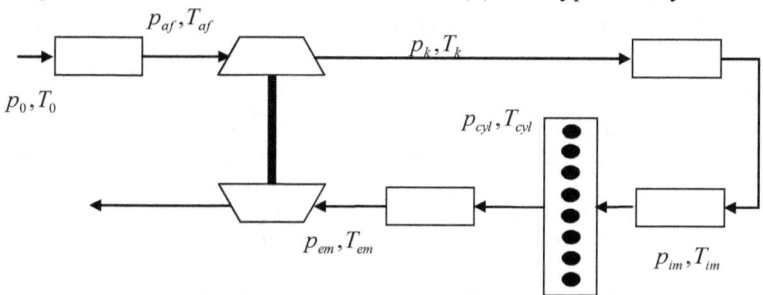

Рис. 1. Схема ДВС с турбонаддувом

Одним из основных компонентом в системе наддува ДВС является компрессор. Крутящий момент на привод компрессора определяется следующим образом:

$$M_k = \frac{\dot{m}_k \cdot c_p \cdot T_{af}}{\eta_k \cdot \omega_{tk}} \left[\left(\frac{p_k}{p_{af}} \right)^{\frac{k-1}{k}} - 1 \right], \tag{1}$$

где c_p – теплоемкость воздуха; η_k – КПД компрессора; p_k – давление воздуха после компрессора; T_k – температура воздуха после компрессора; k – показатель адиабаты воздуха; ω_{tk} – угловая скорость турбокомпрессора.

Массовый расход воздуха через компрессор в любой момент времени определяется с помощью интерполяционного метода по заданной характеристике компрессора:

$$\dot{m}_{k,corr} = f_1 \left(n_{k,corr}, \frac{p_k}{p_{af}} \right); \tag{2}$$

Коэффициент полезного действия компрессора также определяется по заданной характеристике компрессора:

$$\eta_k = f_2 \left(n_{k,corr}, \frac{p_k}{p_{af}} \right). \tag{3}$$

Изменение массы воздуха во впускном коллекторе определяется как

$$\frac{dm_{im}}{dt} = \frac{V_{im}}{R \cdot T_{im}} \cdot \frac{dp_{im}}{dt} \tag{4}$$

где m_{im} – масса воздуха во впускном коллекторе.

Уравнение для определения давления во впускном коллекторе:

$$\frac{dp_{im}}{dt} + \frac{\eta_v \cdot V_d \cdot n}{120 \cdot V_{im}} p_{im} = \dot{m}_k \cdot \frac{R \cdot T_{im}}{V_{im}}, \tag{5}$$

где η_v – коэффициент наполнения; V_d – рабочий объем цилиндра; V_i – объем впускного коллектора; T_{im} – температура в впускном коллекторе.

Давление воздуха после компрессора:

$$p_k = p_{im} + \Delta p, \tag{6}$$

где Δp – потери давления.

Турбина моделируется аналогично модели компрессора. Крутящий момент турбины, создаваемый турбиной, определяется выражением:

$$M_t = \frac{\eta_t \cdot \dot{m}_t \cdot c_{pe} \cdot T_{em}}{\omega_{tk}} \left[1 - \left(\frac{p_{em}}{p_t} \right)^{\frac{1-k_e}{k_e}} \right] \tag{7}$$

КПД турбины η_t рассчитывается по формуле:

$$\eta_t = \frac{\dot{m}_k \cdot C_{p_a} \cdot T_{af} \left[\pi_k^{\frac{\gamma-1}{\gamma}} - 1 \right]}{\eta_k \cdot \dot{m}_t \cdot C_{p_e} \cdot T_e \left[1 - \pi_t^{\frac{1-\gamma_e}{\gamma_e}} \right]}; \tag{8}$$

где $\pi_t = \dfrac{p_{em}}{p_t}$, $\pi_k = \dfrac{p_k}{p_{af}}$; массовый расход отработавших газов через турбину $\dot{m}_t$:

$$\dot{m}_t = \dot{m}_k (1 + \frac{1}{\alpha \cdot l_0 \cdot \varphi_\Pi});\qquad(9)$$

α – коэффициент избытка воздуха; φ_Π – коэффициент продувки; l_0 – теоретическое необходимое количество воздуха.

Отработанные газы двигателя, проходя через турбину, создают крутящий момент M_t на валу турбины. Нагрузка компрессора выражается моментом M_k. Таким образом, динамическое уравнение турбокомпрессора определяется по второму закону Ньютона для систем с вращательным движением:

$$\frac{d\omega_{tk}}{dt} = \frac{1}{J_{tk}}(M_t - M_k)\qquad(10)$$

или $\quad \dfrac{d\omega_{tk}}{dt} = \dfrac{1}{J_{tk} \cdot \omega_{tk}} \left[\eta_t \cdot \dot{m}_t \cdot c_{pe} \cdot T_{em} \left(1 - \left(\dfrac{p_{em}}{p_t}\right)^{\frac{1-k_e}{k_e}}\right) - \dfrac{\dot{m}_k \cdot c_p \cdot T_{af}}{\eta_k} \left(\left(\dfrac{p_k}{p_{af}}\right)^{\frac{k-1}{k}} - 1\right) \right]$ $\quad(11)$

где J_{tk} – момент инерции турбокомпрессора; c_{pe} – теплоемкость отработавших газов; k_e – показатель адиабаты отработавших газов; η_t – КПД турбины.

Представленные в работе компоненты математической модели бензинового ДВС с турбонаддувом применяются с целью исследования нелинейных эффектов, для построения характеристик ДВС. Нелинейная математическая модель может быть использована также для расчета динамических параметров ДВС в системах управления ДВС в реальном режиме времени.

ЛИТЕРАТУРА

1. *И. Е. АГУРЕЕВ.* Нелинейные динамические модели поршневых двигателей внутреннего сгорания. – Тула, 2001.

2. *А. И. КОЛИЧИН, В. П. ДЕМИДОВ.* Расчет автомобильных и тракторных двигателей. М.: Высшая школа, 2002.

3. *К. ЦИННЕР.* Наддув двигателей внутреннего сгорания. Л.: Машиностроение, 1978.

4. *LINO GUZZELLA, CHRISTOPHER H. ONDER*, Introduction to modeling and control of internal combustion engine systems. Springer – Verlag Berlin Heidelberg, 2010.

5. *KAO M., MOSKWA J. J.*, Nonlinear Diesel Engine Control and Cylinder Pressure Observation // Trans. of the ASME. J. of Dyn. Syst., Measur. and Control. 1995. V.117. №6. P.183-192.

6. *MARTIN MULLER*, Estimation and Control of Turbocharged Engines. Electronic Engine Controls, 2008.

Ильинкова Т.А.

доцент, канд.техн.наук

ФГБОУ ВПО Казанский национальный исследовательский технический университет им. А.Н.Туполева

pochta20006@bk.ru

УПРУГО-ПЛАСТИЧЕСКОЕ ДЕФОРМИРОВАНИЕ ТЕПЛОЗАЩИТНЫХ ПОКРЫТИЙ

Анализ поведения теплозащитных покрытий (ТЗП) в условиях статического четырехточечного изгиба показывает, что получаемые при испытаниях механические характеристики покрытий могут быть использованы для оптимизации покрытий и системы «покрытие-основа»: осуществление выбора порошковых материалов, определение оптимальной толщины двухслойного покрытия, параметров напыления [1,2,3]. При этом критериями выбора могут служить такие характеристики, как напряжение появления трещин и напряжение расслоения покрытия, модуль упругости (Юнга) керамического теплозащитного слоя, жесткость системы «композиционное покрытие – основа». В то же время данный метод при условии использования высокочувствительных средств измерения силы и перемещения образца при деформировании можно успешно использовать для исследования деформационных свойств покрытий в упруго-пластической области.

При исследовании механических свойств ТЗП использовались три типа образцов: образец основы (сплав ЭП648); образец основы с нанесенным жаростойким подслоем и образец основы с двухслойным теплозащитным покрытием. В качестве теплозащитного слоя использовали оксид циркония, частично стабилизированный оксидом иттрия. Режимы плазменного напыления обоих слоев покрытия и последующая двойная термическая обработка (диффузионный и окислительный отжиги) приняты как оптимальные на основе предыдущих экспериментов.

При четырехточечной схеме испытания в прямоугольной пластине, на которую нанесено покрытие, имеется зона чистого изгиба, которая характеризуется наличием однородного напряженного состояния по всей зоне, отсутствием поперечного сдвига и контактных напряжений от сосредоточенных сил (рис. 1а). Образец по всей его длине доступен для измерений.

В работе использовали образцы размером 10x80x2мм. Толщина подслоя номинально составляла 80-100 мкм, толщина теплозащитного слоя варьировалась от 200 до 800 мкм.

Для измерения деформации керамического слоя покрытия и основы использовали тензодатчики типа 2ПКБ, которые наклеивались на исследуемые образцы с обеих сторон. Расстояние между опорами составляло 60 мм. Нагружение образца осуществляли в приспособлении, устанавливаемого на разрывную машину FPZ 1/100 (рис.1б) таким образом, чтобы покрытие подвергалось растяжению. Скорость деформирования поддерживалась 0,02 мм/мин. Величина абсолютной деформации фиксировалась через каждые 20 Н с помощью цифрового измерителя ИДЦ-1, работающего от источника постоянного тока.

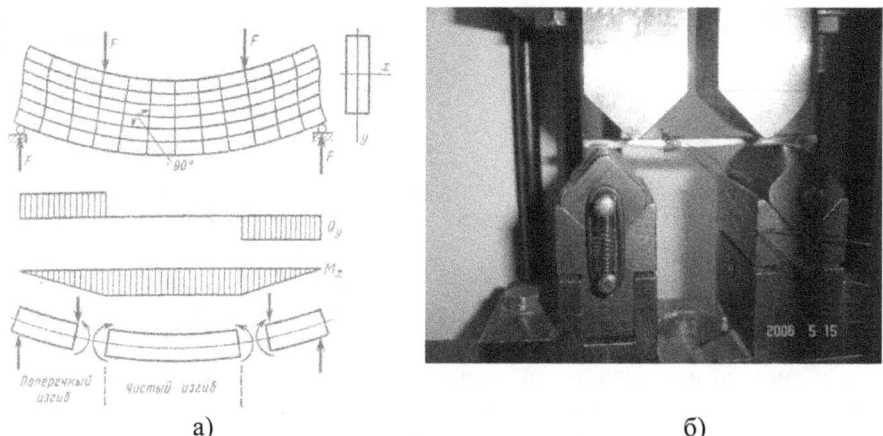

а)   б)

Рис. 1. Схема поведения материала при четырехточечном изгибе (а) и приспособление для испытания (б)

Анализ точности используемых средств измерения и методов расчета характеристик механических свойств показал следующие величины погрешностей, возникающих при проведении измерений: ≈1% - при проведении измерений в упругой области; ≈2 и ≈5% - за счет рассеяния толщин основы и покрытия; ≈3% - за счет неоднородности модуля Юнга основы и ≈1% - за счет неточности установления точек приложения нагрузки и длины самого образца.

Целью исследования было получение кривых деформирования при нагружении и разгрузке в упруго-пластической области. Экспериментально подобранная нагрузка 400 Н была выбрана в качестве максимальной.

Анализом типичных кривых деформирования керамического слоя покрытия марок ЦИО-7-10-50 (рис.2а) и Z7Y-10-90 (рис.2б) было установлено наличие деформационного гистерезиса. Это свидетельствует о проявлении в покрытиях при данной низкой нагрузке неупругого характера деформирования, которое проявляется в запаздывании развития упругой деформации под влиянием внешней нагрузки. Гистерезис проявляется в несовпадении линий диаграммы деформации при нагрузке и разгрузке, как очевидное следствие законов пластической деформации.

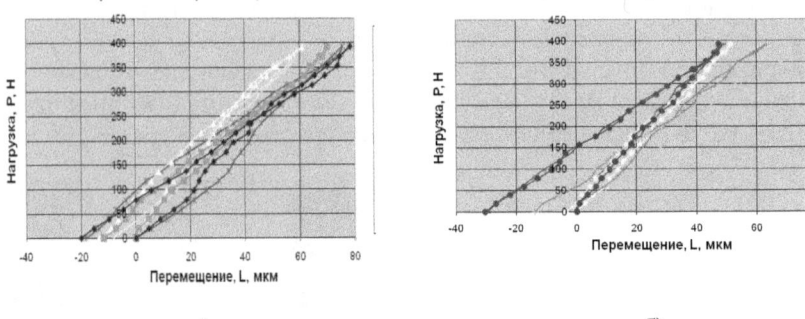

а)   б)

Рис.2. Кривые деформирования керамического слоя покрытия марок
ЦИО-7-10-50 (а) и Z7Y-10-90 (б)

Явление неупругости в различных материалах изучали
А.С.Новик [4], К.Зинер, Кэ Тин-суй [5,6,7], которые пришли к выводу,
что неупругость имеет место только в вязко-упругих материалах и зависит
от скорости приложения нагрузки. Чем больше скорость, тем будет больше
петля гистерезиса. При очень малой скорости приложения напряжения,
соответствующей скорости его релаксации, площадь петли может
оказаться равной нулю. Так как в нашем эксперименте скорость
деформирования исчислялась долями миллиметра в минуту, а
деформационный гистерезис получали во всех случаях, то можно считать,
что изучаемые системы относятся к вязко-упругим средам.

Причинами отставания деформации от напряжения могут являться
разного рода несовершенства структуры покрытия, в первую очередь
наличие в упругом материале покрытия вязкой среды – пористости,
межслоевых поверхностей, а также границ зерен, вязкий характер
деформации которых был доказан Кэ Тин-суй [5,6]. Причины,
порождающие явление непругости, создают внутреннее трение в
материале. По-видимому, основной механизм деформации плазменных
ТЗП зависит от объема и распределения пор, микротрещин, и
стеклообразной фазы.

При данных условиях нагружения деформационный гистерезис имел
вид принципиально другого типа, в отличие от гистерезиса упруго-
пластического характера. Так, при снижении внешнего напряжения
растяжения, прилагаемого к покрытию, кривая нагрузки постепенно
перемещалась выше кривой нагружения. После полного снятия
деформации, в покрытии, независимо от его типа всегда остается
остаточное напряжение (рис.2а и 2.б).

Можно предложить этому факту следующее объяснение.

При доведении нагрузки до максимального значения упругая и вязкая
зоны покрытия получают однородную деформацию. Сразу же после этого

в вязкой зоне начинается процесс релаксации напряжения – обратной перестройки, который захватывает граничные области упругой зоны. При снижении нагрузки здесь возникает упругая деформация противоположного знака, т.е. вдали от границ в упругой зоне будет снижаться напряжение и постепенно исчезать, а на границах напряженное состояние сохраняется, и концентрация его в локальных зонах может быть значительна. К появившемуся напряженному состоянию добавляются остаточные напряжения, заложенные в процессе нестабильного напыления, что в итоге выражается в смещении кривой разгружения в положение над кривой нагружения. Чтобы полностью снять напряженное состояние в покрытии необходимо к образцу приложить деформацию сжатия. Доведя напряжение до нуля, получим значение остаточной деформации сжатия. Диссипацию энергии при очень низкой скорости деформирования принимаем отсутствующей.

Поскольку работа, поглощенная при деформации, характеризуется площадью под соответствующей диаграммы, очевидно, что площадь петли гистерезиса или разность между поглощенной при нагружении и возвращенной при разгружении работами отражает остаточную, не возвращенную при разгружении, работу деформации.

Анализ кривых деформирования показал, что в исследованных покрытиях остаточные деформации сжатия, за небольшим исключением, приблизительно равны и составляют -15 мкм, что говорит о сопоставимых условиях формирования покрытий при напылении. Сопоставляя величину остаточных деформаций с толщиной покрытия, можно утверждать, что строгой связи между этими характеристиками нет. Получены сопоставимые значения остаточных деформаций для покрытий как большой, так и малой величины.

Однако более существенные различия в поведении исследуемых систем ТЗП можно получить, определив энергию (работу) затраченную на высвобождение внутренних напряжений, требующих деформирование системы в области сжатия [8]. Эту энергию определяли по площади, занимаемой под кривой разгрузки. так и части ее (площадь А на рис.3.) в области сжатия. Разница площадей под кривыми нагружения S_1 и разгрузки S_2 дает работу (энергию), необходи-мую для высвобождения внутрен-них напряжений:

$$S = S_1 - S_2 \qquad\qquad (1);$$

где S_1 – площадь под кривой нагружения, Дж; S_2 – площадь под кривой разгрузки, Дж. Расчет этих площадей можно осуществить по формулам (2), (3):

$$S_1 = \sum_{i=1}^{n} |L_i| \cdot P_{n1} \qquad (2);$$

$$S_2 = \sum_{i=1}^{n} L_i \cdot P_{n2} \qquad (3);$$

где P_{n1} – нагружение, H; P_{n2} – разгрузка, H; L_i – перемещение, мкм.

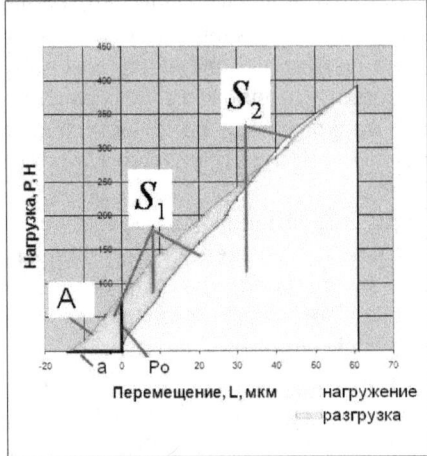

Рис.3. Диаграмма деформирования керамического слоя покрытия в процессе нагружения и разгрузки

Величина S всегда принимает отрицательное значение, что означает, что при разгружении покрытия происходит высвобождение большего количества энергии по сравнению с тем, которое затрачивается при нагружении покрытия. Эта разница и есть величина внутренней энергии, которая высвобождается при разгрузке. Она позволяет характеризовать напряженное состояние покрытия, формирующееся в процессе напыления.

Можно рассчитать работу А, потраченную на полное высвобождение внутренних напряжений в покрытии в области сжатия, как площадь прямоугольного треугольника:

$$A = \vec{P} \cdot \vec{a} = F \cdot a \cdot \cos\varphi = \left(a \cdot \sqrt{a^2 + P_O^2}\right)\cos\varphi \qquad (4);$$

где: A – работа по высвобождению внутренних напряжений в области сжатия покрытий, Дж; P – усилие, Н; a – перемещение в области сжатия, мкм, P_O – остаточное усилие, Н.

Остаточные напряжения σ, высвобождаемые в покрытии, рассчитываются по формуле :

$$\sigma = \frac{3P_0 \cdot C}{B \cdot H^2}, \text{МПа} \qquad (5);$$

где P_0 – остаточное усилие, при котором деформация становится равной нулю; B – ширина образца, мм; H – полная толщина образца, мм; C – расстояние, между нагруженной и опорной балкой, 10 мм.

Плотность энергии упругой деформации. Полная энергия упругой деформации U , Дж, возникающей при растяжении в сплошном материале, вычисляется по упрощенной формуле:

$$U = \frac{P_m L}{2},$$ (6);

где P_m – максимальное усилие, МПа; L – перемещение (абсолютная деформация), мкм. Для призматического стержня уравнение (6), используя закон Гука, можно преобразовать в следующий вид:

$$U = \frac{P_m^2 L}{2FE}$$ (7);

или $U = \frac{FEL^2}{2L}$ (8);

Первое из этих уравнений позволяет определить энергию упругой деформации как функцию усилия, P_m, а второе – как функцию перемещения L. В практических приложениях часто имеет важное значение величина энергии упругой деформации, отнесенная к единице объема, т.е. плотность энергии. Из уравнений (6) и (7) она равняется:

$$U' = \frac{U}{FL} = \frac{\sigma^2_{о.н.}}{2E}$$ (8);

где $\sigma = P_m / F$ есть растягивающее напряжение.

Модуль упругости E трехслойной системы (основа–подслой–керамический слой), используя правило аддитивности, находим по формуле:

$$E = \frac{E_{осн.} h_{осн.} + E_{подслой} h_{подслой} + E_{к.с.} h_{к.с.}}{H}$$

(9);

где: $E_{осн.}$, $E_{подслой}$, $E_{к.с.}$, – модули упругости основы, подслоя и керамического слоя, соответственно, ГПа;
$h_{осн.}$, $h_{подслой}$, $h_{к.с.}$ – толщины основы, подслоя и керамического слоя, соответственно, мкм.

Модуль упругости подслоя и керамического слоя определяли по методикам авторов [1,9]. Методика и результаты оценки этой характеристики для керамического слоя покрытия исследованных систем подробно описана в [10].

Используя уравнение (9), определим величину плотности энергии упругой деформации U'₀, высвобождающейся в области сжатия, принимая во внимание формулу (5):

$$U'_0 = \frac{\sigma_{о.н.}^2}{2E} = \frac{\left(\dfrac{3P_0 c}{BH^2}\right)^2}{2\left(\dfrac{E_{осн.}h_{осн.} + E_{подслой}h_{подслой} + E_{к.с.}h_{к.с.}}{H}\right)} \qquad (10);$$

Литература

1.*Beghini M., Benamati G., Bertini L., Frendo F.* Measurement of coatings' elastic properties by mechanical methods: Part 2. Application to thermal barrier coatings// Experimental mechanics 2001.Vol. 41, No. 4, PP.305-311.

2.*Berndt C.C .,Kucuk A., Dambra C.G.* Influence of plasma spray parameters on behavior of yttrium stabilized zirconium the cracking coatings// Practical failure analysis, 2001.Vol. l- P. 55-64.

3.*Berndt C., Senturk U., Lima R. S., Lima C. R. C.* Deformation of plasma sprayed TBC// Journal of Engineering for gas turbines and power. 2000.-Vol.122- P. 387-392.

4. *А.С.Новик* Внутреннее трение в металлах// сборник «Успехи физики металлов», I, Металлургиздат, М.:, 1956.

5. *Кэ Тин-суй* Неупругие свойства железа//сборник «Упругость и неупругость металлов», изд-во иностранной литературы, М.: 1954.

6. *Кэ Тин-суй, К.Зинер* Определение структуры металлов, прошедших холодную обработку путем измерения неупругих явлений// сборник «Упругость и неупругость металлов», изд-во иностранной литературы, М.: 1954.

7. *К. Зинер* Упругость и неупругость// изд-во иностранной литературы, М.: 1954.

8. *Ибрагимов А.Р., Ильинкова Т.А.* Внутренние напряжения и плотность энергии упругой деформации в многослойных газотермических покрытиях// Вестник КГТУ, 2012, № 2, с.91-96.

9. *Beghini M., L. Bertini, F. Frendo* Measurement of Coatings' Elastic Properties by Mechanical Methods: Part 1. Consideration on Experimental Errors// Experimental Mechanics, volume 41, No. 4, December, pp. 293-304.

10. *Ибрагимов А.Р., Ильинкова Т.А.* О модуле Юнга теплозащитных покрытий на основе оксида циркония / Упрочняющие технологии и покрытия, 2012, № 9 (93), с. 3-7.

Д.А. Глухов
аспирант каф. ЭТСХП ФГБОУ ИжГСХА
glukhovda@udmrdu.so-ups.ru; motor_da@mail.ru
А.М. Ниязов
к.т.н., доцент каф. ЭТСХП ФГБОУ ИжГСХА

ПРОГРАММНЫЙ КОМПЛЕКС ДЛЯ ПРОГНОЗИРОВАНИЯ ОТКАЗОВ ЭЛЕКТРООБОРУДОВАНИЯ

В настоящее время анализ надежности электрооборудования (ЭО) является важнейшей задачей, от решения которой зависит не только надежность электроснабжения потребителей, но и устойчивость всей энергосистемы. В процессе эксплуатации ЭО подвержено постоянному негативному воздействию различных факторов. Такими факторами, как правило, являются климатические воздействия, ошибочные действия персонала, а также аварийные и ненормальные режимы в прилегающей сети. Эти и многие другие факторы сокращают ресурс ЭО, который в современной электротехнике можно описать базовой математической моделью. Современные математические модели позволяют вести расчет остаточного ресурса ЭО, используя не только вероятностный и статистический анализы, но и учитывать условия и режимы работы ЭО, воздействие различных эксплуатационных факторов.

Оценке ресурса ЭО, его поддержанию и повышению посвящено множество научных работ. К настоящему времени для каждого вида ЭО сформирована своя математическая модель. Множество научных работ направлено на усовершенствование этих моделей с использованием различных методов анализа и расчетов. Систематизация полученных моделей позволила бы вести автоматизированный контроль состояния ЭО сети и прогнозирование отказов ее отдельных элементов. Такая автоматизация позволила бы решить ряд вопросов повышения надежности ЭО.

Анализ отечественной и зарубежной литературы показывает, что наибольшее число повреждений ЭО приходится на его изоляцию. Для воздушных линий (ВЛ) этот показатель превышает 38% от всех повреждений (подвесные изоляторы), для разъединителей различных классов напряжений в общем случае этот показатель равен 75% повреждений (поломка опорно-стержневых изоляторов). Для электрических машин преобладающее количество повреждений также приходится на изоляцию обмоток. Изоляция кабельных линий (КЛ) претерпевает практически основную долю повреждений [3, 6].

По данным [1, 142], основное количество отказов ЭО связано с повреждением изоляции и с климатическими воздействиями. Тем не менее, существует большая доля отказов ЭО, причины которых не выявлены. Это свидетельствует о неудовлетворительном состоянии системы сбора ремонтно-эксплуатационной информации на энергетических предприятиях.

На рис. 1 приведена статистика причин технологических нарушений на ЭО электросетевого комплекса ОАО «Холдинг МРСК» за 2010 год:

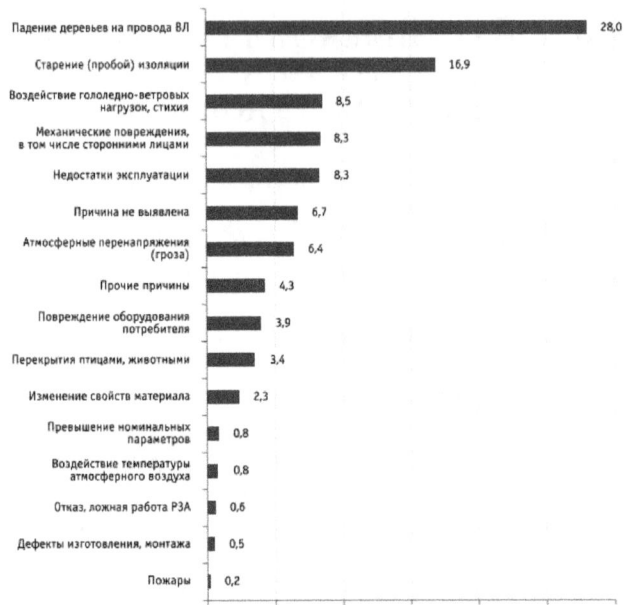

Рис. 1. Причины технологических нарушений на ЭО ОАО «Холдинг МРСК» в 2010 году [1, 142]

Для решения сложившейся проблемы необходимо создание программного комплекса для сбора, хранения, обработки ремонтно-эксплуатационной информации в тесной связи с электронным паспортом ЭО, схем электрических присоединений, для автоматизированного контроля и прогнозирования отказов ЭО в рамках математической модели, учитывающей данные периодических испытаний, ремонтов, историю перемещения, условия эксплуатации в режиме реального времени и мн. др. Упрощенная функциональная схема такого программного комплекса приведена на рис. 2. Числами на схеме пронумерованы логические функции алгоритма. Расчет вероятности отказа ЭО основан на его математической модели. При занесении данных оборудования в электронный паспорт (1) должен быть выбран тип оборудования с соответствующей ему математической моделью, все необходимые данные, а также данные ремонтов и периодических испытаний. Программа ведет непрерывный расчет вероятности отказа (5), производя отсчет наработки часов данным оборудованием

(3), прогнозируя его параметры и уточняя их по данным периодических испытаний (25).

Программа координирует действия работника, ответственного за эксплуатацию данного оборудования. По истечению срока службы оборудования (13), программа уведомит о необходимости технического освидетельствования (14). Комиссия (16) решит заменить это оборудование, либо продлить его срок службы в соответствии с результатами испытаний (18). Результаты заносятся в паспорт (27), и программа отслеживает дальнейшее состояние оборудования с учетом продления срока службы и данных испытаний.

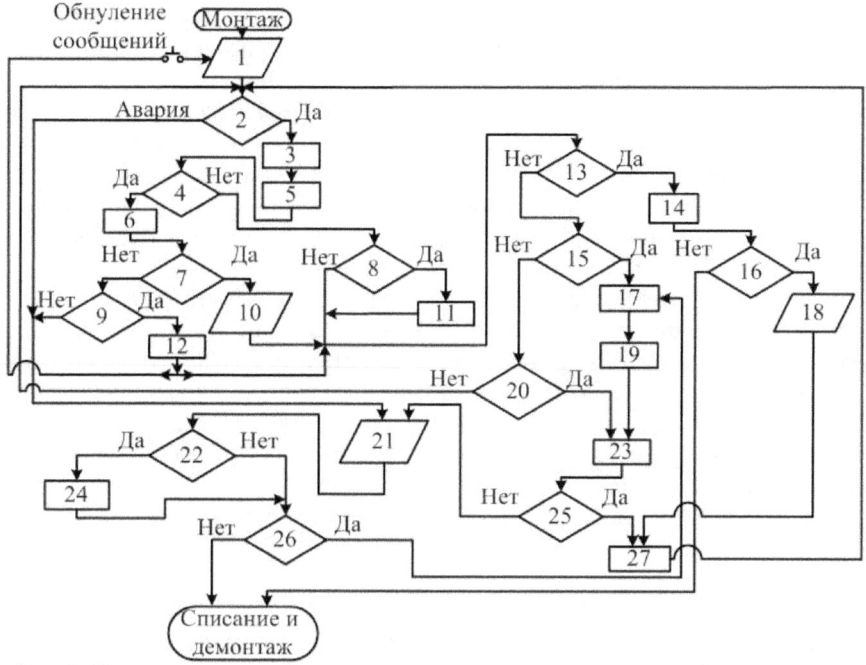

Рис. 2. Функциональная блок-схема программного комплекса сбора и анализа данных ремонтно-эксплуатационной информации

В случае истечения срока межремонтного периода (15), или, в случае, если срок периодических испытаний наступил (20), программа соответствующим образом уведомит об этом и запросит новые данные ремонтов и испытаний.

Полный анализ всех собранных данных будет вестись непрерывно на основе математической модели, и по результатам расчета программа будет постоянно информировать о том, высока ли вероятность отказа оборудования. В случае, если вероятность высока, программа предложит собрать комиссию для принятия решения (12) и запросит результаты совещания. Если комиссия решит, что необходимо провести повторный ремонт, то программа запросит новые данные об испытаниях после ремонта. В случае, если данные удовлетворительные, программа произведет перерасчет вероятности отказа с учетом новых данных. Если после ремонта вероятность отказа не снизится, программа занесет оборудование в список требующего замены (10), периодически выдавая сообщения о высокой вероятности отказа.

Такой программный комплекс позволит не только вести непрерывный контроль за состоянием ЭО, но и в тестовом режиме может испытать математическую модель для конкретного вида оборудования. «Отыскание» наиболее точной математической модели ресурса ЭО является наиважнейшей задачей в теории надежности электроэнергетических систем. Отмечено, что современные математические модели позволяют учитывать условия и режимы работы ЭО, но они не учитывают данные периодических ремонтов и испытаний, которые могли бы вносить корректировки при оценке остаточного ресурса. Такие корректировки особо важны при воздействии на оборудование отклонений параметров прилегающей сети, таких как напряжение, ток, частота, гармонические составляющие тока и напряжения, которые не учитываются в современных математических моделях, и которые нельзя зафиксировать кратковременно.

Любые такие воздействия можно учесть лишь с точки зрения вероятностного и статистического анализов, но о более точном состоянии оборудования могут сказать лишь результаты испытаний. Результаты испытаний в свою же очередь зависят и от ремонтов ЭО. Своевременный и качественный ремонт, особенно с заменой элементов оборудования, изоляционной среды (замена, сушка масла) повышают ресурс ЭО. Все это указывает на постоянное изменение параметров ЭО, которые необходимо учитывать при расчете остаточного ресурса и вероятности отказа.

Литература

1. Годовой отчет ОАО «Холдинг МРСК» за 2010 год//ОАО «Холдинг МРСК», 2011. – 333 с.
2. Основные положения Стратегии развития Единой национальной электрической сети на десятилетний период// ОАО "ФСК ЕЭС", 2003. – 61 с.
3. Глухов, Д.А. Актуальность прогнозирования долговечности и безотказности электросетевого комплекса сельских электрических сетей/ Д.А. Глухов, А.М. Ниязов// Аграрная наука – инновационному развитию АПК в современных условиях: материалы Всероссийской научно-практической конференции. Том II: ФГБОУ ВПО ИжГСХА, Ижевск, 2013 г. – 436 с.

Зангиев Т.Т.
канд. техн. наук, доцент кафедры компьютерных технологий и
информационной безопасности КубГТУ
Черкасов А.Н.
канд. техн. наук, старший преподаватель кафедры компьютерных
технологий и информационной безопасности КубГТУ
Иванова А.А.
студентка института информационных технологий КубГТУ
Филиппов А.В.
студент института информационных технологий КубГТУ

ПОСТАНОВКА И РЕШЕНИЕ ЗАДАЧИ ОПТИМИЗАЦИИ ПО ОЦЕНКЕ ЭФФЕКТИВНОСТИ ДЕЯТЕЛЬНОСТИ

В настоящее время, когда в стране происходят изменения, касающиеся различных сфер общества, экономики и образования для руководителей государственных структур, вузов и предприятий одной из важнейших задач стала оценка эффективности их функционирования. В соответствии с опубликованными Указами Президента и Правительства Российской Федерации различные направления деятельности анализируются на основе регламентированных систем критериев, причем большинство таких документов относятся к мониторингу государственных структур[2,5].

Данная ситуация определяет важность и необходимость организации процесса ситуационного планирования по различным направлениям деятельности. В данной статье приведен пример планирования деятельности администрации городского округа (муниципального района) относительно показателей, регламентированных в методике по оценки эффективности деятельности органов местного самоуправления городских округов и муниципальных районов в соответствии с нормативным документом [2,1] на основе метода неопределенных множителей Лагранжа.

Рассмотрим алгоритм решения задачи оптимизации на примере двух расчетных показателей. Пусть расчетный показатель Z_0 зависит от двух исходных показателей и задан зависимостью:

$$Z_0 = y_0 * x_0 \qquad (1)$$

Определим значения этих показателей при изменении расчетного показателя на заданный уровень.

Лицо, принимающее решение (ЛПР) определяет уровень расчетного показателя:

$$z_1 = z_0 + \Delta z \quad (2)$$

Для рационального планирования необходимо определить, как при этом должны измениться исходные показатели:

$$x_1 = x_0 + \Delta x, y_1 = y_0 + \Delta y \quad (3)$$

Эксперты определяют удельную стоимость изменения исходных показателей:

α - изменение цены показателя x на единицу;

β - изменение цены показателя y на единицу.

При этом цена может быть любым ограниченным для ситуации ресурсом: финансовым, временным, человеческим, информационным и т.д.[3,91]

Тогда определение требуемой величины изменения исходных показателей Δx и Δy можно свести к решению задачи оптимизации[1,248], приняв:

$$\Delta x = x, \quad \Delta y = y \quad (4)$$

Тогда задача оптимизации формулируется следующим образом:

Необходимо минимизировать расход ресурсов при изменении исходных показателей[3,10]:

$$\alpha * x + \beta * y \to min \quad (5)$$

При ограничении, которое определяется уровнем расчетного критерия, заданного ЛПР

$$z_0 + \Delta z = (y_0 + y)(x_0 + x) \quad (6)$$

или с учетом (2)

$$(y_0 + y)(x_0 + x) - z_1 = 0, \quad (7)$$

где Z_1 – значение критерия, заданного ЛПР; x_0, y_0- исходные значения показателей.

Для получения аналитических зависимостей решим задачу методом неопределенных множителей Лагранжа.[1,249]

$$
\begin{cases}
\dfrac{\partial f(x,y)}{\partial x} - \lambda * \dfrac{\partial \Psi(x,y)}{\partial x} = 0 \\[2mm]
\dfrac{\partial f(x,y)}{\partial y} - \lambda * \dfrac{\partial \Psi(x,y)}{\partial y} = 0 \\[2mm]
-\Psi(x,y) = 0
\end{cases} \qquad (8)
$$

где
$$ f(x,y) = \alpha * x + \beta * y \qquad (9) $$

$$ \Psi(x,y) = (y_0 + y)(x_0 + x) - z_1 \qquad (10) $$

Отсюда получим:

$$
\begin{cases}
\alpha - \lambda * (y_0 + y) = 0 \\
\beta - \lambda * (x_0 + x) = 0 \\
Z_1 - (y_0 + y)(x_0 + x) = 0
\end{cases} \qquad (11)
$$

Окончательно получим требуемые зависимости:

$$
y = \frac{\alpha}{\lambda} - y_0 \qquad x = \frac{\beta}{\lambda} - x_0 \qquad \lambda = \sqrt{\frac{\alpha * \beta}{Z_1}} \qquad (12)
$$

Представленный алгоритм с успехом апробирован для решения всех представленных в методике оценки эффективности деятельности органов местного самоуправления городских округов и муниципальных районов соотношений. Полученные зависимости, позволяют легко визуализировать процесс ситуационного планирования, даже в случае большого числа показателей и многоуровневой иерархии.

Приведенная методика применена при разработке программного модуля для оптимизации процесса планирования показателей оценки эффективности деятельности, с возможностью его дальнейшего внедрения в центр ситуационного планирования.

Литература:

1. Романов А.Н. Советующие информационные системы в экономике / А.Н. Романов, Б.Е. Одинцов - Москва: Юнити, 2000.- 487с.

2. Распоряжение Правительства РФ № 758-р от 15 мая 2010 <О внесении изменений в распоряжение Правительства РФ от 11.09.2008 N 1313-р> ("Об оценке эффективности деятельности органов местного самоуправления городских округов и муниципальных районов"). – 21с.

3. Гилл Ф. Практическая оптимизация/ Ф. Гилл, У. Мюррей, М. Райт; пер. англ. В.Ю. Лебедева; под ред. А.А. Петрова – Москва:Мир, 1985.- 509с.

И. В. Курочкин
аспирант кафедры Физики и прикладной математики.
«Владимирский государственный университет имени Александра Григорьевича и Николая Григорьевича Столетовых»
600000, г. Владимир, ул. Горького, 87
E-mail:ivan.kurochkin@gmail.com

СРАВНИТЕЛЬНЫЙ АНАЛИЗ ЭФФЕКТИВНОСТИ ГИСТОГРАММНЫХ МЕТОДОВ РАСПОЗНАВАНИЯ ОБРАЗОВ ПРИ РАСПОЗНАВАНИИ ЛИЦ

Введение

Целью данной работы являлся сравнительный анализ возможности применения гистограммных алгоритмов распознавания образов к задаче распознавания лиц. Анализ производится на примере алгоритмов Фрея-Чена и алгоритма LBPH (Local Binary Pattern Histogram).

Сравнение эффективности производилось с использованием программного тестового стенда для тестирования алгоритмов распознавания, описанного в [3] В качестве исходных данных использовались снимки из базы изображений лиц COLORFERET (набор FA-FB), прошедшие предобработку.

Методика проведения экспериментов.

Для проведения экспериментов использовался написанный ранее тестовый стенд, который позволяет, автоматизировано провести эксперименты по распознаванию лиц, используя подготовленные и предобработанные заранее фотографии.

Предобработка представляет из себя следующие действия:
- Поиск на снимке изображений лица.
- «Сохранение лиц в отдельные изображения размером 256x256 пикселей.
- Поиск на изображении лица контрольных точек (в данном случае – глаз).
- Далее изображение масштабируется и сдвигается так, чтобы глаза находились в строго определенных точках
- Если изначально изображение цветное, то применяется фильтр, который преобразует изображение в серое полутоновое.

Всего для проведения снимков были подготовлены две группы снимков – базовые изображения и тестовые.

• Базовые изображения – фотографии людей, отснятые в идеальных условиях, используются в качестве эталона для распознавания.

• Тестовые изображения – фотографии людей в «жизненных» условиях. Могут содержать дефекты освещенности, мимики и т. д.

Для проведения эксперимента использовалась база для тестов алгоритмов распознавания FERET (конкретно – часть набора FA-FB, которая успешно прошла автоматизированную предобработку и включающая в себя 939 базовых изображений и 916 тестовых изображений). Также алгоритмы тестировались на наборах DUP1 и DUP2, в которых 662 и 211 изображений соответственно.

В результатах проведенного теста оценивается параметр SUCCESS, который показывает количество верно и распознанных образов и для которых не произошло ошибок распознавания (более подробно в [3]), показывающий количество случаев когда распознавание произошло корректно, и для данного человека не было ложных срабатываний и пропусков.

В зависимости от настроек алгоритмов и фильтров и процедур расчета атрибутов, результаты менялись. В данной работе учитывались лучшие результаты, полученные при модификациях тех или иных параметров. Оптимальные значения параметров подбирались экспериментально, для осуществления такого подбора стенд позволяет проводить серию экспериментов, автоматически изменяя какой-либо параметр.

Описание алгоритмов
Алгоритм на основе текстурного базиса Фрея-Чена

В работе [1] был реализован и апробирован алгоритм, использующий текстурный базис Фрея-Чена, для анализа сегментов изображения, на принадлежность изображенной поверхности к тому или иному типу. В данной работе данный алгоритм, апробирован для задачи распознавания лиц. Использовалась модификация алгоритма с фильтрацией пикселей по определенному порогу (подробнее можно прочитать в [1, с. 5]).

Также применялся алгоритм размытия Гаусса, для того чтобы убрать мелкие дефекты изображения. В данном эксперименте алгоритм использовался с параметрами: размер ядра – 8 и $\sigma = 1.5$. Данные параметры были подобраны экспериментально.

Стандартный алгоритм без доработок из [1], показал следующие результаты: успешно распознано 117 изображения из 916 (12.7%).

В качестве примера в таблице 1 приведены следующие маски информативных областей, получаемые с этим порогом для некоторых тестовых изображений.

Помимо подбора порога данный алгоритм был модифицирован для задачи распознавания изображений. В [1] алгоритм анализирует изображение целиком, и строит гистограмму по всему изображению. Для распознавания лиц большее значение имеют отличия по мелким сегментам и деталям изображения, так как целиком структурно все лица очень похожи.

В связи с этим алгоритм был доработан следующим образом:

Разбиение на квадраты. Ранее упоминалось, что для анализа все изображения приводятся к размеру 256x256 пикселей. Исходный алгоритм спроектирован для построения гистограмм по сегментам изображений размером $2^n, n \in N$. Разобьем исходное изображение на нужное количество квадратных сегментов. Сегменты нумеруются последовательно слева направо, сверху вниз. Нумерация необходимо для того, чтобы сравнивать гистограммы по одинаковым сегментам.

Далее для каждого сегмента рассчитываются параметры гистограммы. В соответствии с [1] параметры гистограммы представляют из себя набор из 24 чисел.

После получения параметров гистограммы, необходимо провести нормализацию.

$$H_{max} = \max(H_i), i \in \overline{1,n}$$
$$H_i = \frac{H_i}{H_{max}}, i \in \overline{1,n}$$

Где H – гистограмма, H_i – значение столбца гистограммы, n – количество столбцов в гистограмме, в нашем случае 24.

Для сравнения гистограмм, вычисляется разность между векторами (из чисел составляющих гистограмму, по метрике L1).

$$d = \sum_{i=1}^{n} |H1_i - H2_i|$$

Где H1 и H2 сравниваемые гистограммы, d – степень разности между гистограммами.

Далее необходимо рассчитать степень разности изображений. В данном случае она считается как среднее арифметическое «расстояний» соответствующих сегментов изображения.

$$r = \frac{\sum_{i=1}^{k} d_i}{k}$$

Где r – степень различия между изображениями, k – количество сегментов.

Ниже приведены результаты испытаний алгоритма при различных параметрах. В качестве результата оценивается процентное отношение количества успешно распознанных изображений к общему количеству тестовых изображений.

Алгоритм примененный ко всему изображению - 12,84%

С разбиением на сегменты 128x128 - 26,23%

С разбиением на сегменты 64x64 - 47,42%

С разбиением на сегменты 32х35 – 62,24%

Следует также отметить, что при достаточно малых размерах сегментов появляется вопрос о неинформативных сегментах. При исключении из рассмотрения неинформативных сегментов (подобраны экспериментально) получается результат – 66,9%.

Также применение алгоритма размытия Гаусса улучшает результат, с его применением получен результат - 81,23%.

В результате работы алгоритма на тестовой базе лучший результат составил 740 успешно распознанных изображений из 916 (80,78%). Данный результат получен при разбиении исходного изображения на сегменты размером 32х32 с отсечением неинформативных областей и применением размытия.

Далее проводились испытания на наборах тестовых изображений DUP1 и DUP2. Испытания проводились уже с наиболее оптимальными параметрами, выявленными в ходе эксперимента, описанного выше.

На наборе DUP1 был получен результат: 265 изображений из 662 (40,03%).

На наборе DUP2 был получен результат: 80 изображений из 211 (37,91%).

Далее для сравнения производится испытания на алгоритмах распознавания, реализованных в OpenCV.

Алгоритм LBPH (Local Binary Pattern Histogram).

Использовался алгоритм, реализованный в библиотеке OpenCV [2].

Подробное описание алгоритма и методики можно найти в [4].

На тестовой базе FB данный алгоритм показал следующий результат: 632 успешно распознанных изображений из 916, что составило 69%.

На тестовой базе DUP1 данный алгоритм показал следующий результат: 187 успешно распознанных изображений из 662, что составило 28,25%.

На тестовой базе DUP2 данный алгоритм показал следующий результат: 37 успешно распознанных изображений из 211, что составило 18,48%.

Алгоритм EIGEN.

Использовался алгоритм, реализованный в библиотеке OpenCV [2].

Подробное описание алгоритма и методики можно найти в [4].

На тестовой базе FB алгоритм показал следующий результат: 537 успешно распознанных изображений из 916, что составило 58,62%.

На тестовой базе DUP1 данный алгоритм показал следующий результат: 122 успешно распознанных изображений из 662, что составило 18,43%.

На тестовой базе DUP2 данный алгоритм показал следующий результат: 19 успешно распознанных изображений из 211, что составило 9,00%.

Алгоритм Fisher.

Использовался алгоритм, реализованный в библиотеке OpenCV [2].

Подробное описание алгоритма и методики можно найти в [4].

На тестовой базе FB алгоритм показал следующий результат: 516 успешно распознанных изображений из 916, что составило 56,3%.

На тестовой базе DUP1 данный алгоритм показал следующий результат: 130 успешно распознанных изображений из 662, что составило 19,64%.

На тестовой базе DUP2 данный алгоритм показал следующий результат: 18 успешно распознанных изображений из 211, что составило 8,53%.

Анализ результатов

Ниже представлены диаграммы, которые показывают результаты апробирования алгоритмов на разных тестовых базах.

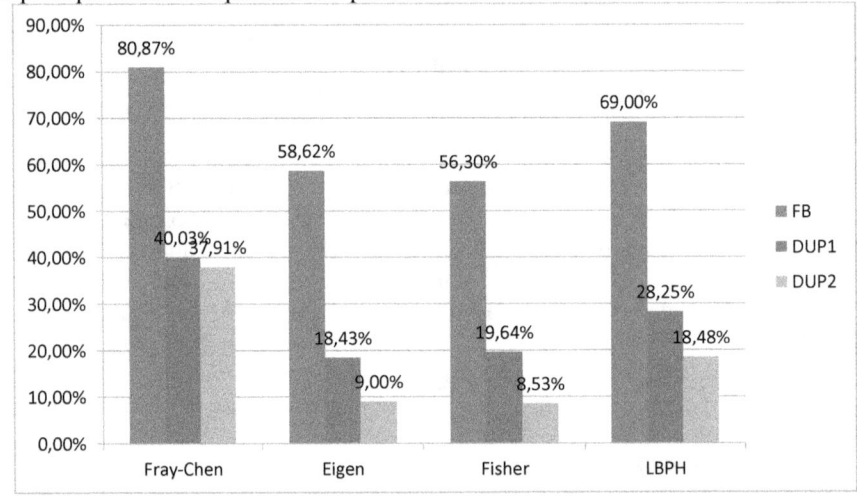

Рис. 1. Результаты испытаний.

В ходе исследования выяснилось, что модифицированный алгоритм, основанный на основе текстурного базиса Фрея-Чена может быть применен для задачи распознавания лиц, и показывает результаты превосходящие алгоритм LBPH, Eigen, Fisher.

Список литературы

1. П.Ю. Шамин, Мустафа Аблулла Али Номан, К.С.Хорьков. Классификация текстурных свойств сегментов растрового изображения с помощью набора дифференцирующих масок. [Электронный ресурс] INJOIT vol.1 N.2 стр.1-7 http://injoit.org/index.php/j1/article/view/8

2. FaceRecognizer – Электронная документация по библиотеке OpenCV Режим доступа: http://docs.opencv.org/modules/contrib/doc/facerec/facerec_api.html#Ptr%3CFaceRecognizer%3E%20createLBPHFaceRecognizer%28int%20radius,%20int%20neighbors,%20int%20grid_x,%20int%20grid_y,%20double%20threshold%29

3. И. В. Курочкин, П. Ю. Шамин, ОБ АВТОМАТИЗАЦИИ СРАВНИТЕЛЬНОГО ТЕСТИРОВАНИЯ АЛГОРИТМОВ РАСПОЗНАВАНИЯ ЛИЦ, «Естественные и математические науки: вопросы и тенденции развития»: материалы международной заочной научно-практической конференции. (01 апреля 2013 г.)

4. Chi-Ho Chan, Josef Kittler, Kieron Messer: Multi-scale Local Binary Pattern Histograms for Face Recognition. [Электронный ресурс] ICB 2007: 809-818 http://dl.acm.org/citation.cfm?id=2391752

Гречин В.А.
аспирант, Текстильный институт Ивановского государственного
политехнического университета
Тувин А.А.
доктор технических наук, доцент, Текстильный институт
Ивановского государственного политехнического университета

КОМПЬЮТЕРНОЕ МОДЕЛИРОВАНИЕ МЕХАНИЗМА ПРОКЛАДЫВАНИЯ УТКА С ГИБКОЙ РАПИРОЙ

Современное металлоткацкое оборудование нуждается в новых разработках, направленных на повышение его технологической эффективности. Технологический процесс ткачества сетки, учитывая специфические свойства металлонитей, особенно чувствителен к деформационным свойствам звеньев механизмов и к колебательным процессам протекающих в них. Эти процессы можно минимизировать на стадии разработки или модернизации оборудования. Для полноценной и качественной реализации процесса проектирования металлоткацкого оборудования и проведения исследований в металлоткачестве целесообразно применять компьютерные технологии, а именно системы автоматизированного проектирования (САПР или CAD/CAM/CAE technology), ключевыми особенностями которых являются: сокращение трудоемкости и сроков проектирования; возможность быстрого изменения параметров проектируемой модели; возможность проведения анализа и имитирования работы проектируемой модели в компьютерной среде; использование нормативно-справочной информации; автоматизация оформления документации.

Существует широкий ряд CAD/CAM/CAE систем, позволяющих решать специфические задачи проектирования, начиная от простейших – разработки и оформления рабочей конструкторской документации (Nano-Cad, КОМПАС 3D, AutoCad, ArchiCad и др.), систем позволяющих решать задачи инженерного анализа (Universal Mechanism, APM Winmachine, MSC Adams, Lira 3D, Inventor, ANSYS и др.), заканчивая системами, обеспечивающими поддержку всего цикла проектирования (СПРУТ-ТП, T-Flex, Pro/Engineer, SolidWorks, Catia и др.).

Существенными преимуществами, на наш взгляд обладает программный продукт SolidWorks. Система объединяет мощные параметрические возможности трехмерного моделирования с многофункциональным комплексом прикладных модулей для решения научно-исследовательских и инженерных задач.

Целью исследования является оптимизация конструктивных параметров элементов механизма прокладывания утка, а именно размеров и массовых характеристик ленты и головки захватчика нити металлоткацкого станка типа DM, тем самым повышая эффективность его работы.

Для решения поставленной задачи требуется иметь данные о величинах, характере и причинах изменения нагрузок при работе станка. Необходимо определить частоты и формы собственных колебаний элементов механизма, а также характер протекания процесса вынужденных колебаний элементов рапирного механизма.

Рис. 1 – Трехмерная модель механизма прокладывания утка

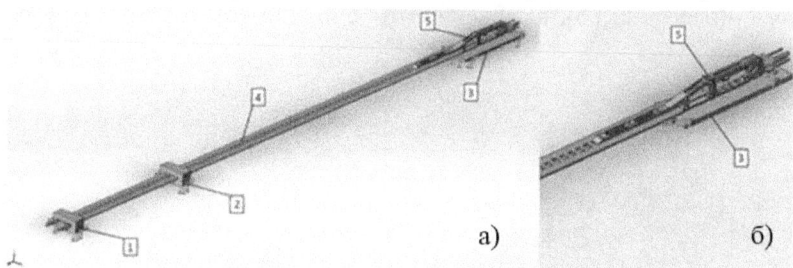

Рис. 2 – Трехмерные модели рапиры

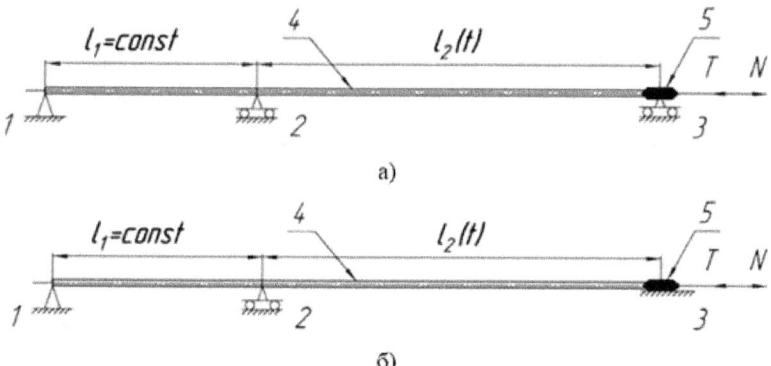

Рис. 3 – Динамические модели рапиры

В программной среде Solidworks спроектирована твердотельная модель механизма прокладывания утка металлоткацкого станка типа DM (рис. 1 и 2) и разработаны два варианта динамической модели гибкой рапиры (рис. 3), подобным моделям, представленными в работе [1,84].

В первом варианте (рис. 2,а и 3,а) лента рапиры представлена в виде балки (4) с закрепленной на её конце головкой захватчика уточной нити (5), опирающейся на три шарнирно-неподвижные опоры, которые представляют собой приводную звездочку (1), направляющие ролики (2) и склиз батана (3). Второй вариант (рис 2,б и 3,б) аналогичен первому, но в отличие от него соединение «головка захватчика (5) – склиз батана (3)» представлена в виде кинематической пары скольжения. На стержень действуют продольная сила инерции (N) и сила натяжения утка (T).

Решив описанные модели, были получены амплитудно-частотные характеристики первых трех форм собственных изгибных колебаний рапиры, изображенных на рисунках 4 и 5. Сравнение полученных результатов по моделям показывает большие (на 95%) значения собственных чисел для модели, соответствующей рис. 3,а. То есть при движении рапиры желательно использовать головку захватчика нити с меньшей вероятностью отрыва от склиза.

Анализируя полученные результаты с результатами расчета выполненного в работе [1,86], выявлено, что рапира имеет схожий характер колебаний.

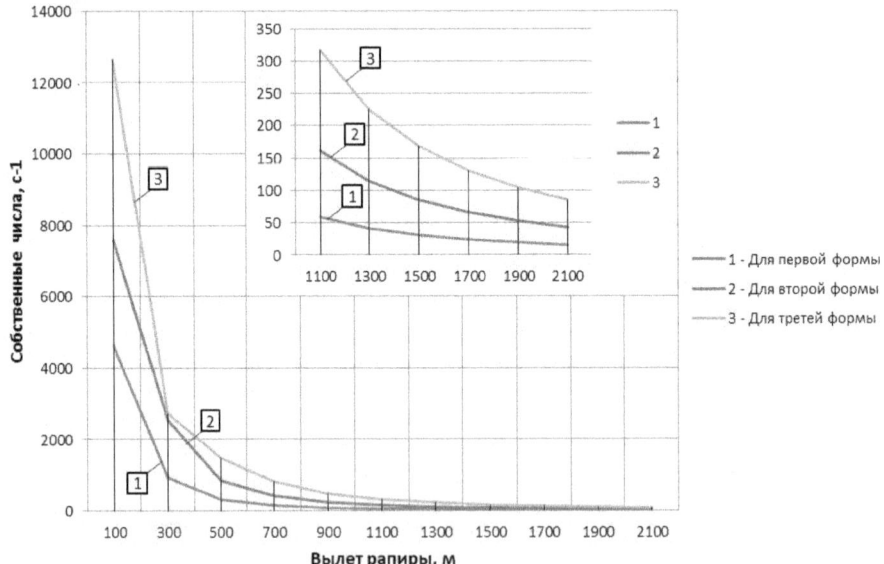

Рис. 4 – Частоты собственных колебаний ленты первой модели

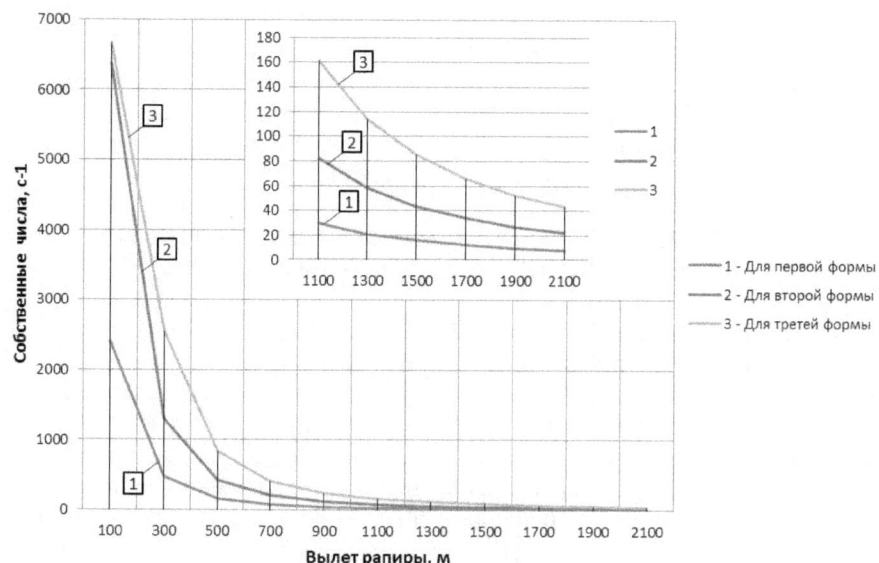

Рис. 5 – Частоты собственных колебаний ленты второй модели

ВЫВОДЫ

Разработана компьютерная модель для определения собственных частот ленты рапиры.

Получены амплитудно-частотные характеристики первых трех форм собственных колебаний рапиры.

На основе проведенного сравнительного анализа можно заключить, что метод компьютерного моделирования можно использовать как альтернативу методу прямого программирования.

ЛИТЕРАТУРА

1. Тувин А.А., Шляпугин Р.В. Приближенный анализ устойчивости движения гибкой рапиры механизма прокладывания утка // Изв. вузов. Технология текстильной промышленности. – 2011, №2. С. 83…86.

2. Официальный сайт компании SolidWorks. [Электронный ресурс]. – Электрон. текстовые, граф., зв. дан.; режим доступа: http://www.solidworks.ru/.

3. Егоров, М.М. Сайт «CAD Solutions» (2002 г.): «… вопросы моделирования в различных CAD – системах, уроки по CAD/CAM/CAE – системам и инженерном и прикладному программированию, описание, статьи «[Электронный ресурс]. - Электрон. текстовые, граф., зв. дан.; режим доступа: http://www.cadsolutions.narod.ru/.

Савельев Н.В.
аспирант кафедры "Электромеханические системы" по научной специальности "05.09.03 - Электротехнические комплексы и системы", магистр техники и технологий по магистерской программе "Электроприводы и системы управления электроприводов" (филиал НИУ МЭИ в г. Смоленске)

ВАРИАНТ ПОСТРОЕНИЯ АКТИВНОГО ФИЛЬТРА ГАРМОНИК ПО ТРЁХУРОВНЕВОЙ СХЕМЕ

Основными потребителями электрической энергии в современном Мире являются электроприводные системы, значительная часть которых (около 50%) - асинхронные электроприводы. Современный регулируемый асинхронный электропривод представляет собой систему, в основе которой лежит частотное регулирование. При всех достоинствах подобных систем, таких как глубина регулирования частоты вращения, поддержание постоянства момента в большом диапазоне частот, благоприятные динамические свойства, для систем частотного асинхронного электропривода выделяют и ряд недостатков. Помимо сложности реализации алгоритмов управления полупроводниковыми ключами преобразователей частоты, дороговизны компонентов схем и особых требований к прочности изоляции двигателей для частотного регулирования не менее важна и проблема влияния таких систем на питающую сеть.

По рис. 1, на котором изображены сетевые токи и напряжения системы частотно-регулируемого электропривода, очевидно существование гармонических искажений в кривых сетевых фазных токов, вносимых нагрузкой. В зависимости от характера нагрузки сети, мощности нагрузки по сравнению с мощностью сети, вид осциллограмм может изменяться.

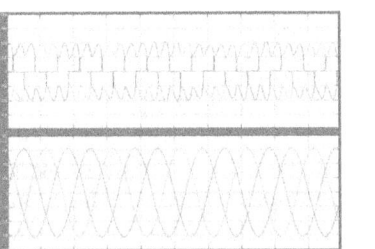

Рисунок 1 - Осциллограммы сетевых фазных напряжений и токов
1- осциллограммы токов, 2 - осциллограммы напряжений;

В работе рассматривается система активного фильтра гармоник, улучшающая электромагнитную совместимость преобразователей частоты к сети и повышающая синусоидальность кривых сетевых токов и напряжений.

В основе алгоритмов управления силовыми транзисторными ключами таких систем лежит принцип формирования сигналов, обратных сигналам гармонических искажений. При помощи цифровых фильтров определяются первые гармоники сетевых токов, затем из них вычитаются "загрязнённые" помехами токовые сигналы. Полученная разность - сигнал задания. Системы управления, в зависимости от схемы фильтра, строятся или по принципу ШИМ 2-го порядка, т.е. сигнал на включение транзисторов моста формируется релейным принципом в зависимости от знака упомянутой ранее разности, рис. 2, или по принципу ШИМ 1-го рода, на векторном управлении в замкнутой по напряжению звена постоянного тока системе, рис. 3 [1]

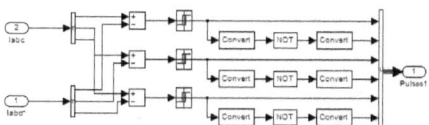

Рисунок 2 - Регулятор тока системы управления АФ

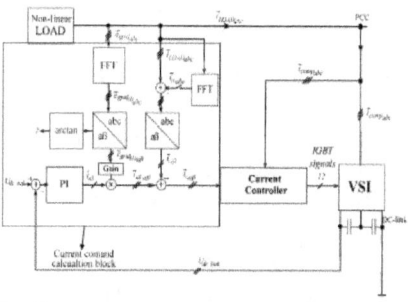

Рисунок 3 - Система управления трёхуровневым АФ

Силовая схема представляет собой трёхуровневый транзисторный мост (VSI на рис. 3), нагруженный на накопительные конденсаторы.

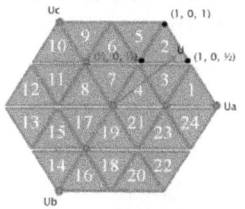

Рисунок 4 - Координатная плоскость с состояниями ключей инвертора

Рассмотрим алгоритм управления силовыми ключами для такой системы.

Каждый треугольник рис. 4, имеющий номер, обозначает три различных состояния включения фаз транзисторного моста. В случае, если сигнал задания (вектор управления) попадает в тот или иной треугольник (симплекс) на плоскости, до получения нового значения этого сигнала системой управления, будет произведено включение поочерёдно всех трёх вершин этого треугольника (соответствующих комбинациям состояния силовых ключей). На данном этапе выбрана простая схема обхода вершин: левая -> центральная -> правая (рис.4), т.е. для показанного состояния вектора управления будут задействованы следующие вершины: (1/2, 0, 1/2) -> (1, 0, 1/2) -> (1, 0, 1). На практике алгоритм реализуется следующим образом.

1. Определяется номер треугольника. По входным значениям (координаты по осям X и Y) сигнала задания производится определение принадлежности к треугольнику. Плоскость условно разбивается на четыре квадранта. Координаты, при их отрицательном значении, меняют знак, затем идёт определение принадлежности к тому или иному треугольнику первого квадранта. Далее, для различных знаков входных данных определяется треугольник, симметричный треугольнику первого квадранта в том квадранте, в который попал вектор управления.

2. Определяются относительные длительности включения вершин. Эти значения характеризуют положение точки в треугольнике. Пусть, условно, длительность цикла обхода вершин равна 1. В этом случае m1 + m2 + m3 = 1 - одно из уравнений будущей системы. Для составления остальных уравнений удобно рассматривать треугольники по рядам и строкам, т.е. так, чтобы у их вершин совпадали та или иная координаты. Получив коэффициенты при длительностях для координат X и Y по всем трём вершинам каждого треугольника и, соответственно, составив систему уравнений, можно приступать к определению длительностей включений вершин. Столбцом свободных членов в полученной системе 3 уравнений являются как раз входные координаты управляющего вектора и 1.

3. Рассчитанные относительные длительности включения соответствующих вершин треугольника применяются к необходимым ключам трёхуровневого инвертора. Зная треугольник и длительности включенного состояния его вершин остаётся лишь подать правильную комбинацию на силовые ключи транзисторного моста активного фильтра и выдержать необходимые длительности вершин, соблюдая выбранное правило обхода.

Данная работа демонстрирует возможность применения симплексного алгоритма управления силовыми ключами активного фильтра гармоник, применяемого ранее для преобразователей частоты.

Производятся исследования в области формирования управляющего сигнала, разрабатывается макет системы в целом. В качестве возможных применений видится использование для преобразовательной техники большой и средней мощности для задач промышленности.

Литература

1. **Vodyakho O., Chris C. Mi.** Three-level invertor-based shunt APF in three-phase three-wire and four-wire systems. IEEE Transactions On Power Electromics, vol. 24, no. 5, may 2009

Рахимов Р.Р.
аспирант
Набережночелнинский институт (филиал) К(П)ФУ
Саубанов Р.Р.
магистр
Набережночелнинский институт (филиал) К(П)ФУ
Саубанов Р.Р.
магистр
Набережночелнинский институт (филиал) К(П)ФУ
e-mail: saubanov.vip@mail.ru
Звездин В.В.
д.т.н., доцент (научный руководитель)
Набережночелнинский институт (филиал) К(П)ФУ

УПРАВЛЕНИЕ ПРОЦЕССОМ СВАРКИ ВЫСОКОКОНЦЕНТРИРОВАННЫМ ИСТОЧНИКОМ ЭНЕРГИИ

Повышение эффективности производства неразрывно связано с внедрением прогрессивных технологий при комплексной автоматизации технологических процессов (ТП).

К перспективным технологиям относится и лазерная технология, позволяющая обеспечить требуемые показатели качества различных ТП, среди которых наибольшее распространение нашли сварка, резка, упрочнение и др.

Для получения неразъемных соединений в промышленности применяется сварка. В качестве материалов свариваемых изделий используются конструкционные металлы.

Использование лазерной технологии сварки деталей из конструкционных металлов позволяет расширить возможности проектировщиков в области ресурсосбережения на этапе разработки изделий.

Актуальность задачи по сварке конструкционных материалов объемных деталей объясняется многофункциональным назначением отдельных ее частей и невысокими точностными характеристиками программного управления сварочным оборудованием.

Важным элементом ТП изготовления подобных изделий является обеспечение неразъемного механического соединения конструкционных материалов с требуемыми показателями качества. Данная задача может быть решена путем применения лазерной сварки с заданными механическими характеристиками.

Следует отметить, что процесс сварки при изготовлении ответственных деталей является прецизионным по геометрии и не допускает образования дефектов в структуре сварных швов (раковин, несплавлений, прожигов и т.д.), при этом требуется обеспечить минимальные механические остаточные напряжения в зоне сварного шва, которые могут привести к его разрушению [1].

Так как зона теплового воздействия лазерного излучения (ЛИ) в металле при сварке имеет «кинжальную» форму, размеры которой зависят от энергетических параметров источника и физических свойств металлов [2], целесообразно обеспечить точное наведение фокуса лазерного луча на сварной шов. При этом происходит активное взаимодействие металлов с окружающей газовой средой, присутствующей и в зоне стыка двух металлов из-за шероховатости поверхностей.

Лазерную сварку с глубоким проплавлением ведут, как правило, без присадочного материала, хотя в отдельных случаях для повышения свойств сварного шва и для улучшения свариваемости в сварочную ванну подают присадочный материал. Использование присадки позволяет осуществить сборку деталей под сварку с менее жесткими требованиями к точности зазора по длине шва, т.е. с менее жесткими условиями подготовки стыкуемых кромок. Лазерная сварка с присадкой обеспечивает качественное формирование шва лишь при условии точной подачи проволоки в зону плавления непосредственно под лазерным лучом. Лазерную сварку с глубоким проплавлением в большинстве случаев ведут в защитной среде для минимизации воздействия окислительных процессов поверхностного слоя свариваемого материала на механические характеристики сварного шва.

К основной проблеме ТП лазерной сварки металлов следует отнести контроль качества сварного шва. Под качеством сварного шва понимаются: пористость шва, его микротвердость, возникновение в каверне сварного шва пустот и трещин. На качество сварного шва влияет не только температура, но и скорость нагрева, время выдержки металла при заданной температуре сварки, скорость охлаждения, свойства инертного газа, который обволакивает зону сварки, чтобы препятствовать выделению внутренней энергии металла в процессе окисления.

Сварка производится путем перемещения сфокусированного ЛИ 1 вдоль стыкуемых поверхностей частей изделия 2 (рис.1).

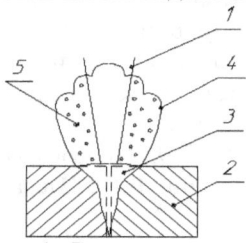

Рисунок 1 - Разрез сварного шва изделия.
1- лазерное излучение; 2- свариваемая деталь; 3- зона сварки; 4- плазменный факел; 5- металл в атомарном состоянии.

Металл в зоне сварки 3 нагревается лазерным лучом до температуры плавления, при этом образуется плазменный факел 4, в котором присутствуют присадочный материал и металл в атомарном состоянии 5. При кристаллизации образуется шов, характеризующийся показателями качества. Как показывают экспериментальные исследования, показатели качества шва в основном определяются значением температуры и ее стабильностью. Поэтому актуальной задачей для повышения качества лазерной сварки является обеспечение требуемых точностных характеристик метода измерения температуры [3]. Зона термического воздействия, образуемая при лазерной сварке, состоит из нескольких участков (рис. 2). В нижней части снимка наблюдается микроструктура основного металла, в верхней измененная структура стали 45.

Рисунок 2 - Микроструктура сварного шва стали 45, (x500)
Ширина шва — 2,75 мм, глубина 5 мм, микротвердость шва 824 $HV_{0,1}$, основного металла 366 $HV_{0,1}$.

Основное влияние на процесс сварки конструкционных металлов оказывают физико-химические свойства, как самих материалов, так и среды, в которой происходит ТП. Это объясняется распределением теплового поля в различных материалах, характеризуемых различной химической активностью и теплофизическими свойствами.

Литературы:

1.   Григорьянц А. Г., Шиганов И. Н., Технологические процессы лазерной обработки: Учеб. Пособие для вузов/ Под ред. А. Г. Григорьянца. — М.: Изд-во МГТУ им. Н. Э. Баумана, 2006, [664].

2.   Звездин В.В., Саубанов Р.Р. Алеев Р.М., Портнов С.М. Сварка разнородных металлов высококонцентрированными потоками энергии в автомобилестроении. «Проблемы и перспективы развития автотранспортного комплекса: I Всероссийская научная практическая конференция/– Магадан, 2011, [85].

3.   Патент РФ №2415739. Способ лазерной сварки деталей из разнородных металлов/ Звездин В.В., Исрафилов И.Х., Велиев Д.Э. Опубликовано: 10.04.2011.

Тюрина М.М.
к.т.н., КНИТУ-КАИ
Порунов А.А.
доцент, к.т.н., КНИТУ-КАИ
Бердников А.В.
доцент, к.т.н., КНИТУ-КАИ
turina_m@mail.ru

ОСОБЕННОСТИ ПОСТРОЕНИЯ ВСЕНАПРАВЛЕННОЙ СИСТЕМЫ ИЗМЕРЕНИЯ ПАРАМЕТРОВ ВЕКТОРА СКОРОСТИ ВЕТРА В ПРИЗЕМНОМ СЛОЕ АТМОСФЕРЫ

Экологический мониторинг [1, 2], как процесс, позволяет постоянно и непрерывно получать оценку экологических условий среды обитания человека, выявлять динамику изменений текущего состояния природной среды и биологических объектов (растений, животных, микроорганизмов и т.д.), а также функциональную целостность экосистем. Существенное влияние на протекание этих процессов оказывает трансграничный массоперенос, в значительной степени определяемый вариацией кинематических параметров ветра в приземном слое атмосферы. В результате массопереноса воздушного потока меняются не только климатические (метеорологические) характеристики (температура, влажность, давление) атмосферного воздуха, но и состав и концентрация загрязняющих веществ в воздушной среде. В связи с этим, применительно к задачам обеспечения повышенной достоверности прогнозирования динамики развития экологических процессов необходимо знать такие параметры как величина и направление параметров скорости ветра в плоскости горизонта, а также абсолютное давление и скорость его изменения. Это делает особенно актуальной задачу создания всенаправленной системы измерения параметров вектора скорости ветра в приземном слое атмосферы.

Проблема всенаправленного измерения кинематических параметров вектора скорости ветра без использования подвижных элементов является одной из актуальных при создании новых методов и средств измерения параметров вектора скорости ветра в плоскости горизонта. Основными недостатками существующих систем измерения параметров скорости ветра являются ограниченный диапазон и точность измерения скорости и направления ветра, а также низкая чувствительность в диапазоне малых скоростей ветра. В связи с этим, особенно важным является решение задачи повышения точности и механической надежности ветроприемного устройства (ВПУ), являющего источников получения входной информации.

Традиционным для широко известных ВПУ систем измерения параметров вектора скорости ветра является применение силовых (аэродинамических) эффектов для формирования информативных (пневматических) сигналов [1]. Реализация этих сигналов в системах измерения параметров вектора скорости ветра при решении задач прогнозирования загрязнений затруднена сложностью их преобразования в электрические в связи с ограниченными метрологическими характеристиками существующих преобразователей давлений. Это привело к необходимости создания ВПУ (рис.1), построенных на основе сочетания силовых (аэродинамических) эффектов, включающих как торможение, так и дросселирование набегающего воздушного потока [2].

ВПУ содержит аэродинамическое тело, снабженное 8-ю радиально расположенными трубчатыми приемниками 1 полного давления, каждый из которых сообщен независимым динамическим каналом 2 со своим струйно-конвективным модулем и с осредняющей камерой полного давления, в которой размещен компенсационный струйно-конвективный модуль (СКМ).

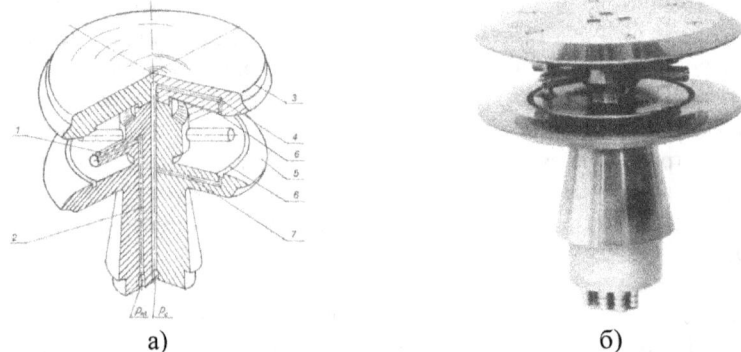

а)   б)

Рис.1. Конструкция ветроприемного устройства (а) и его общий вид (б)

На торцевых поверхностях аэродинамического тела, выполненного в виде цилиндра, размещены два соосно экранирующих диска 3 и 5, внутренние поверхности которых обращены навстречу друг другу и примыкающие к торцам аэродинамического тела выполнены в виде тела вращения, образующая которого близка к контуру Вентури. Между ними размещены трубчатые приемники 1 полного давления. На внутренних поверхностях экранирующих дисков радиально расположены отверстия для приема статического давления 6, которые соединены пневматическими каналами 4 и 7 с преобразователем статического давления.

На рис. 2 представлена структурная схема системы измерения параметров вектора скорости ветра [3, 4], которая построена на основе многоканального неподвижного ВПУ.

Первичных пневматические сигналы посредством ВПУ 1 подаются в пневматические каналы, где под воздействием набегающего воздушного потока возникает перепад давления, который приводит к перетеканию воздуха с расходом, преобразуемым в дальнейшем в пропорциональный электрический сигнал с помощью СКМ [5]. Для обеспечения требуемой точности измерения азимута ветра используется девять СКМ, причем девятый является компенсационным. Выходной сигнал компенсационного СКМ, находящегося в тех же климатических условиях, что и измерительные, используется в устройстве обработке информации для коррекции аддитивной и мультипликативной составляющих температурной погрешности.

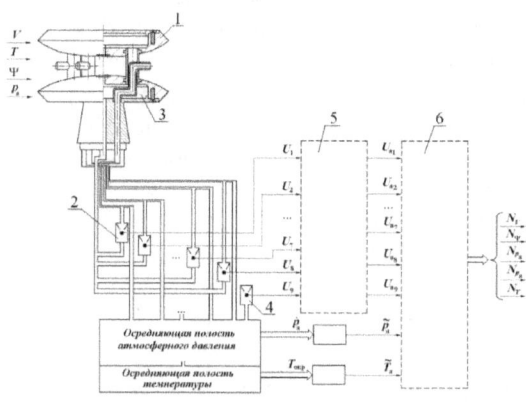

Рис. 2. Структурная схема системы измерения параметров вектора скорости ветра: 1 – ветроприемное устройство; 2 – измерительные струйно-конвективные модули; 3 - осредняющая камера; 4 - компенсационный струйно-конвективный модуль; 5 – блок аналоговой обработки; 6 – блок цифровой обработки

Далее сигналы поступают в блок 5 аналоговой обработки, содержащий электро-измерительные схемы, построенные на базе самоуравновешивающего моста, затем поступают в блок 6 цифровой обработки, состоящий из на мультиплексора, аналого-цифрового преобразователя (АЦП) и устройства обработки информации. С АЦП значение электрического сигнала, в виде кода, поступает в устройство обработки информации для накопления, хранения и вторичной обработки информации.

Алгоритм обработки и формирования результатов измерения параметров вектора скорости ветра состоит из нескольких этапов.

Первым этапом в процессе обработки массива на i (где i=1÷8) значений давления является нахождения номера i-й трубки, в которой локализовано направления вектора скорости ветра. За такую i-ую трубку полного давления, принимается трубка полного давления, в которой значение измеренного давления является наибольшим из всех 8-ми измеренных давлений. По номеру трубки проводиться определение первого приближения угловой координаты вектора скорости ветра в соответствии с выражением

$$\Psi_m = 45^0 \cdot i. \tag{1}$$

Считая при этом, что ось первой трубки совпадает с началом исходной системы координат. Затем проводиться предварительная оценка положения вектора скорости относительной трубки полного давления. С этой целью проверяются неравенства:

$$p_{i-1} > p_{i+1} \qquad (2) \qquad \text{или} \qquad p_{i-1} < p_{i+1}, \qquad (3)$$

где p_{i-1} и p_{i+1} – давление, измеряемое в трубках полного давления, смежных с i-й трубкой.

В случае выполнения неравенства (2) вектор скорости ветра находится слева от i-й трубки, если выполняется неравенство (3), то вектор скорости справа от i-й трубки.

Следующим этапом в процессе обработки измеренных давлений является определение точного значения угловой координаты вектора скорости ветра в секторе углов, для чего вводиться новая координата θ. При этом для $\theta \in [0...45^0]$ описана аналитически нормированная угловая характеристика i-й трубки полного давления. Предполагается, что она симметрична относительно оси давлений, угловое положение которой на рис.3 определяется геометрической координатой оси i-й трубки. Таким образом, полное значение угловой координаты вектора скорости ветра в секторе углов:

$$\theta \, [(\Psi_{m(i-1)} + \Psi_{mi})/2, \, \Psi_{mi}] \qquad (4)$$

при выполнении условия (2), и в секторе углов:

$$\theta \, [\Psi_{mi}, \, (\Psi_{mi} + \Psi_{m(i+1)})/2] \qquad (5)$$

при выполнении условия (3). Численное уравнение θ определяется на основе решения одного из уравнений вида:

$$\frac{p_{(i-1)}}{p_i} = \frac{f(\theta)}{f(-\theta)} \qquad (6) \qquad \text{или} \qquad \frac{p_{(i+1)}}{p_i} = \frac{f(-\theta)}{f(\theta)}, \qquad (7)$$

где $f(\theta)$ – аппроксимирующие полиномы степени k, вычисленные по результатам предварительной градуировки ВПУ.

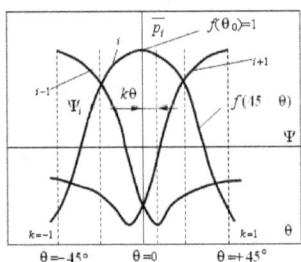

Рис. 3. Графическая интерпретация алгоритма обработки первичных сигналов ВПУ

Кроме того, в дополнительно введенной системе координат, функция, описывающая часть правой ветви угловой характеристики обозначается как $f(\theta)$, а левой ветви этой характеристики как $f(-\theta)$.

На основе предварительной градуировки ВПУ [4] было получено расчетное выражение в $f(\theta)$ виде

$$f(\theta) = -0{,}006177\theta^3 + 0{,}69523\theta^2 - 0{,}191469\theta + 0{,}86688. \qquad (8)$$

После выполнения описанных этапов методики обработки давления угловая координата Ψ_k вектора скорости ветра (азимута ветра) в исходной системе координат определяется на основании зависимости:

$$\Psi_x = \Psi_{min} \pm (\theta_{max} - \theta_x) t_Q,$$

где «+» – перед вторым членом соответствует условию (2); «-» – соответствует условию (3).

После определения направления вектора скорости ветра осуществляется восстановление значения p_m, соответствующего модулю вектора. Это вычисление проводиться в соответствии со следующей зависимостью:

$$p_m = p_i \frac{f(\theta_0)}{f(\theta_x)}, \qquad (9)$$

где p_i – давление i-й трубке; $f(\theta_0)$ – значение функции, описывающей угловую характеристику каждой из "n" трубок полного давления при $\theta_0 = 0$. Тогда принимается $f(\theta_0) = 1,0$ (при расчетах по давлениям от трубок полного давления); $f(\theta_x)$ – значение функции для текущего углового положения вектора воздушной скорости.

Следующим шагом находиться численное значение модуля вектора скорости ветра по известной формуле:

$$|U| = \sqrt{\frac{2 p_m g R p T}{p_c \chi}}, \qquad (10)$$

где χ – коэффициент давления, зависит от формы ВПУ; g – ускорение свободного падения (9,8 м/с^2); R – универсальная газовая постоянная; T – температура воздуха; p_c – статическое давление.

Выходные электрические сигналы этих датчиков U_i, аппроксимируются полиномами вида

$$U_i = f(\Delta p_i)\Big|_{T_0 = T_{cp} = const}. \qquad (11)$$

По полученному значению U_i производится корректировка информативного электрического сигнала ΔU_i, т.е.

$$\Delta \overline{U}_i = \kappa_0 \frac{\kappa_i U_i - U_k}{U_k - U_0} = \overline{\kappa}_i \Delta U_i, \qquad (12)$$

где U_i – напряжение на выходе датчика; U_k – напряжение, снимаемое с выхода электронно-измерительной схемы; U_0 – опорное напряжение, например, +5 В; κ_0 – коэффициент усиления, который обеспечивает приведение выходного сигнала ΔU_i к необходимому масштабу, $\overline{\kappa}_i$ – корректирующий коэффициент, приведенный к единицам информативного сигнала ΔU_i; $\Delta \overline{U}_i$ – скорректированный информативный электрический сигнал, пропорциональный измеряемому перепаду давлений Δp_i.

По полученным электрическим сигналам ΔU_i, восстанавливаются исходные перепады давлений $\Delta p_i = f^{-1}(\Delta U_i)$, которые используются для определения величины вектора скорости V и азимута ψ.

В результате применения оригинального ВПУ [6] существенно (в 1,3..5,3 раза) повышается уровень выходного пневматического сигнала ветроприемного устройства в диапазоне 1...5 м/с. Еще большего повышения уровня информативного сигнала (практически на порядок) по сравнению с традиционными деформационными измерительными преобразователями (например, мембранными, работающими в сочетании с тензорезистивными чувствительными элементами) удается достигнуть за счет применения струйно-конвективных модулей [5], построенных на основе высокочувствительных полупроводниковых терморезисторов.

В итоге предложенное структурное построение и алгоритм обработки массива первичных информативных сигналов в сочетание с используемыми СКМ позволяют значительно повысить разрешающую способность измерения скорости и точность определения азимута ветра (в диапазоне малых скоростей 5…10 м/с соответственно до 0,5...1,0 м/с и 0,5...2,0 угл. град) и могут быть успешно использованы в системах экологического мониторинга

Литература

1.Солдаткин В.М., Порунов А.А., Тюрина М.М. Методы и средства информационного обеспечения экологического мониторинга приземного слоя атмосферы. Отчет о НИР (шифр «Экология», заключительный). № гос. регистрации 01200008350. Казань, КГТУ им.А.Н.Туполева, 2002. – 120 с.

2. Тюрина М.М., Порунов А.А. Аэрометрический канал системы экологического мониторинга приземного слоя атмосферы // Медицинская экология. Сборник статей VIII Международной НПК. – Пенза: Изд-во ПДЗ, 2009. – С. 88-91.

3. Пантелеева Е.В., Порунов Н.А., Тюрина М.М. Концепция построения и алгоритм всенаправленной системы измерения кинематических параметров ветра на основе неподвижного ветроприемного устройства и струйно-конвективного преобразователя // В сборнике трудов Всероссийской молодежной НТК "Космос - 2012". Т.3. - Самара: Изд-во СГАУ, 2012. – С. 204-206.

4. Решение о выдаче патента на полезную модель от 06.05.2013 по заявке №2013101633/28(002140) от 11.01.2013 "Система измерения параметров динамики атмосферы в приземном слое" авторов Тюриной М.М., Порунова А.А., Порунова Н.А., Бердникова А.В.

5. Тюрина М.М., Порунов А.А., Козлова О.А Функциональные модули струйно-конвективных измерителей физических величин // В сборнике научных трудов 3-й Международной научной конференции «Функциональная компонентная база микро-, опто- и наноэлектроника». – Харьков: Изд-во ХНУРЭ, 2010. – с. 251-254.

6. Многоканальный аэрометрический зонд. Патент на изобретение №2037157 (РФ). МПК G01P5/16 / Порунов А.А.; заявитель и патентообладатель Каз. гос. техн. ун-т. – №93016661/10; заявл. 31.03.1993; опубл. 09.06.1995. – 10 с.

УДК 621.396.6

А.Н. Зикий, П.Н. Зламан, Д.В. Власенко, М.В. Шипулин

Анатолий Николаевич Зикий, к.т.н., с.н.с., доцент каф. «Информационная безопасность телекоммуникационных систем», e-mail: zikiy50@mail.ru

Павел Николаевич Зламан, инженер-конструктор, НКБ МИУС ЮФУ e-mail: otdel42d@nkbmius.ru

Даниил Васильевич Власенко ассистент каф. «Информационная безопасность телекоммуникационных систем», e-mail: vlasenko960@yandex.ru

Михаил Владимирович Шипулин, магистрант каф. «Информационная безопасность телекоммуникационных систем», e-mail: mishashipulin@mail.ru

ГЕТЕРОДИН САНТИМЕТРОВОГО ДИАПАЗОНА

Синтезаторы частоты являются неотъемлемым узлом современных приёмо-передающих устройств, поэтому их разработке, теоретическому и экспериментальному исследованию посвящено большое количество книг и статей [1-4].

Целью настоящей работы является создание синтезатора частоты (гетеродина) трёхсантиметрового диапазона волн с минимальным уровнем паразитных спектральных составляющих и высокой стабильностью частоты.

В связи с отсутствием доступных микросхем синтезаторов частоты, работающих в заданном диапазоне частот (8010-8116 МГц) гетеродин построен по схеме «синтезатор частот – двухкаскадный умножитель частоты».

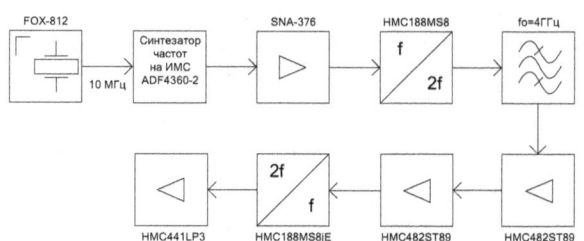

Рис. 1 Функциональная схема гетеродина

Объектом исследования является гетеродин сантиметрового диапазона, построенный по функциональной схеме на рисунке 1.

В качестве опорного генератора используется термокомпенсированный кварцевый генератор FOX – 812 с выходной частотой 10 МГц, и стабильностью $\pm 10^{-6}$ в диапазоне рабочих температур.

В качестве БИС синтезатора частоты выбрана микросхема ADF4360-2, работающая в диапазоне частот 1,85-2,15 ГГц. Предварительный усилитель построен на микросхеме SNA-376. Два последующих умножителя частоты и три усилителя мощности построены на микросхемах фирмы Hittite, указанных на рисунке 1.

Экспериментальное исследование гетеродина проводилось на установке, структурная схема которой приведена на рисунке 2. В качестве измерителя мощности и частоты использован анализатор спектра типа 8564EC фирмы Agilent Technologies.

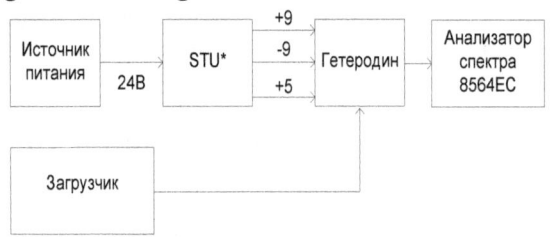

Рис. 2 Структурная схема измерительной установки

В качестве источника питания использован серийный источник питания +24В типа GPC-3030 и плата стабилизаторов напряжения собственной разработки. С этой платы снимаются на гетеродин три напряжения: +9В; -9В и +5В.

Результаты испытаний гетеродина в шести точках рабочего диапазона частот представлены в таблице 1 и на рисунке 3. Из рисунка 3 хорошо видно, что уровень боковых лепестков при отстройке от несущей на ± 10 МГц ниже уровня несущей на 45-46 дБ, что является

удовлетворительным результатом. Этот результат мог быть лучше при тщательном экранировании опорного кварцевого генератора и применении многослойной печатной платы с экранирующими слоями.

Таблица 1

Номер	Рвых, дБм	УБЛ ±10 МГц, дБ	Частота, МГц
1	12,17	-45	8010
2	11,83	-45	8031,2
3	8,5	-45	8052,4
4	7	-45	8073,6
5	6,67	-45	8094,8
6	7,5	-45	8116

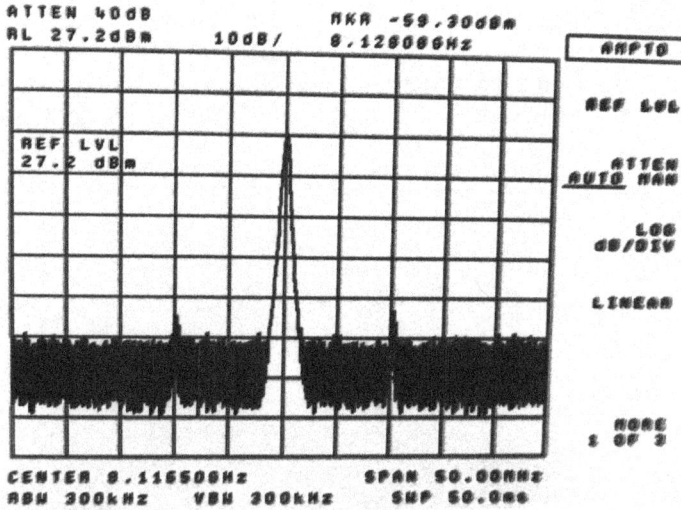

Рис. 3 Спектр выходного сигнала гетеродина при полосе обзора 50 МГц

Выводы

Разработан, изготовлен и испытан гетеродин со следующими параметрами:

- Диапазон рабочих частот от 8010 до 8116 МГц;
- Выходная мощность от 6,6 до 13 дБм;
- Относительная нестабильность частоты $\pm 10^{-6}$;
- Уровень боковых лепестков с частотой, отстоящей от несущей на ± 10 МГц, не более минус 45 дБ по сравнению с полезным сигналом (фото на рисунке 3);
- Уровень побочных негармонических составляющих в спектре выходного сигнала ниже полезного сигнала на 32 дБ (при наличии гетеродинного фильтра).

Библиографический список

1. Integrated Synthesizer and VCO ADF4360-2 Analog Devices, 24p., www.analog.com.

2.   Шахтарин Б.И. и др. Синтезаторы частот. Учебное пособие. – М.: Горячая линия – Телеком, 2007, -128с.

3.   Белов Л.А. Устройства формирования СВЧ сигналов и их компоненты. Учебное пособие. – М.: Издат. Дом МЭИ, 2010, -320с.

4.   Шахгильдян В.В., Карякин В.Л. Проектирование устройств генерирования и формирования сигналов в системах подвижной радиосвязи. Учебное пособие. – М.: Солон – Пресс, 2011, -400с.

Леонов В.Е.
д.т.н., профессор
Рублёв И.И.
аспирант
Херсонская государственная морская академия

ИССЛЕДОВАНИЕ И РАЗРАБОТКА СТОЙКИХ ЭКОЛОГИЧЕСКИ БЕЗОПАСНЫХ ПОКРЫТИЙ КОРПУСОВ СУДОВ

Практическое использование эффективных средств противокоррозионной защиты позволяет не только уменьшить потери металла и средств, но и снизить металлоемкость конструкций и сооружений, увеличить их грузоподъемность, уменьшить расход топливо-энергетических ресурсов при выполнении морских транспортных перевозок. Помимо прямой потери металлов и снижения механической прочности корпусов судов, морская среда интенсивно загрязняется ионами тяжёлых металлов, что приводит к разрушению морских экосистем, снижению биопродуктивности морской среды и ухудшению её качества.[1,3]

В настоящее время основным средством противокоррозионной защиты корпусов судов являются лакокрасочные покрытия.

Решающим фактором выбора того или иного варианта покрытия является его долговечность и коррозионная устойчивость основного материала.

Необходимо отметить, что продукты биообрастания корпусов судов [4,5] ускоряют процессы коррозии.

Для исследований выбрана сталь марки Ст-20, предварительно очищенная от следов грязи, ржавчины, жира. Для определения веса использованы лабораторные электронные весы марки BTU-210 Axis 3 класса точности.

Взвешивание проводилось три раза с дальнейшим расчетом абсолютной и относительной погрешности. [2]

Исследование коррозии проводилось по весовому методу. Стандартный образец №1 был механически очищен, обезжирен и покрыт железным суриком после просушки покрыт алкидной эмалью ПФ-115. Второй образец использовался без покрытия.

Пятый образец очищен, обезжирен и покрыт экспериментальной смесью. Покрытие производилось в три слоя с интервалом просушки 3-5 минут.

Шестой образец был очищен, обезжирен и покрыт гомогенной смесью и после просушки покрыт алкидной эмалью.

Исследование образцов проводилось в воздухе при средней температуре 21^{0}С в течении трёх недель и в морской воде при температуре воды 20^{0}С и солёности 39 ррм.

Анализ поверхности стандартного и экспериментального образцов произведён бинокулярным микроскопом 40-1000х 9011 80 00 00 XSM-20.

Процедура подготовки стандартных и экспериментальных образцов приведена в работе [2].

Результаты взвешивания образцов, приведены в таблице 1.

Таблица 1 Результаты взвешивания металлических образцов покрытых наполнителем

№ образца	масса, г	абсолютная погрешность, г	относительная погрешность, %
1	48,547	0,003333333	0,00687
	48,544	0,000333333	0,00069
	48,54	0,003666667	0,00755
ср.значение	48,54366667		
2	44,197	0,005	0,01131
	44,19	0,002	0,00453
	44,189	0,003	0,00679
ср.значение	44,192		
5	50,476	0,000666667	0,00132
	50,476	0,000666667	0,00132
	50,478	0,001333333	0,00264
ср.значение	50,47666667		
6	53,27	0,005	0,00991
	53,26	0,005	0,00991
	53,265	7,10543E-15	0,00000
ср.значение	53,265		

В настоящее время проводятся длительные исследования образцов на коррозионную устойчивость в воздушной среде и в морской воде, $\rho=1{,}037$кг/м^3, усредненная к условиям Средиземного моря,.

Микрофотографии образцов после испытаний на воздухе представлены на рисунке 1. Снимки сделаны с кратностью увеличения 40х. Образцы после испытаний в морской воде приведены на рисунке 2.

А   Б   С

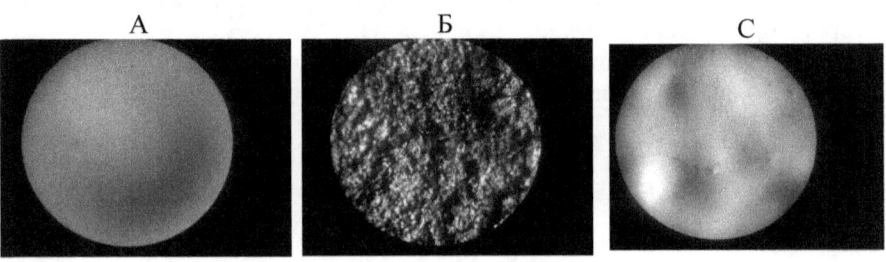

Рисунок 1 – Микрофотографии А - стандартный образец, Б - экспериментальный образец №5, В - экспериментальный образец №6.

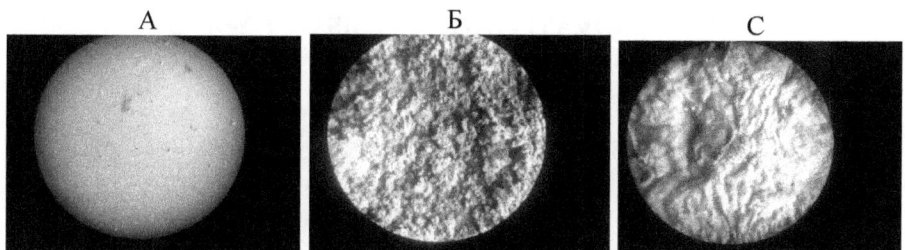

Рисунок 2 – Микрофотографии А - стандартный образец, Б - экспериментальный образец №5, В - экспериментальный образец №6.

По предварительным результатам исследования на растяжение экспериментальные образцы обладают большей эластичностью, чем стандартные, что является хорошей основой для обеспечения коррозионной устойчивости экспериментальных образцов.

Выводы.

1. Разработана методика исследования покрытий металлических поверхностей.

2. Приготовлены стандартные опытные образцы металлов, обработанные традиционным и новым наполнителем.

3. Образцы проходят длительное испытание в воздушной и морской среде.

ЛИТЕРАТУРА:

1. Дмитриев В. И., Леонов В. Е., Химич П. Г., Ходаковский В. Ф., Куликова Л. Б., Обеспечение безопасности плавания судов и предотвращение загрязнения окружающей среды : монография ; под ред. В. И. Дмитриева, В. Е. Леонова. – Херсон : ХГМА, 2012. – 397 с. : рос. мовою.

2. Леонов В.Е., Рублёв И.И Методика исследования и разработки стойких экологически безопасных покрытий корпусов судов Матеріали Всеукраїнської науково-практичної конференції «Сучасні енергетичні установки на транспорті і технології та обладнання для їх обслуговування» – Херсон: ВНЗ «ХДМІ», 2012. – с.87-91.

3. Леонов В.Е., Ходаковский В.Ф., Куликова Л.Б. Основы экологии и охрана окружающей среды. Монография: под редакцией д.т.н., профессора Леонова В.Е. Херсон: Издательство ХГМИ. 2010. – 352с. : рос. мовою.

4. Гуревич Е.С. Защита от обрастания. книга 1, М.: Наука, 1989. – 432с.

5. Исследования степени воздействия ионизирующих излучений на подводную микрофлору. Отчет по НИР., Тверь: ТГТУ. 1999. – 239с.

Gaidaienko Iu.
Assistant Lecturer, Department of Electromechanics, National Technical
University of Ukraine 'Kyiv Polytechnic Institute'
i.gaidaienko@kpi.ua

INNOVATIVE SYNTHESIS OF HYBRID EELEKTROMECHANICAL SYSTEM OF SEA WAVES ENERGY CONVERTER

Introduction. Today one of the most pressing questions in the use of renewable sources of energy is development of sea wave energy transducers. Modern science has learned to use energy of sea waves. Off-shore resources of sea-wave energy are one of most environmentally clean types of renewable energy. An electric current is produced due to wave vibrations caused by wind on the surfaces of water.

The specialists of Ministry of energy of the USA (United States Department of of Energy) have estimated that the World ocean waves are able to supply $62 \cdot 10^{18}$ J of energy per year, that would satisfy all existing requirements in energy of humanity. It explains the constantly growing interest to this industry of alternative energy [1].

Today the wave energy installations are used for power supply of autonomous buoys, lighthouses, scientific devices. Beacons and lighthouses which use energy of waves, have already covered coastal waters of Japan. During many years beacons (the whistles of the USA coastguard) operate due to wave vibrations.

The autonomous system of buoy which uses energy of sea waves is the combined system, combining electromechanical system (Em-system), mechanical system of buoy, and also could be combined with photo-electric, hydraulic, pneumatic and other systems. Thus quite important is energy transformation in several coordinates, as well as waves vibrations are passed to the vibrations of buoy more, than in one coordinate.

From the point of Genetic Electromechanics, the EM-systems, capable to provide multi-coordinate transformation of energy, are most widespread among the hybrid classes of electromechanical objects (EM-objects).

The development of structural and system researches in the field of Electromechanics and the opening of periodic structure of Genetic Classification of primary sources of the electromagnetic field [2] gave the possibility of the directed synthesis and subsequent research of hybrid classes of EM-objects, which the systems of sea-wave energy conversion belong to.

Research objective. The main task of this research is to synthesize the new structures of autonomous hybrid electromechanical converters of energy (EMCE) of fluctuating motion of sea waves, able to realize energy transformation in 2 coordinates, with the use of technology of structural prediction of hybrid electromechanical objects and the genetic program of development of sea waves EMCE.

The results of research. According to the results of the previous researches [2, 188-191; 6, 48-49; 7, 45-46] it was established that the hybridization process of electromechanical objects (EM-objects) is possible if there are at least two genetically certain structures having different genetic information structure. The sources of hybrid objects' variety are the electromagnetic structures (parental chromosomes) which initial set is ordered by Generating periodic system of primary sources of the electromagnetic fields (Fig. 1), carrying out function of their genetic classification (GC) at the same time. The genetic information carriers of crossed parental chromosomes are their

		CL	KN	PL	TP	SP	TC
0.0	7[2]0x	CL 0.0 x	KN 0.0 x	PL 0.0 x	TP 0.0 x	SP 0.0 x	TC 0.0 x
	7[2]0y	CL 0.0 y	KN 0.0 y	PL 0.0 y	TP 0.0 y	SP 0.0 y	TC 0.0 y
0.1							
0.2	4[1]2y	CL 0.2 y 2(2)	KN 0.2 y 3(2)	PL 0.2 y 4(2)	TP 0.2 y 3(2)	SP 0.2 y 3(2)	TC 0.2 y 3(2)
1.0 1.1 1.2		CL - cylindrical; KN - conic; PL - planar; TP - toroidal and planar; SP - spheric; TC - toroidal and cylindrical.					
2.0	4[1]2x	CL 2.0 x 3(1)	KN 2.0 x 3(1)	PL 2.0 x 4(2)	TP 2.0 x 2(1)	SP 2.0 x 2(1)	TC 2.0 x 2(1)
2.1							
2.2	4[0]4x	CL 2.2 x 2(1)	KN 2.2 x 2(1)	PL 2.2 x 2(1)	TP 2.2 x 2(2)	SP 2.2 x 2(1)	TC 2.2 x 2(2)
	4[0]4y	CL 2.2 y 2(1)	KN 2.2 y 2(1)	PL 2.2 y. 2(1)	TP 2.2 y 2(0)	SP 2.2 y 2(1)	TC 2.2 y 2(0)

Fig. 1. Electromagnetic elements' Periodic system (the first big period) is a system model of the directed synthesis of electromagnetic structures

universal genetic codes [2, 52; 3, 80]. Thus, electromechanical hybrids are the synthesized descendant structures, received as a result of crossing of genetically certain sources of an electromagnetic field, having different genetic information structure.

The allocation and the ordered connections of primary elements in the GC structure are defined by fundamental principles of electromagnetic structure preservation such as: a principle of electromagnetic symmetry preservation (within groups), a principle of topological invariance (within subgroups) and P. Curie principle of a dissimmetrization (within the small periods). Availability of specified system interrelations causes a regularity of GC elements' properties, generalized by the integrated periodic law [2].

The determined connection between elemental basis of GC and descendant objects at any level of their development (structural evolution), is provided with a fundamental principle of saving of the primary structures' genetic information, displayed by universal genetic codes. The generating periodic system carries out the function of the genetic structurization program of descendant objects of higher levels of complexity, including hybrid structures [3; 4; 5; 6].

For the functional classes of the EM-systems, which the class of autonomous converters of sea waves energy belongs to, the genetic program is determined as a certain set of electromagnetic chromosomes, generalized by the concept of existence area Q [2, 58, 66, 69] of the class. During researches it is received, that an existence area Q of generating sources of base level for the considered class of EMTE is:

$$Q = \begin{pmatrix} & CL\,0.0y & PL\,0.0y & SP\,0.0y \\ 0.0 & CL\,0.0x & PL\,0.0x & SP\,0.0x \\ 0.2 & CL\,0.2y & PL\,0.2y & SP\,0.2y \\ 2.0 & CL\,2.0x & PL\,2.0x & SP\,2.0x \\ 2.2 & CL\,2.2y & PL\,2.2y & SP\,2.2y \\ & CL\,2.2x & PL\,2.2x & SP\,2.2x \end{pmatrix} , \tag{1}$$

and it is presented by 18 classes of electrical machines, the electromagnetic chromosomes of which are concentrated within the limits of four groups of symmetry (0.0, 0.2, 2.0 and 2.2) and three geometrical classes (CL – a class of cylindrical, PL – a class of planar, SP – a class of spherical electromagnetic chromosomes) of GC [2, 48; 7, 45].

The initial requirements to the hybrid EM-system of autonomous converter of energy of sea waves are:
- the system must have a floating and waterproof case of spherical form (inductors, accordingly, must be spherical too);
- in the case of absence of waves (calm) the system must function due to photo-electric elements;
- principle of action is electro-magnetic;
- transformation of electric power takes place in 2 coordinates.

On the basis of the generalized model of synthesis of hybrid EMCE [7, 49; 8, 47-48] the genetic model of synthesis of hybrid EM-systems of autonomous converters of sea waves energy was created (Fig. 2).

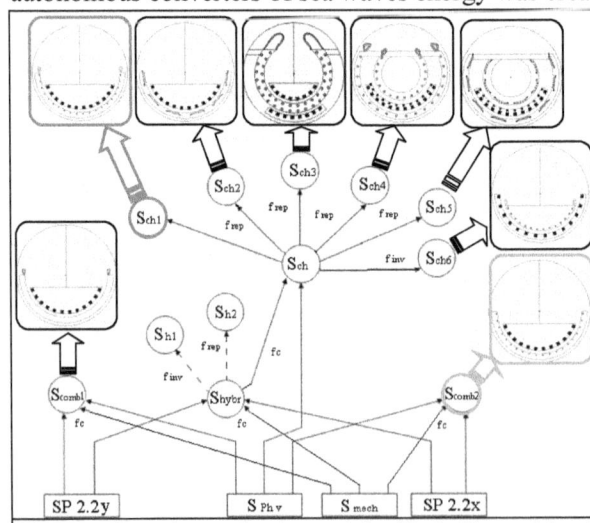

This model contains complete genetic information about the variety of genetically possible EM-structures. On Fig.2 there are shown: $SP2.2y$, $SP2.2x$ – generating EM-chromosomes; S_{mech} – a mechanical chromosome (actually buoy); $S_{Ph\,v}$ – a photo-voltaic chromosome (photocell); f_c, f_{inv}, f_{rep} – the operators of crossing, inversion and replication,

Fig. 2 – Genetic synthesis model of hybrid combined EM-structures of sea waves energy converters

accordingly; S_{hybr} – a hybrid EM-chromosome; S_{ch} – the intermediate combined hybrid chromosome; S_{comb1}, S_{comb2} – – the synthesized combined structures (realize transformation of energy in 1 coordinate and are combined with a photo-voltaic element); S_{ch1} - S_{ch6} – the synthesized combined hybrid structures (realize transformation of energy in 2 coordinates and are combined with photo-voltaic element). Each of the synthesized structures S_{ch1} - S_{ch6}, corresponds to the expressly certain structure of electrical machine, that allows to visualize the results of synthesis (Fig. 2)

Coming from the condition of maximal accordance to the initial requirements, the synthesized row of structures was analyzed and there was selected 1 synthesized structure S_{ch1} (colored in red). The structure S_{ch1} was taken as the basis for design of the autonomous hybrid EM-system of transformation of sea waves energy (Fig. 3).

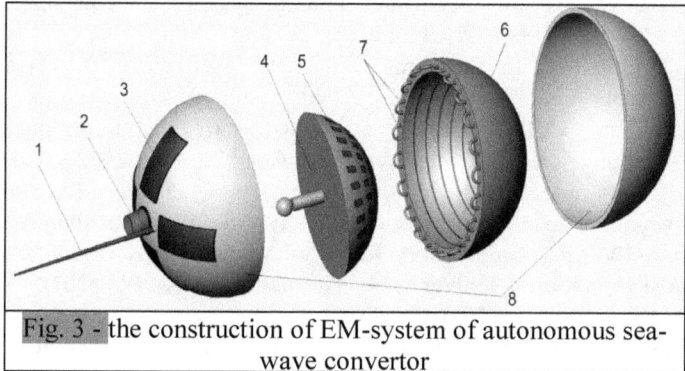

Fig. 3 - the construction of EM-system of autonomous sea-wave convertor

Fig. 3 shows the construction of autonomous sea-wave convertor EM-system: 1 – radio antenna; 2 - indicator; 3 – photo-voltaic panel; 4 – moving part of generator; 5 – permanent magnets; 6 – stator; 7 – stator windings; 8 – spherical waterproof case.

It should be noted that on Fig. 2 an orange color marks the structure of $S_{сум2}$, which is synthesized during previous researches and patented [8], and this additionally confirms the correctness of the built genetic model. All other structures which appear as result of the directed genetic synthesis are collected into the genetic bank (the data base of innovations) and could be used for realization of the new EM-systems for sea waves energy transformation.

Conclusions. Thus, with the use of technology of structural prediction of hybrid EM-objects the synthesis of number of new EM-structures for sea waves energy transformation was carried out. From the synthesized number of EM-transformers one structure S_{ch1} was selected as the basis for design of the autonomous hybrid EM-system for transformation of sea waves energy. In further research it is planned to make the electromagnetic calculations of the selected EM-system with the use of final elements method in COMSOL Multiphysics 3.5. There was also created the data base of new EM-systems for sea waves energy transformation, which have innovative potential and could be the basis for design of new sea waves energy converters.

REFERENCES

1. http://www.ecorussia.info/ru/ecopedia/pelamis_wave_energy (Russian)

2. Shinkarenko V. Bases of Electromechanical Systems' Evolution Theory. – K.: Naukova dumka, 2002. – 288 p. (Ukrainian).

3. [4] Gaidaienko I., Shinkarenko V. Principles of Structural Organisation and Genetic Creation Models of Hybrid Electromechanical Systems. 11th Anniversary International scientific Conference 'Unitech'11'. 18 – 19 November 2011. Gabrovo, Bulgaria.Vol. I. P.p. 79 – 84.

4. Structural anticipation is a new approach to the organization of search design of electromechanical objects. Shinkarenko V. F. Gaidaienko Iu.V. // International scientific and technical conference 'Problems of Efficiency of Electromechanical Converters in Electromechanical Systems', Sebastopol, September 21 – 25, 2009 P.p. 75 – 76. (Russian).

5. Structural anticipation in problems of genetic synthesis of hybrid electromechanical systems. O.L.Miroshnik, Iu.V.Gaidaienko, V.F.Shinkarenko. – Subsurface use problems. Collection of scientific works of the International forum competition of young scientists. St. Petersburg, April 20 – 22, 2011 – P.p. 206 – 208. (Russian).

6. Genetic principles of structurization of hybrid electromechanical systems. Shinkarenko V. F., Gaidaienko Iu.V. – Visnik of Kremenchuk Mykhailo Ostrohradskyi National University – Kremenchuk: KDPU, 2010. – Vol. 3/2010 (62). Part 2. – P.p. 47 – 50. (Russian).

7. Shinkarenko V., Gaidaienko Iu., Ahmad N. Al-Husban. Genetic Programs of Structural Evolution of Hybrid Electromechanical Objects // International journal of Engineering & Technology. Vol 2, No 1 (2013). - P.p. 44-49.

8. Patent for invention № 73097, Ukraine, Int.Cl. (2012.01) H02K 35/00. Autonomous system of power supply / Shinkarenko V. F., Chumack V.V., Gaidaienko Iu.V., Maliarenko S.O., Moshniaga T.A. – № u201202538; claimed on 02.03.2012; published on 10.09.2012, Bulletin № 17. (Ukrainian).

Котлярова В.В.
ассистент кафедры электромеханики, Национальный технический
университет Украины «Киевский политехнический институт»
v.v.lysak@ukr.net

СОЗДАНИЕ ГЕНЕТИЧЕСКОГО БАНКА ДАННЫХ ПО КЛАССУ ЭЛЕКТРОМЕХАНИЧЕСКИХ ДЕЗИНТЕГРАТОРОВ МНОГОФАКТОРНОГО ДЕЙСТВИЯ

Существенное повышение интенсивности и продуктивности различных технологических процессов производа требует разработки новых или усовершенствования существующих конструкций электромеханических преобразователей энергии (ЭМПЭ) технологического назначения, уникальных для каждой конкретной задачи. Широкие возможности, с точки зрения значительного повышения эффективности перспективных технологий производства, открываются с использованием высокоэффективных электромеханических дезинтеграторов (ЭМД) многофакторного действия, которые способны осуществлять различные технологические процессы тонкого и сверхтонкого измельчения, интенсивного перемешивания, обеззараживания, приготовления гомогенных смесей, эмульсий и суспензий, ускорения химических реакций в жидких, твердых, газообразных (в т.ч. и агрессивных) средах и т.п. [1, 171].

Ввиду того, что задачи поиска и направленного синтеза новых структурных разновидностей ЭМД многофакторного действия относятся к уровню поискового проектирования, который остаётся одним из наименее исследованных и слабо обеспеченных в научно-методическом аспекте областей знаний, а традиционные методы их решения не гарантируют направленность и полноту синтеза новых структур ЭМД при минимальных временных и материальных затратах, получение исчерпывающей систематизированной высокоинтеллектуальной информации научного и инновационного значения по исследуемому функциональному классу ЭМПЭ технологического назначения, на фоне существующих тенденций прогрессирующего увеличения их структурного разнообразия и растущих объемов сопроводительной информации, до последнего времени было невозможным и осуществилось благодаря открытию Генетической классификации (ГК) первичных источников электромагнитного поля [2] и созданию на ее основе теории генетической эволюции электромеханических систем [3].

Структурное разнообразие ЭМД, полученных по результатам расшифровки генетических программ ЭМД [4, 58-61], является конкретным отражением фундаментального принципа сохранения генетической информации [3, 63]. Поэтому, в общем случае, множество синтезированных ЭМД многофакторного действия M_S в пределах исследуемого функционального класса ЭМПЭ технологического назначения можно представить тремя составляющими:

$$(M_R + M_K + M_F) \subset M_S, \tag{1}$$

где M_R – множество структурных представителей ЭМД, принадлежащих к известным реально-информационным Видам; M_K – множество новых, конкурентоспособных структур ЭМД, составляющих основу для разработки оригинальных технических решений; M_F – множество новых, генетически допустимых ЭМД, техническая реализация или практическое использование которых на данном этапе развития функционального класса ЭМПЭ являются преждевременными.

Следует отметить, что практическая реализация структурных представителей множества M_F возможна лишь через определенное время при достижении соответствующего уровня развития техники, электротехнических материалов и технологий. Структурный потенциал M_F составляет предмет исследований прогностического характера.

Таким образом, потребность сохранения, накопления и оперативного использования высокоинтеллектуальной информации относительно исследуемого функционального класса ЭМД многофакторного действия (как известных, так и генетически допустимых, полученных по результатам геномных исследований, впервые основанных на кафедре электромеханики НТУУ «КПИ») обуславливает актуальность разработки принципиально нового объекта информационно-инновационного типа – систематизированного генетического банка данных (ГБД), в виде которых целесообразно хранить результаты структурного предвидения и направленного синтеза.

Поэтому целью данной статьи является создание электронного систематизированного ГБД по классу ЭМД многофакторного действия с дальнейшей практической апробацией его инновационного потенциала в задаче поискового проектирования.

Учитывая основные требования, сформулированные на этапе разработки ГБД [5, 81], по результатам расшифровки генетических программ ЭМД макро- и микроэволюционного уровней [4, 58-61] впервые создано электронный ГБД по исследуемому классу ЭМПЭ технологического назначения, для построения которого использовано оболочку Microsoft Access (рис. 1). Следует отметить, что структура ГБД построена в координатах базовых признаков ГК [2], что позволяет одновременно осуществлять систематизацию структурных представителей ЭМД по Видам и родам.

Апробация работоспособности структуры и функций ГБД осуществлена на примере решения задачи поискового проектирования однообмоточных ЭМД нового поколения (рис. 1). Информационные массивы ГБД (1) были использованы для разработки оригинальных технических решений ЭМД многофакторного действия [4, 60].

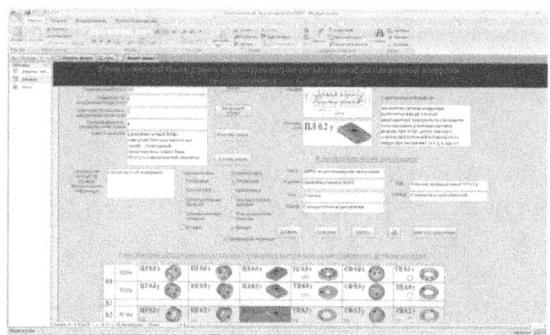

Рисунок 1 – Фрагмент электронного ГБД по классу ЭМД

Так всего за два года в техническую эволюцию планово вовлечены структурные представители 11 новых Видов ЭМД многофакторного действия, которые по итогам патентования приобрели статус реально-информационных, в то время как в реальных условиях такие эволюционные события происходят на временном интервале 80-100 лет. Таким образом, использование инновационного потенциала ГБД позволяет существенно сократить временные и материальные ресурсы на проведение поисковых исследований при создании новых конкурентоспособных образцов ЭМД многофакторного действия.

Литература
1. Шинкаренко В.Ф. Еволюційний синтез нових видів електромеханічних перетворювачів енергії технологічного призначення з використанням моделей макроеволюції / В.Ф. Шинкаренко, С.А. Безсонов // Вісник Національного технічного університету «ХПІ». – Харків: НТУ «ХПІ», 2001. – № 16. – С. 171–173.
2. Шинкаренко В.Ф. Генетична класифікація первинних джерел електромагнітного поля. Навчальний посібник / В.Ф. Шинкаренко, А.А. Августинович. – К.: НТУУ «КПІ», 2006.
3. Шинкаренко В.Ф. Основи теорії еволюції електромеханічних систем / В.Ф. Шинкаренко. – К.: Наукова думка, 2002. – 288 с.
4. Шинкаренко В.Ф. Генетические программы структурной эволюции функциональных классов электромеханических систем / В.Ф. Шинкаренко, В.В. Лысак // Електротехніка і електромеханіка, 2012. – № 2. – С. 56–62.
5. Котлярова В.В. Використання інноваційного потенціалу генетичних банків даних при створенні нових електромеханычних об'єктів / В.В. Котлярова, М.С. Новрузов, С.А. Ткач, М.В. Івановська, Ю.В. Сивоконьєва // Матеріали II Міжнародного молодіжного форуму «Інноваційні проекти розвитку регіонів» 23-25 квітня 2013 року. – Луганськ: Вид-во «Ноулідж», 2013. – С. 81–84.

Ankudinova Maria (post graduate), **Larin Evgeny**(associate professor),
Obozov Konstantin (student), **Sandalova Lidia** (associate professor)
Yuri Gagarin Saratov State Technical University
larin@sstu.ru

CALCULATION METHODS AND MODELS FOR RELIABILITY MEASURES OF CCGT POWER PLANTS IN ENERGY SUPPLY SYSTEMS

Thermodynamic improvement of modern combined-cycle gas turbine (CCGT) power plants consists in increasing of gas and steam temperature profiles, complicating technological schemes on the basis of multiply-pressure heat-recovery steam generators (HRSGs) , applying the technology of combined heat and power. All these factors lead to increasing the CCGT efficiency, the system efficiency (75-85%) while decreasing the reliability function of plants in energy supply systems.

The specific CCGT power plants characteristics determine the necessity of using not only simple and integrated reliability measures, but the dynamic efficiency factor of system operation. This factor are calculated by the formula

$$k_{_9} = P\{t, \Phi \geq \Phi_s\} \cdot P\{t, \Phi_s \geq \Phi_{\text{тр}}\},$$

(1)

where $P\{t, \Phi \geq \Phi_s\}$- the probability function pointes that the output value of capacity Φ will be higher than the target value of capacity Φ_s;

$P\{t, \Phi_s \geq \Phi_{\text{тр}}\}$ - the probability function shows that the target value of capacity Φ_s should be higher than the value required by load demand $\Phi_{\text{тр}}$ in any period of time t.

Calculation method for failure-free operation of HRSGs. The basis of the mathematical calculation model for HRSG's failure-free operation is as follows [1, 13-15]:

-the HRSG is divided into 4 areas: the superheater, evaporator and economizer. These areas influence the HRSG and power plant reliability measures;

-operating pressures are random variables which are determined by the mathematical expectation and mean square deviation;

- the regular characteristics of applying materials (creep-rupture strength and an fatigue strength) are random variables distributed under the logarithmic law (Gauss' law);

- estimation of the HRSG failure-free operation is defined under the conditions of not exceeding the limits of operational and thermal stresses in each of the considered areas.

According to deterministic approach to evaluation of the elements reliability, the definition of failure-free operation consists in not exceeding the operational stresses value $X(t) = \{x_1, ..., x_i, ..., x_j, t\}$ over the value of the limit strength $Y(t) = \{y_1, ..., y_i, ..., y_j, t\}$. The requirement for failure-free operation is expressed by formula:

$$Z_{n,m}(t) = \{\min[Y_{nk}(t) - X_{nk}(t)]\}_m > 0, \ m \in \hat{m}; n \in \hat{n} \ ,$$

(2)

where $Z_{n,m}(t)$ – the operability function of an element (tube in HRSG); m – amount of elements separating in the HRSG; n – amount of different operability functions; k – amount of HRSG's areas.

The reliability function for m-area of HRSG are:

$$F[\sigma(t) > \overline{\sigma}(t)] = \iint f(\sigma, \overline{\sigma}, t) d\sigma \, d\overline{\sigma} \ ,$$

(3)

where $f(\sigma, \overline{\sigma}, t)$- is a joint differential function of probability distribution of operational stresses and creep-rupture strength.

This calculation method allows identifying the influence of circuit design, working fluid thermodynamic characteristics and HRSG's design characteristics simple and integrated reliability measures (RM).

Calculation method for reliability measures of structural-complicated CCGT power plants. The basis of the RM calculation for CCGT is as follows: in any period of operating time an element of CCGT can be in two states 1- if the element in up-state, 0 - if the element in down-state. The evolution of plant status is a sequences of random values of up-state t_p and restoration periods t_θ: $t_{p1}, t_{\theta1}, t_{p2}, t_{\theta2}, ..., t_{pn}, t_{\theta n}$. If the state of i-th CCGT element is $X_i(t)$ in the moment t, the plant status will be presented by the following state graph [2,44-57]:

$$X(t) = \{X_1(t), X_2(t), ..., X_i(t), ..., X_n(t)\}.$$

(4)

This calculation method based on embedded Markov Chains technique. The Markov Chains technique are based on characterization of functioning system with the aid of Markov process with the discrete set of states and continuous time.

The system of differential equations of all kinds of state transitions is as follows

$$\frac{\partial P}{\partial t} = \Lambda(t)P(t),\tag{5}$$

where $\Lambda(t)$- transfer rate matrix; $P(t)$ – column-vector of state probability.

The complex of calculation programs was developed for the solution of these simultaneous equations (SE) and this method uses the Runge-Kutta method.

The matrix of all CCGT states is shown as plurality of apexes and semicircular arcs. The apexes of the states are characterized by the following $(n+k)$ graph

$$\{X_1^z, X_2^z, ..., X_n^z, X_p^z, ..., Q_p^z, N_p^z, B_m^z\} = \{X_n^z, N_n^z, Q_n^z, B_m^z\}\tag{6}$$

$$z = 1, Z; i = 1, n; r = 1, R$$

where $z=1$, Z – the number of possible facilities states; n- the number of select aggregated unit; $r=1$, R – the number of all kinds of heat-transfer agent, which generating by the power plant; X_i^z- the number of failure elements of i-th unit in z-th state; $Q_{p_r}^z$ - available capacity of output of r-th kind of heat-transfer agent in z-th state; N_p^z - electrical capacity in z-th state; B_m^z- fuel consumption for heat and electricity generation.

State sets of CCGT will be divided in subsets, if the demand conditions of CCGT functioning are presented by determinate step function $N_{sj}(j=1,G)$ and $Q_{sRj}(j=1,G)$. One of them $(z \in S^+)$ is characterized by performance level $N_p^z \geq N_s$ and $Q_{pr}^z \geq Q_{ps}$, another $(z \in S^-)$ is characterized by failure of availability and failure of operating $N_p^z < N_s$ and $Q_{pr}^z < Q_{ps}$.

If the probability of CCGT power plants states is determined, the probability of facility locating in complex state S^+ will be defined by the formulae:

$$p_H(t) = K_r^{\ni}(N_s,t) = \sum_{z \in S^+} P_z\left(N_p^z > N_s,t\right) = 1 - \sum_{z \in S^-} P_z\left(N_p^z < N_s,t\right),$$

(7)

$$p_H(t) = K_{rR}^{\ni}(Q_s,t) = \sum_{z \in S^+} P_z\left(Q_p^z > Q_s,t\right) = 1 - \sum_{z \in S^-} P_z\left(Q_p^z < Q_s,t\right).$$

(8)

There are availability functions of electricity output and heat rating relative to fixed level of working efficiency during the selected period of time.

The medium integral value of availability functions for the period of time T is calculated by the formula:

$$K_r^{\ni}(N_s) = \frac{1}{T}\int_0^T K_r^{\ni}(N_s,t)dt, \; K_r^{Q}(Q_s) = \frac{1}{T}\int_0^T K_r^{Q}(Q_s,t)dt.\tag{9}$$

The subset of the states S^+ includes the states with the different availability capacity (N_s, N_p, N_H) and heat rating (Q_s, Q_p, Q_H). The availability function can be calculated by the following formula for the account of partial failure:

$$K_{\text{г}}^{\Im}(t) = \sum_{z \in S^*} P_z(t)\overline{N}^z; K_{\text{г}}^{Q}(t) = \sum_{z \in S^*} P_z(t)\overline{Q}^z \qquad (10)$$

where $\overline{N}^z, \overline{Q}^z$ - levels of relative electrical and heating capacities of the facility in z-th state.

The dynamic values of availability function of electrical output and heat rating for modular configurations of CCGT power plants coincide, which was established by the theoretical and calculation research. An addition point is that the dynamic values $K_{\text{г}}^{\Im}(t)$ and $K_{\text{г}}^{Q}(t)$ achieve the static value for the short period of time. This period depends on the failure rate value and the value of restoration rate of the facility elements. In summary the static value of RM can be used in practical calculation.

References

1 Ankudinova, M., Sandalova, L., Larin, E., "Calculation Method for reliability measures of HRSGs", printed in Collection of scientific papers "Resource and Energy Conservation Essues",[Saratov.2010].

2 Larin E.A. Methods and models of calculation and provision of reliability of combined heat-and-power equipments and systems / Vestnik of Saratov State Technical University. # 3(4). 2004. P. 44-57.

Денисова М.Ю.

кандидат физико-математических наук
Казанский федеральный университет, Казань, Россия
denisova_mar@mail.ru

РЕШЕНИЕ ОСНОВНОЙ КРАЕВОЙ ЗАДАЧИ ДЛЯ B-ПОЛИГАРМОНИЧЕСКОГО УРАВНЕНИЯ

Пусть E_n^+ - полупространство $x_n > 0$ евклидова пространства E_n. Пусть G - конечная область в E_n, симметричная относительно плоскости $x_n = 0$ и ограниченная поверхностью Γ. Обозначим через G^+ часть G, расположенную в E_n^+. Граница области G^+ разбивается Γ^0 и Γ^+, расположенные соответственно на плоскости $x_n = 0$ и в полупространстве $x_n > 0$. Поверхность G^+ является поверхностью класса $\Lambda_{m,B}$, когда $\Gamma \in \Lambda_m$ [1].

Рассмотрим краевую задачу: найти четное по x_n решение уравнения

$$\Delta_B^m u = 0$$

в области G^+, $(2m-1)$ раз непрерывно дифференцируемое в $\overline{G^+}$ и удовлетворяющее граничным условиям

$$D_B^\ell u|_{G^+} = f_\ell \qquad \ell \qquad \overline{1}$$

где $D_B^\ell - \Delta_B^{\ell}$, если ℓ и $D_B^\ell - \dfrac{\partial}{\partial n_\xi} \Delta_B^p$, если ℓ , n_ξ - внешняя нормаль к границе G^+ в точке ξ, $\Delta_B = \sum\limits_{i=1}^{n-1} \dfrac{\partial^2}{\partial x_i^2} + B_{x_n}$, $B_{x_n} = \dfrac{\partial^2}{\partial x_n^2} + \dfrac{k}{x_n}\dfrac{\partial}{\partial x_n}$ - оператор Бесселя, k - любое положительное число, $m > 2$. Уравнение такого вида назовем B-полигармоническим уравнением [1].

С помощью оператора обобщенного сдвига строятся фундаментальные решения с особенностью в произвольной точке ξ [2]

$$Q_m(x,\xi) = C_k \int\limits_0^\pi q_m(x_1 - \xi_1, ..., x_{n-1} - \xi_{n-1}, \sqrt[n]{x_n^2 + \xi_n^2 - 2x_n\xi_n \cos\varphi}) \sin^{k-1}\varphi \, d\varphi,$$

где $C_k = \dfrac{\Gamma\left(\dfrac{k+1}{2}\right)}{\sqrt[n]{\pi}\,\Gamma\left(\dfrac{k}{2}\right)}$, q_m – фундаментальные решения оператора Δ_B^m с особенностью в начале координат [2], $x = (x_1, ..., x_n)$.

Теорема. Поставленная задача в классе $C^{2m}(G^+) \cup C^{2m-1}(\overline{G^+})$ не может иметь более одного решения.

Доказательство проводится с помощью первой формулы Грина для оператора Δ_B^m [2].

Литература

1. Панич О.И. О потенциалах для полигармонического уравнения четвертого порядка // Матем.сб. – 1960.–Т.50,№3.–С.335-368.

2. Денисова М.Ю. Интегральное представление решения В-полигармонического уравнения // Современные проблемы науки и образования. 2012. № 6; URL: www.science-education.ru/106-7417 (дата обращения: 28.11.2012).

Хазиев Р.М.
к.т.н., КНИТУ-КАИ им. А.Н.Туполева
khazrm@mail.ru
Якупов З.Я.
доцент, к.ф.-м.н., КНИТУ-КАИ им. А.Н.Туполева
zymat@bk.ru

АДАМАРОВЫ МАТРИЦЫ: ИХ ГЕНЕЗИС И ПРИМЕНЕНИЕ

Вопрос о генезисе (возникновении, происхождении) любого понятия всегда требует чёткого представления о моментах образования и становления этих явлений (понятий) в контексте их развития. Но достаточно рассмотрения генезиса хотя бы понятия матриц Адамара порядков N (H-matrices), чтобы понять, что из теории алгебраических систем, теории чисел и прочего рода «алгебраичности» всегда что-то можно извлечь [1, 539]. К этому же вопросу можно отнести задачу о существовании *формулы* выражения порядка Н-матрицы через известные величины. Всевозможные приёмы вычисления порядков Н-матриц в результате сводятся к случаям, перечисленным в [2, 283].

Уже давно существуют различные методы построения Н-матриц.

Матрица Адамара (H-matrix)— это квадратная матрица размера N×N, составленная из чисел 1 и -1, столбцы которой ортогональны в смысле скалярного умножения вектор-столбцов.

Известна гипотеза о возможности построения Н-матриц для любого натурального числа N, кратного 4.

До некоторого времени первый сомнительный случай имел место для N=92. Но уже «в 1962 г. с помощью вычислительной машины была найдена матрица Адамара порядка N=92, а вслед за ней были найдены матрицы Адамара порядка 116 и 156 (и порядка 232 – прим. авторов статьи). В настоящее время для чисел N≤200 (таблица 10) не выяснен лишь вопрос о существовании матрицы Адамара порядка 188» [2, 284] .

После выхода работы [2] при помощи теоремы Пэли были также построены матрицы Адамара порядков 172, 184, 188, 232, 236, 260, 268. Вслед за этим была найдена Н-матрица порядка 428, и самой малой ненайденной матрицей Адамара стала матрица порядка 668. Наконец, в 2009 г. было анонсировано построение Н-матриц порядков 764, 23068, 32996 [1, 540].

Авторы статьи во многом опирались на результаты фундаментальной работы Hedayat A. и Wallis W.D. [3, 1184-1238] и работу [4, 102-104].

Частично доказано [2, 283], что можно построить Н-матрицы следующих порядков N (в приведённом ниже перечне формул p – простое число, p>2; n_1≥2, n_2 ≥ 2 – порядки уже существующих (найденных!) Н-матриц. Можно было бы предложить представление известной таблицы в следующем виде, где q – степень (нечётного) простого числа.

Существуют матрицы Адамара следующих порядков:

1. $N = 2^k$, где k – неотрицательное целое число.

2. $N = q \pm 1 (mod\, 4) = p^k \pm 1 \equiv 0 \ (mod\, 4)$ (т.е. N кратно 4).

3. $N = q \pm 3 \equiv 0 \ (mod\ 4)$ (т.е. N кратно 4).

4. $N = n_1 \left(p^k + 1 \right)$.

5. $N = n^* \left(n^* - 1 \right)$, где n^* – произведение чисел вида (1) и (2).

6. $N = n^* \left(n^* + 3 \right)$, где n^* и $n^* + 4$ – произведения чисел вида (1) и (2).

7. $N = n_1 \cdot n_2 \cdot p^k \left(p^k + 1 \right)$.

8. $N = n_1 \cdot n_2 \cdot S \left(S + 3 \right)$, если S и $\left(S + 4 \right)$ – имеют вид $p^k + 1$, $p > 2$.

9. $N = \left(q + 1 \right)^2$, если q и $q + 2 -$ степени простых чисел.

10. N – произведение чисел вида (1)-(9).

Изменения предложены в пп. 2-3,11 работы [1,540]. С учётом вышеизложенных изменений хотелось бы предложить для обсуждения приведённые выше трансформации в таблице из [2, 284]. Произведены вычисления до порядка N=900 (таблица из [1,541-542]) и далее до 1100. Вставки допущены для порядков,отсутствующих в таблице из [1, 541] в связи с предложенными изменениями.

Литература

1. Якупов З.Я. О генезисе Адамаровых матриц//Аналитическая механика, устойчивость и управление: Труды X Международной Четаевской конференции. Т.1. Секция 1. Аналитическая механика. Казань, 12-16 июня 2012 г. – Казань: Изд-во Казан. гос. техн. ун-та, 2012. – 548 с.

2. Дискретная математика и математические вопросы кибернетики. Т.1., М.: Наука, 1974. – 311 с.

3. Hedayat A. , Wallis W.D. Hadamard Matrices and their applications. University of Illinois at Chicago Circle and University of Newcastle// The Annals of Statistics. V. 6, № 6, 1978.

4. Абрамова А.С., Якупов З.Я. О матрицах Адамара и их применении//XIX Туполевские Чтения. Международная молодёжная научная конференция. 24-26 мая 2011 г. Материалы конференции. Т.1. Казань, 2011.

Сербина Е.Э.
преподаватель кафедры прикладной лингвистики и новых
информационных технологий, магистрант факультета Романо-германской
филологии Кубанского государственного университета, e-mail: arvin-
elf@mail.ru

О НЕКОТОРЫХ ОСОБЕННОСТЯХ ПРОЯВЛЕНИЯ ИДЕНТИЧНОСТИ ЛИНГВИСТОВ

*В статье рассматриваются сигналы выражения идентичности
российских и зарубежных лингвистов в институциональном дискурсе
(интервью и открытые лекции). Также дается определение
профессиональной идентичности и раскрывается ее влияние на речь
индивида. Установлено, что для интерпретации идентичности важно
учитывать не только гендерные, религиозные и расовые факторы, но и
функциональное и экзистенциальное соответствие человека и профессии,
которое включает в себя понимание своей профессии, принятие себя в
профессии, умение хорошо выполнять свои профессиональные функции, а
также весь жизненный опыт, который влияет на формирование
ценностей и приоритетов человека.*
Ключевые слова: *профессиональная идентичность, голос, речевое
поведение, маркер.*

Проблема самоопределения человека в кардинально изменяющемся
мире выдвигается в ранг основных в современных гуманитарных науках.
Понятие идентичности необходимо для объяснения соотношений личного
и общественного, стандартного и нетипичного, биологического и
социального, глобального и локального.

Столь быстрый темп активности социальных процессов и институтов
постепенно и неизбежно приводит к кризису идентичности. Невиданные
ранее темпы и масштабы общественной динамики, затрагивающие все
сферы жизнедеятельности человека, привели к повсеместному
возрастанию социальной вариативности в самом широком смысле слова –
как многообразия принципов организации социальных общностей,
возникновения новых видов деятельности, групповых норм и ценностей.

Эта внешняя сторона речевой деятельности, выступает посредником
между мыслями, в которые облекаются потребности, интересы человека,
желающего вступить в контакт с другим человеком, и его действиями,
поступками, зависящими от конкретных ситуаций или социокультурного
контекста, в котором происходит контакт.

Так, нами была поставлена задача проанализировать репрезентацию
идентичности лингвиста в институциональном дискурсе. По мнению П.

Бурдье, социальные институты выступают источниками формирования определенной картины мира, которая легитимируется и навязывается людям. Социальные институты производят и транслируют дискурсы (в форме идей, понятий, категорий, принципов, образов и других символических фигур), которые задают рамки, фокусные центры нашего видения и осмысления реальности [1].

Многое уже было исследовано в рамках теории КДА (критического дискурс-анализа), например, то, как адресант дистанцируется или ассоциируется с какими-либо событиями [2; 3]. В данной статье представлен анализ особенностей репрезентации личности лингвиста в англоязычном и русскоязычном дискурсе интервью и возможностей прогнозирования восприятия целевой аудиторией способов выражения идентичности лингвистов. Для этого был проведен сравнительный анализ голосов – основных выразителей идентичности авторов интервью.

Анализируя речевое поведение говорящего в привычных и типичных для него ситуациях общения, мы можем составить и затем интерпретировать его *идентичность* [4; 5; 6]. Под речевым поведением нами понимается лишенное осознанной мотивировки, автоматизированное, индивидуальное привычное речевое проявление в силу типичной прикрепленности такого проявления к типичной часто повторяющейся речевой ситуации общения. Данный аспект взаимоотношений между языковым знаком и его пользователем привычен и автоматизирован потому что выбор языкового знака для отправителя текста актуализируется в типичных массово-повторяющихся речевых ситуациях.

Таким образом, речевое поведение и личностные характеристики человека – неразрывное единство индивидуальных, социальных и национально-культурных особенностей поведения.

Для нашего исследования речевой идентичности были отобраны следующие ученые: нидерландский лингвист Теун ван Дейк, 70 лет, профессор с 1968 года; итальянский учёный-философ, историк, литературного критик, писатель Умберто Эко, 81 год, преподавательский стаж с 1954 года; русский переводчик англо-американской литературы Виктор Петрович Голышев, 76 лет, переводческий стаж с 1966 года; российский лингвист, Максим Анисимович Кронгауз, 55 лет, профессор, доктор филологических наук, директор Института лингвистики Российского государственного гуманитарного университета.

Стереотипность поведения человека связана с социальными характеристиками человека. Эти характеристики могут быть переменными, ситуационными (роль покупателя или пассажира) и постоянными (профессия, пол, национальность). Постоянные социальные характеристики человека накладывают отпечаток на поведение индивида. Выполняя определённую социальную роль, связанную, например, с родом деятельности, человек автоматически выбирает ту линию поведения, которую он уже много раз наблюдал в результате многократного повторения в аналогичных ситуациях в опыте предшествующих поколений.

Во многом на проявление идентичности влияет общий контекст и рамки, которыми ограничена коммуникация (бытовой дискурс, институциональный и т.д.). На наш взгляд, интереснее всего наблюдать за проявлениями идентичности лингвиста в рамках интервью и открытых лекций, т.к. автор дискурса не ограничен жанровыми особенностями (например, как в научной статье), присутствует обратная связь с аудиторией, что, в свою очередь, исключает полную подготовку речи заранее. Именно поэтому здесь чаще всего можно увидеть такие отличительные повторяющиеся черты, как юмор, различные особенности процессов метафоризации и прочее [7]. Также наши выводы основывались на таких речевых маркерах, как использование активных или пассивных конструкций, местоимений.

Механизм анализа дискурса интервью 1-4 состоит из вычленения 3 типов голосов: голос «Я», голос «Ты», голос «Они». Понятие голоса в настоящее время активно используется для проведения дискурс-анализа многими исследователями [8; 7]. Для выявления голосов, звучащих в дискурсе, необходимо определить действующих героев и особенности взаимоотношений между ними [9]. Голоса – социальные агенты коммуникации, личности, которые участвуют в конструировании идентичности – всегда присутствуют в дискурсе и могут быть представлены по-разному [7].

Помимо репрезентации голосов в дискурсе интервью 1-4 мы рассмотрели, как реализуется профессиональная идентичность в интервью Т. ван Дейка, У. Эко, В. Голышева, М. Кронгауза. При анализе, однако, важно учитывать, что данный феномен (профессиональная идентичность) многогранен и включает в себя различные факторы. Профессиональная идентичность, в свою очередь, может быть определена как устойчивое согласование индивидуальных признаков, условий и содержания профессии, обеспечивающее достижение на конкретном этапе определенного субъективного уровня профессионализма, обусловливающее дальнейший профессиональный рост и возможность переноса сформированных навыков и умений в измененные условия деятельности. Ю.П. Поваренков рассматривает профессиональную идентичность как принятие на всех уровнях (социальном, психологическом) индивидом профессиональных ценностных позиций, санкционированных в данном профессиональном пространстве [10]. Таким образом, важно учитывать не только гендерные, религиозные и расовые факторы, но и функциональное и экзистенциальное соответствие человека и профессии, которое включает в себя понимание своей профессии, принятие себя в профессии, умение хорошо выполнять свои профессиональные функции, а также весь жизненный опыт, который повлиял на формирование ценностей и приоритетов человека.

Однократные выборы речевых сигналов не оказывают ощутимого воздействия на получателя текста. Однако при частотном употреблении данных сигналов, которое можно вычислить методом модифицированного контент-анализа [11, 85], на получателя текста оказывается некоторое неосознаваемое им воздействие. Например, если в тексте определенной длины встречается авторитарное «я» многократно, то у получателя, накапливающего незаметно для себя ощущение смысла авторитарности, формируется отношение к говорящему, соответствующее проявленному уровню авторитарности.

Одним словом, такие лингвистические уровни как лексико-грамматический, синтаксический, просодический и т.д. могут быть задействованы для репрезентации в дискурсе особенностей идентичности.

Анализ речевого поведения показал, что для русскоговорящих и англоговорящих лингвистов свойственно по-разному акцентировать внимание получателя текста на элементах высказывания. Так, в английском языке эффект достигается благодаря умелому и активному проявлению голоса «я» в анализируемых интервью. Контраст голосов «я» и «они» обеспечивает более очевидное воздействие на аудиторию. Используя голос «они» в противопоставлении голосу «я», говорящий неявно формирует собирательный образ аудитории, на которую направлено его внимание. Таким образом, реальный же адресат дискурса оказывается не вовлечённым во внутренний контекст и наблюдает как бы «со стороны». Еще одной тенденцией проявления профессиональной идентичности лингвиста в институциональном дискурсе в английском языке стала активная репрезентация лексического повтора и использование обширного синонимического ряда. Данные проявления в институциональном дискурсе рассчитаны, на наш взгляд, на увеличение эмоционально-эстетического эффекта, что также говорит о проявлении идентичности. Можно сделать вывод, что для зарубежных ученых в основном характерны проявления профессиональной идентичности на грамматическом и лексико-синтаксическом уровнях. Репрезентация профессиональной идентичности у русскоговорящих учёных выявляется во многом благодаря юмору и использованию ненормативной лексики. Благодаря этому нарушается общий речевой стиль, который характерен для институционального дискурса в целом. Достигается своеобразный «эффект неожиданности», когда говорящий (учёный-лингвист) начинает употреблять жаргонную лексику, да еще и в сочетании с юмором. Активное использование заимствованных из английского языка слов отечественными лингвистами можно расценить как желание ассоциировать или ощущать себя частью глобальных процессов, происходящих сегодня. Анализ этих факторов, безусловно, говорит нам о проявлении профессиональной идентичности.

Русскоговорящие и англоговорящие учёные – умелые ораторы, с гибким мышлением, настойчивы, активны и динамичны, неравнодушны к теме обсуждения.

Литература:

1.   Бурдье П. Дух государства: генезис и структура бюрократического поля // Поэтика и политика. Сборник статей. Альманах Российско-французского центра социологии и философии Института социологии Российской академии наук., СПб., 1999. С. 121-136.
2.   Dijk T. van. Critical Discourse Analysis // The Handbook of Discourse Analysis., Wiley-Blackwell, 2003. P.1-10.
3.   Fowler R. Language in the news. Discourse and ideology in the press., London, 1991.
4.   Горло Е.А. Стихотворный текст как часть поэтического дискурса // Основные проблемы современного языкознания. Материалы всероссийской научной конференции., Астрахань, 2007. С.126-140.
5.   Ленец А.В. Пргамалингвистическая диагностика особенностей речевого поведения немецкого учителя., Ростов-на-Дону, 1999.
6.   Одарюк И.В. Особенности стереотипного речевого поведения журналистов., Ростов-на-Дону, 2003.
7.   Mieroop Van de D. An integrated approach of quantitative and qualitative analysis in the study of identity in speeches // Discourse and Society., London, 2005. P. 109-120.
8.   Kjær A.L., Palsbro L. National identity and law in the context of European integration: the case of Denmark // Discourse and Society., 2008. P. 74-98.
9.   Fairclough N. Discourse and Social Change., Cambridge, 1993.
10.   Поваренков Ю.П. Психологическое содержание профессионального становления человека., М., 2002.
11.   Матвеева Г.Г. Функциональная и скрытая прагмалингвистика // Функционально-системный подход к исследованию языковых единиц разных уровней, Ростов-на-Дону, 2004. С. 85-87.

Васильева А.А.
кандидат филологических наук,
доцент Томского государственного
педагогического университета,
anna.vasilieva78@gmail.com

АССОЦИАТИВНЫЕ АСПЕКТЫ ИЗУЧЕНИЯ РЕГИОНАЛЬНОГО ТЕКСТА В ПАРАДИГМЕ СОВРЕМЕННОГО ГУМАНИТАРНОГО ЗНАНИЯ: ПОДХОДЫ И ВОЗМОЖНОСТИ

Всякое филологические исследование , безусловно, должно быть ориентировано на *целый текст* как изначальную и конечную, безусловную данность для исследователя-гуманитария.

Исследования ассоциативного развертывания текста – это, по сути, *изучение текста в динамике.* Исследование механизмов порождения, восприятия, интерпретации и понимания текста выводит исследователя к смысловым, когнитивно-дискурсивным, коммуникативно-прагматическим аспектам его анализа.

Проводимое нами исследование направлено на комплексное многоаспектное исследование ассоциативного развертывания на материале сибирского текста и ориентировано на выявление и описание форм, типов, принципов, организаций, стратегий ассоциативного развертывания целых текстов, входящих в так называемый региональный «сибирский текст». Цель исследования - выявить «круг возможностей» комплексного исследования ассоциативного развертывания текста и многоаспектной интерпретации полученных результатов.

О «сибирском тексте» русской литературы писали В.И.Тюпа, А.С. Янушкевич, Ю.А.Мешков, К.В.Анисимов и мн. др [1, 5, 6]. Мы согласны с тем, что «сибирский» текст – понятие сложное и в сложности своей амбивалентное. Исходными компонентами, составляющими «сибирский» текст, могут быть разнородные источники – художественные, научные, публицистические, документальные тексты. Сегодня исследуются темы, образы и мотивы сибирского текста, где основной – это образ Сибири. Исследователи пишут об «особом антропологическом пространстве сибирского текста», существовании метатекста, преодолевающего «локальность» сибирского текста (А.С.Янушкевич). Н.А.Рогачева отмечает, что «для филолога объектами описания выступают не точечные произведения, а отношения между ними, … те самые пучки смыслов, в которых пересекаются тексты…». Также сегодня активно исследуются пути к выявлению структуры сибирского текста [5, 6].

Проблематика ассоциативного развертывания текста соотносима и с когнитивным моделированием (см. многочисленные исследования Н.Д.Арутюновой, Е.С.Кубряковой, Н.Ф. Алефиренко, З.И.Резановой,

Е.А.Огневой и мн.др.). В современной науке все более отчетливо обозначается линия не «рядоположности» мыслительных конструктов (когнитивных моделей) и языковых структур [4]. Это значит, что концептуальная структура текста может не совпадать с его языковой и лексической структурой (о взаимосвязи которых пишет, например, Н.С.Болотнова). В этой связи исследование ассоциативного развертывания текста как той сущности, которая одновременно может быть соотнесена как с языковой и лексической структурами текста, с его собственно текстовой организацией, а, с другой, - выводит на смысловую и концептуальную организацию текста, является, на наш взгляд, чрезвычайно интересным, своевременным и продуктивным.

Настоящее исследование ставит своей отдельной задачей уточнение «статуса» ассоциативного развертывания текста. В.И. Заботкина совершенно справедливо указывает на то обстоятельство, что «основная проблема, которую сейчас решает лингвистика, - обоснование разграничения между ментальными репрезентациями (в сознании) и «объективированными» репрезентациями в языке» [4]. Статус ассоциативного развертывания как раз таков, что оно занимает как бы «промежуточное» место между языковыми, текстовыми и ментальными структурами.

Комплексность исследования «сибирского текста» в ассоциативном аспекте проявляется в следующем:

В нашем исследовании мы, в опоре на современные достижения и выводы исследователей в области «ассоциативных» направлений гуманитарного знания, выявляем возможные типологии ассоциативного развертывания «сибирского текста».

Также мы изучаем роль цвето-звуковой ассоциативности в «сибирском тексте», что может быть особо актуально для фольклорных и диалектных текстов, не предполагающих изначально письменного оформления и рассчитанных на устную речь и соответствующий принцип восприятия.

В поле нашего исследования и так называемые формальные (структурные) классификации ассоциативного развертывания текста.

Также нас интересуют элементы и ориентиры ассоциативного развертывания текста (взаимодействие элементов текста по линии «предметность - ассоциативность»), а также роль смысловых лексических парадигм (И.А. Пушкарева, Н.С. Болотнова) в организации ассоциативного развертывания текста.

Ассоциативное развертывание (и структурирование) текста по признакам качественной определенности ее состава (текста) и способу совместного существования ее элементов (то есть, ассоциативное развертывание как «поликомбинирование» элементов текста, создающее (и задающее) его потенциальную многомерность).

Выявление и описание   типологий и стратегий ассоциативного развертывания текста выводит на уточнение понятия «ассоциативный портрет языковой личности» - создателя «сибирского текста» и читателя – потенциального, типического и «идеального».

В перспективе подобные исследования могут   вносить вклад в создание интегративной методологии исследования ассоциативного развертывания текста и описание возможности комплексного описания, интерпретации и использования ее результатов.

Литература

1. Анисимов К.В., Созина Е.К. История литературы Урала в контексте региональных исследований //Известия Уральского федерального университета. Серия 2: Гуманитарные науки. 2011. Т. 87. № 1. С. 272-284.

2. Васильева А.А. Лексический аспект ассоциативного развертывания поэтических текстов О.Э.Мандельштама. Автореф. дисс....канд. филол. наук, Томск, 2004.

3. Васильева А.А. Ассоциативные аспекты исследований в лингвистике и других гуманитарных науках: возможности и перспективы // Отечественная и зарубежная литература в контексте изучения проблем языкознания. Книга 4.: Монография. - Краснодар, 2012. – С. 38-77.

4. Заботкина В.И. Слово и смысл. М., РГГУ, 2012. – 428 с.

5. Рогачева Н.В. Методологические принципы изучения Сибирского текста русской лирики // Вестник Тюменского университета. 2010. № 5. С. 240-247.

6. Сибирский текст в русской культуре. Сборник статей. Томск, 2003.-271 с.

Рябова М.В.
кандидат филологических наук, ФГБОУ ВПО «БГПУ»

ЭТНИЧЕСКИЙ ОБРАЗ МИРА И ДЕЛАКУНИЗАЦИЯ В ПЕРЕВОДЕ

Трактовка образа мира как целостной многоуровневой системы представлений человека о мире, других людях, о себе и своей деятельности, которая «опосредует, преломляет через себя любое внешнее воздействие» [5, 115], поддерживается большинством современных учёных. Существует несколько направлений исследования образа мира человека, сформировавшихся в недрах психологии и психолингвистики. В психологии познания образ мира человека называется универсальной формой организации его знаний, определяющей возможности познания и управления поведением, либо выступает как «многоуровневая целостная система представлений человека о мире, других людях, о себе и своей деятельности» [4, 17]. Внутренняя репрезентация действительности формируется через активное действие субъекта.

В психологии сознания образ мира определяется как сложное многоуровневое образование, обладающее системой значений и полем смысла [1, 253], в котором выделяются чувственные образы, значения, носителями которых выступают знаковые системы, и личностный смысл. Также он может трактоваться как универсальный и интегральный текст, представленный в человеческом сознании сложной системой разнообразных смыслов. Текст взаимодействует с культурным контекстом и иногда даже может заменять его, а сложная иерархия кодов, образующих текст, складывается в определённый тип культуры. Все разнообразие текстов обеспечивает информационную ёмкость культуры как «интеллектуального текстопорождающего устройства» [2, 168].

В психологии личности образ мира предстает как субъективная интерпретация человеком реальности, позволяющая ему ориентироваться в действительности, а также как субъективное пространство личности, отражающее индивидуальный субъективно преобразованный и структурированный опыт человека в его реальных неповторимых связях и отношениях с окружающей действительностью. В основе индивидуального образа мира лежит как чувственный, так и весь социокультурный опыт субъекта. Образ мира формируется в системе деятельностей, в которую включена личность, и рассматривается как подсистема образа жизни. В качестве источников его развития называются практическая деятельность, коммуникация и др. Его специфика определяется реальностью, в которой находится человек, отражающей тот конкретно-исторический, социально-культурный фон, где происходит становление и развитие личности.

Кроме того, в процессе своего исторического становления каждый этнос вырабатывает свой обособленный образ мира, объединяющий членов данного этноса. На его основе складывается менталитет этноса.

Под этническим образом мира понимают некое связное представление о бытии, присущее членам данного этноса, которое выражается через философию, литературу, мифологию, идеологию и т.п. Оно обнаруживает себя через поступки людей, а также через их объяснения своих поступков, и служит базой для объяснения людьми своих действий и своих намерений. Специфика этнического образа мира определяет для человека систему взаимодействия с окружающей действительностью и характер отношения к различным её реалиям. Зачастую присутствующая в этнической картине мира внутренняя логика может восприниматься членами данного этноса как нормативная, но не казаться таковой представителям других этносов. В наибольшей степени это проявляется при сопоставлении образов мира представителей разных этнокультур.

Несовпадение образов мира выражается в существовании лакун – «пробелов на семантической карте образов сознания коммуникантов» [3, 12]. Несмотря на то, что термин «лакуна» изначально применялся для описания словарных пробелов и классификации безэквивалентной лексики, впоследствии он получил более широкую интерпретацию: лакунарность характерна не только для языковых явлений, но и для культурологических несовпадений, обусловленных разными ассоциациями и символическими значениями предметов в сознании того или иного этноса. Теория лакун была успешно трансформирована в плоскость переводоведения, что позволило по-новому интерпретировать процесс перевода и выйти на уровень описания межкультурных различий. В настоящее время в переводоведении наблюдается тенденция к переоценке роли перевода в развитии цивилизации, к переосмыслению роли переводчика как автора перевода и к повышению статуса текста перевода, который понимается не как текст, зависящий от оригинала, а как иное, новое существование оригинала. Процесс перевода, соответственно, представляет собой поиск различий между оригиналом и переводом, обусловленных различиями в образах мира носителей языков.

Понимание каждой культуры как системы знаков, состоящей из закодированных смыслов, которым общество «присваивает роль культурных значений» [6, 57], а текста как элемента данной системы однозначно указывает на то, что переводчик находится на границе двух семиосистем, а каждый иноязычный текст является для переводчика изначально лакунизированным. В процессе перевода происходит его делакунизация, то есть расшифровывание значений единиц, входящих в его состав, с последующим перекодированием их в единицы текста перевода, сопровождающееся элиминированием лакун в лингвистических и фоновых знаниях переводчика. Единицы содержания оригинального текста, требующие перекодирования (транслемы), получают в тексте перевода вербальные соответствия (трансляты), а семы, входящие в их лексические значения, заменяются семами транслятов. Реализация образа мира переводчика в процессе его деятельности всегда сопровождается изменением смысла оригинального текста, которое превращает текст перевода в «новый», «самостоятельный» текст.

Анализ приемов делакунизации текстов немецкой прозы показывает, что русскоязычные переводы отличаются большей многословностью, которая проявляется вследствие мотивированного введения дополнительных лексем в текст перевода. Однако в отдельных случаях добавление лексем можно считать показателем излишне творческой работы переводчика. На усиление экспрессивности указывает появление в текстах переводов дополнительных эмотивных сем, которое часто сопровождается усилением их иронической окраски. Большая непринуждённость проявляется в наличии в тексте перевода большего, чем в оригинале, количества единиц с разговорной стилистической окраской. Экспликативность перевода реализуется при описании реалий и приводит к вербализации имплицитных ассоциаций, связанных с ними. Наиболее убедительно о большей образности языка перевода свидетельствует значительное количество случаев метафоризации, которая приводит к появлению в переводе транслятов с переносными значениями. Усилению образности высказывания способствуют тавтология, сравнительные обороты и устойчивые выражения. Проявлением эмпатии переводчика можно объяснить случаи создания им окказиональных языковых единиц, копирующих транслемы оригинального текста либо образованных аналогичным способом. Таким преобразованиям чаще других подвергаются сравнения, глагольные формы, отдельные лексемы и целые словосочетания.

Анализ приемов делакунизации, использованных переводчиками, имеет большое значение для дальнейшего изучения образа мира различных этносов и открывает новые перспективы для интерпретации перевода как результата взаимодействия образов мира двух этносов.

ЛИТЕРАТУРА

1. Леонтьев А.Н. Образ мира // Избранные психологические произведения: В 2-х т. Т. 2. М.: Педагогика, 1983. С. 251-261.
2. Лотман Ю.М. История типологии русской культуры. С.-Петербург: Искусство – СПб, 2002. С. 168-205.
3. Марковина И.Ю. Элиминирование лакун как действие социально-психологических механизмов «притяжения» и «отталкивания» // Вопросы психолингвистики. 2006. № 3. С. 12-33.
4. Петухов В.В. Образ мира и психологическое изучение мышления // Вестник Моск. ун-та. Сер. 14, Психология. 1984. № 4. С. 13–20.
5. Смирнов С.Д. Психология образа: проблема активности психического отражения. М.: Изд-во МГУ, 1985. С. 115-202.
6. Knapp K. Kulturunterschiede // Handbuch interkulturelle Germanistik. Stuttgart; Weimar: J.B. Metzler Verlag, 2003. S. 54-60.

Г.А.Набиуллина

К ВОПРОСУ ОБ АКТУАЛЬНОСТИ ИССЛЕДОВАНИЯ ТАТАРСКИХ ПАРЕМИЙ

Паремии (пословицы и поговорки) составляют одну из ценнейших составных частей фольклора. Они с древнейших времен играли и продолжают играть сейчас важную роль в духовной жизни народа, ибо имеют большое познавательное, идейно-воспитательное и эстетическое значение. В них нашли художественное воплощение богатый жизненный опыт и мировоззрение народа, его нравственные идеалы и нормы гуманистической морали. Паремии — жемчужины национального языка, свидетельствующие о его богатстве и красоте. Именно к ним восходят истоки художественного слова [5,1].

Пословицы, «точно фиксируя обобщенный жизнью, проверенный исторический опыт народа, его вековые наблюдения, представления о добре и зле, верности и предательстве, красоте и совершенстве, долге и чести, любви и дружбе, нравственности и справедливости, об этике и педагогике и т.д. и, воплощая этот опыт в чеканные, отточенные художественные формы, совмещают в себе достоинства народной энциклопедии, поэтических шедевров и неотразимых в своем изяществе фигур ораторского искусства» [10, 9].

Паремиология всегда была актуальной областью филологии. А в настоящее время, когда резко возрос интерес к народному духовному наследию и национальным языкам, она приобретает еще большую значимость. Паремии исследуются в лексическом, лексико-семантическом, жанрово-стилистическом, в структурно-синтаксическом аспектах. Имеется много диссертационных работ, в частности, А.А.Шрамма, И.А.Филипповской, Г.С.Варлаковой, З.К.Тарланова, В.Г. Гака, Д.О. Добровольского, А.В. Кунина, А.Г. Назарян, Ю.П. Солодуб, Г.З. Черданцевой. Паремий являются объектом изучения многих лингвистов, занимающихся сопоставительными исследованиями во фразеологии [3].

Тюркское языкознание располагает значительными трудами, посвященными исследованию языка паремий: в языке крымских татар данная проблема исследована Р.Музафаровым, в туркменском языке — А.Аннануровым, казахском языке — Р.Сарсенбаевым, узбекском языке — Х.Абдурахмановым, чувашском языке — Ю.Ефимовым, азербайджанском языке — Г.Юсифовым, каракалпакском языке — Г.Ниятуллаевым.

Поэтические ценности, языковые особенности татарских паремий не могли остаться вне поля зрения фольклористов литературоведов, и лингвистов, кто занимался и занимается их собиранием и научно-теоретическим изучением. Имеются отдельные статьи, заметки таких фольклористов, как М.Мамин, М. Магдиев, Х.Ярми, Н.Исанбет.

Изучением пословиц занимались многие лингвисты, исследуя разные аспекты паремиологического фонда татарского языка: происхождение и статус пословиц и поговорок (М. Мамин, Н.Исанбет, З.Мазитов, Х.Махмутов, Г.Ахунзянов), семантику (А.Р.Ахметшина, Г.Р. Мугтасимова), художественные особенности (А. Яхин, М. Магдиев,Т. Галиуллин), структуру (З. Мазитов, Г. Ахунзянов). За последние годы в татарской лингвофольклористике возникли различные подходы изучения паремий. Всякое новое исследование по паремиям привлекает внимание, прежде всего, именно своей актуальностью и научной новизной.

Необходимость изучения паремий объясняется тенденциями, наблюдаемыми в современной лингвистике в связи с процессами глобализации и активного взаимодействия различных национальных культур. В последние десятилетия появление монографических исследований, сборников научных трудов, отдельных статей свидетельствует о возросшем интересе к изучению паремических языковых единиц [1; 2; 4; 6; 7; 8; 9; 11; 12]. В этих работах выявляются важнейшие проблемы, направления лингвистического изучения татарских паремий, и сущность их сводится к тому, что на первый план выдвигается проблема словесной языковой организации татарских паремий.

В настоящее время наблюдается возрастающий интерес к коммуникативно-прагматическому, семиотическому потенциалу татарских паремических единиц [1; 9; 11; 12]. Отмечается тенденция к исследованиям паремий с целью выявления специфики картины мира, отраженной на паремиологическом материале татарского языка. Имеются сравнительно-сопоставительные исследования с русским, англиийским, немецким, французким языками [1; 2; 3; 6; 7; 8]. Например, в монографическом исследовании Ф.Х.Тарасовой дается полиаспектное сопоставительное освещение паремий с компонентом «пища» как основных структурно-семантических единиц, отражающих код татарского, русского и английского языков и культур [9].

Особую важность в современном языкознании, в том числе и в татарском, приобретают кросскультурные лингвофольклористические исследования, обращённые к изучению общего и культурно-специфического. В работах Д.А.Салеевой выявляется специфика этнической культуры и определяющей её этнической ментальности [8]. Ценность использования этнолингвистического и лингвокультурологического подходов к изучению татарских паремий заключается в его применимости к сопоставительному изучению разноструктурных языков.

Обобщая научные достижения и оценивая весомый вклад нового поколения в развитие паремиологических исследований, можно сказать следующее: новые монографические труды богаты интересными наблюдениями и выводами, разнообразием научных подходов.

Примечательно то, что в татарском языке наблюдаются новые паремиологические исследования в направлении семантико-прагматической, контрастивной, вариативной, этнолингвистической, лингвокультурологической паремиологии.

Литература

1.   Ахметшина А.Р. Семантика татарских пословиц (в сравнении с русскими и французскими пословицами). Автореф. дис... канд. филол. наук. –Казань, 2000. – 21 с.

2.   Биктагирова З.А. Концепт "Семья" в паремиологии английского, турецкого и татарского языков. Автореферат дис. ... канд. филол. наук. – Казань, 2007. – 24 с.

3.   Воропаева В.А. Сопоставительная характеристика английских, немецких, русских паремий и фразеологизмов, выражающих толерантность. Автореф. дис... канд. филол. наук. – Москва, 2007.

4.   Замалетдинов Р.Р. Татарская культура в языковом отражении. – М.: Гуманит. издат. центр. ВЛАДОС, Казань: Магариф, 2004. – 239 с.

5.   Махмутов Х.Ш. Афористические жанры татарского фольклора. Диссертация в виде научного доклада на соискание ученой степени доктора филологических наук. – Казань – 1995. – 76с.

6.   Мухарлямова Л.Р. Лингвокультурологическое поле времени в паремиях русского языка (в зеркале паремий татарского и английского языков). Автореф. дис... канд. филол. наук. — Казань, 2010 .

7.   Сайфуллина Э.Р. Когнитивная сфера русских и татарских паремий: "образ языка" и нормы речевого поведения. Автореф. дис... канд. филол. наук. — Уфа, 2009

8.   Салеева Д.А. Этнические, возрастные и гендерные концепты в русских, английских и татарских паремиях. Автореф. дис... канд. филол. наук. - Москва, 2004.

9.   Тарасова Ф.Х. Лингвокультурологические и когнитивно-прагматические основания изучения татарских паремий на фоне других языков. Автореферат дис. ... канд. филол. наук. – Казань, 2012. – 36 с.

10.   Тарланов З.К. Русские пословицы: синтаксис и поэтика. — Петрозаводск, 1999. – 448 с.

11.   Хузина Э.С. Репрезентация гендерных стереотипов в татарском языке (на материале паремий и авторских афоризмов). Автореферат дис. ... канд. филол. наук. – Казань, 2012. – 24 с.

12.   Юсупова Ә.Ш., Нәбиуллина Г.Ә., Э.Н., Денмөхәммәтова, Г.Р. Мөгтәсимова. Татар паремияләренең теле. – Казан: Ихлас, 2010 – 319 б.

А.А. Степанова
кандидат филологических наук,
доцент Днепропетровского университета имени Альфреда Нобеля
(Украина)

ФАУСТОВСКИЕ СМЫСЛЫ ЛИТЕРАТУРЫ РОМАНТИЗМА: РОМАН Ф.М. КЛИНГЕРА «ФАУСТ, ЕГО ЖИЗНЬ, ДЕЯНИЯ И НИЗВЕРЖЕНИЕ В АД»

Противоречия и антагонизмы романтического сознания и эпохи романтизма в целом неоднократно акцентировалась исследователями: «Вся эта эпоха, – пишет А. Михайлов, – творчески необычайно богатая, вся она глубоко кризисная, и вся она по сути своей переходная, так как ей буквально не на что опереться (в противоположность прочности риторической системы): все рушится, движется, скользит, устраивается, как может и как умеет» [1, 65]. В этом замечании А. Михайлова выделена, по существу, одна из ключевых характеристик фаустовского духа, обозначенных О. Шпенглером, – стремление к бесконечному движению, изменению, обновлению, всегда содержащее некий момент неустойчивости, который мог бы послужить предпосылкой кризисных тенденций. Кризисные противоречия романтизма нашли свое отражение в актуализации в литературе фаустовской темы.

Процессы развития фаустовской культуры наиболее ярко и глубоко были осмыслены в романтической литературе, и более всего – в немецкой, где Фауст был признан национальным символом эпохи. После почти двух веков литературного забвения образ Фауста вновь становится популярным на стыке Просвещения и Романтизма. По свидетельству В. Жирмунского, легенда о Фаусте прочно входит в классическую немецкую литературу в конце XVIII века [2, 345]. Романтическая интерпретация фаустовской темы обретает свое начало в творчестве Ф.М. Клингера.

В романе Ф. Клингера «Фауст, его жизнь, деяния и низвержение в ад» причиной конфликта, назревающего в душе героя, является недостижимость идеала: «слава и величие, подобно счастью, ускользает от тех, кто хочет овладеть ими» [3, 26] – познание, представляющее бесконечный процесс, служит причиной вечной неудовлетворенности Фауста: «Даже в самый момент блаженства он замечал несостоятельность и тщету достигнутого» [3, 26]. Эта неудовлетворенность, обострявшая ощущение узости границ всего человеческого, провоцировала внутренний конфликт, отражающий в сознании героя борьбу между стремлением преодолеть эти границы, выйти за пределы действительности, и насущной необходимостью тяжелым трудом добывать скудный хлеб: «Разве может быть свободен тот, чьи плечи от колыбели и до самой могилы давит железное ярмо необходимости?» [3, 198]. Стремление к величию, славе и богатству, которые позволили бы Фаусту «войти в круг избранных», приводит к осознанию собственного бессилия – изобретение книгопечатания, приписываемого Клингером Фаусту, оказывается не нужным людям, в результате чего в сознании героя возникает представление о зависимости собственного блага от постижения смысла отношений между человеком и Предвечным (Богом). Здесь внутренний конфликт, происходящий в душе героя, переходит в плоскость социальных отношений – Фаустом движет желание понять причину нравственного зла и, тем самым, восстановить социальное равновесие: «Фауста грызла мысль: как это возможно и почему так происходит, что умные, способные и благородные люди везде стеснены, тогда как подлецы и дураки богаты, счастливы и окружены почетом?» [3, 27]. Постижение же смысла отношений между человеком и Богом, по мысли Фауста, приведет к пониманию того, как распределяются «дары благополучия и счастья», откроет путь к достижению идеала – познания истины о предназначении человека, смысле его бытия. Обострение внутренних противоречий в душе героя обусловлено тем, что для достижения благих целей необходимо преступить нравственный закон – Фауст оказывается в ситуации выбора между добром и злом.

Притязания Фауста вызывают в душе автора иронию, направленную, скорее, не на конкретного персонажа, а на романтическое мировоззрение в целом – главный герой романа предстает «одним из тех эстетических философов, которые хотят постигнуть воображением то, что не дано холодному рассудку», оттого Фауст «часто обнимал облако, вместо супруги громовержца» [3, 26]. Ирония автора указывает на иллюзорность устремлений – в мире, где «нет ничего, кроме неодолимой тирании», возможность счастья и свободы весьма призрачна. С другой стороны, авторская ирония выводит трагический конфликт за рамки отдельной личности – трагичным видится не то, что Фауст не достигает своей цели, а то, что наделенный страстным духом и недюжинными талантами человек ставит перед собой столь ничтожную цель – достичь славы и величия, чтобы войти в круг избранных. Мелочность притязаний вскрывает несоответствие героя выстроенному им идеалу – Фауст его не достоин: в конце романа возникает аллегорический образ храма, опорами которому служат вера, надежда и любовь, и который хранит тайну бытия. Но Фаусту не позволено туда войти.

Несколько односторонне понимание Фаустом справедливости, которая распространяется только на избранных («умных, способных и благородных»), вскрывает шаткость индивидуалистического мировоззрения романтиков – мысль о собственной исключительности, – утверждает автор, – «заблуждение, присущее как величайшим гениям, так и пошлейшим глупцам» [3, 26].

Роман Ф. Клингера знаменует начало развития фаустовской темы в литературе романтизма. Проблемы, поставленные автором в своем произведении, осмысливаются в русле как средневековой, так и просветительской традиций – как и в «Трагической истории доктора Фауста» К. Марло страх погубить душу сделкой с дьяволом приводит героя к раскаянию; вопрос о ценности для человечества науки и знания решается пессимистически, в духе Руссо, что отмечено исследователями [2, 255]. В то же время в осмыслении образа Фауста отчетливо просматриваются романтические тенденции – автору импонирует бунтарский характер героя – страстного искателя истины, стремящегося вырвать у Бога все его тайны, главная из которых предназначение человека на земле, смысл его жизни: «Он хотел осветить тьму, скрывающую от него призвание человека, постичь Предвечного» [3, 27]. В отличие от трактовки Марло, осуждению подлежит не увлечение магией, и даже не способность вступить в сделку с дьяволом, а то, что Фауст оказывается недостойным своего идеала, что и служит, согласно замыслу книги, причиной гибели героя.

В романтической ситуации обретает новый смысл и сцена договора с Мефистофелем. В отличие от легенды о Фаусте и трагедии Марло, где акцентировалась греховность сделки с Мефистофелем, в романтической интерпретации фаустовского сюжета мотив греховности снимается вследствие включения мистического начала в сферу научного познания. Таким образом, оправданы и цель – проникнуть в тайны вселенной, – и способы достижения цели, т. к. все они подчинены задаче постижения Божественного и, в конечном итоге, – приближения к Богу.

В результате смещения акцента на аксиологическую доминанту познания, образ Мефистофеля приобретает амбивалентный характер и философское осмысление, лишь опосредовано связанное с проблемами добра и зла – скорее, подвергается осмыслению зыбкость границ между ними.

В романтической трактовке традиционного сюжета образу Мефистофеля придается иной вектор развития. Он не отвечает на вопросы Фауста на вопросы об устройстве мира (как у Марло), а, подвергнув иронии отвлеченность, умозрительность теоретического знания, погружает Фауста в живую жизнь, дабы тот познал ее изнутри, соединив, тем самым, теоретическое знание ученого и «правду» реальной действительности. Будучи проводником и наставником Фауста в постижении эмпирического опыта бытия, Мефистофель, по замечанию П. Слотердайка, являет новую «мыслительную модель», воплощающую «логику эволюции, логику позитивной диалектики, которая сулит конструктивную деструкцию, созидательное разрушение» [4, 279].

Так, в романе Ф. Клингера дьявол вскрывает подлинную правду о мире и человеке, которые равно несовершенны и грешны и не стоят благих порывов Фауста: «Гармония… разве она руководит запутанной пляской жизни?.. Я покажу тебе, чего стоит нравственное достоинство человека. Я покажу тебе все, о чем болтают твои философы, я рассею лучезарный туман, навеянный гордостью, самолюбием и тщеславием, который застилает вам взор и окрашивает мир в такие яркие краски… Я поведу тебя на арену мира, и ты увидишь людей нагими» [3, 59].

Тем не менее тщетность устремлений Фауста, неспособность опираться только на собственные силы несколько снижают оптимистический пафос романтического восприятия героя, актуализируя в образе Фауста мотив катастрофизма. Катастрофическая доминанта фаустовского сознания в данном случае обусловливается бессмысленностью исканий и дерзаний Фауста. Определяя Фауста Гете как «человека трагического», С. Клемчак объясняет свою мысль тем, что Фауст в финале трагедии так же несчастен и бессилен, как и в начале. Неспособность отречься от собственных амбиций ведет героя к абсурду. И это стремление ad absurdum делает Фауста трагическим героем [5, 167]. Думается, эта мысль исследователя актуальна и по отношению к другим, рассмотренным нами, романтическим произведениям о Фаусте.

Так, мотив абсурдности устремлений героя в романе Ф. Клингера становится очевидной уже в начале повествования: Фауст занимается книгопечатанием, чтобы нести людям свет учения. Однако изобретение Фауста оставляет людей равнодушными, более того, изобретением воспользуется дьявол, превратив книгу, мыслимую Фаустом как инструмент познания истины, в орудие ее искажения. Попытки доказать дьяволу нравственную ценность человека приводят Фауста к глубокому разочарованию – пошлость и гнусность реальности оказываются сильнее высоких порывов: в финале романа сцена низвержения Фауста в ад предваряется представлением, разыгранным перед героем Сатаной. В этом спектакле пляшут рука об руку мораль и порок, история и ложь, шарлатанство и медицина, юриспруденция и донос, целомудрие и разврат и т. д. Сцена этой пляски, в которой становятся рядом, казалось бы, непримиримые противоположности, аллегорически отражает момент истины в сознании героя, той самой истины, которую он искал, но мыслил совершенно иначе.

Литература:

1. Михайлов А.В. Проблемы анализа перехода к реализму в литературе XIX века // Михайлов А.В. Языки культуры. – М.: Языки русской культуры, 1997. – 912 с. – С. 43-111.

2. Жирмунский В.М. История легенды о Фаусте // В кн.: Легенда о докторе Фаусте / Под ред. В.М.Жирмунского. – М.: Наука, 1978. – 424 с. – С. 257-362.

3. Клингер Ф.-М. Фауст, его жизнь, деяния и низвержение в ад. / пер. с нем. Артура Лютера (1913 г.). – М.-Л.: Гос. издательство художественной литературы, 1961. – 227 с.

4. Слотердайк П. Критика цинического разума. – Екатеринбург: У-Фактория; М.: АСТ МОСКВА, 2009. – 800 с.

5. Klemczak Stefan. «Mit Fausta» jako próba oswojenia nowoczesnego świata // Antropologia religii. Studia i szkice, pod red. Jana Drabiny. – Kraków: Wydawnictwo Uniwersytetu Jagiellonskiego, 2002. – 182 s. – S. 149-168.

Подвысоцкая Е. А.
преподаватель кафедры культурологии
ОНУ им. И. И. Мечникова
evgenia_p@ukr.net

КОНЦЕПТ «САМОРЕАЛИЗАЦИИ» В ПРОБЛЕМНОМ ПОЛЕ СОВРЕМЕННОГО СОЦИОГУМАНИТАРНОГО И СОЦИАЛЬНО-ФИЛОСОФСКОГО ЗНАНИЯ

Актуальность исследования. Проблематика, связанная с феноменом самореализации, является одной из наиболее распространенных в современном гуманитарном знании. Она исследуется в самых разных дисциплинах и ставится в самых разнообразных контекстах. Однако часто понятие самореализации остается без должной теоретической и философской рефлексии, принимается как данность. Как нам представляется достаточно **актуальной** является задача выяснения генезиса данного понятия, историю его концептуализации, сущность и специфику, соотнесенность понятий «самореализация» и «самоактуализация». Этим определяется и **цель** настоящего исследования: выяснить истоки, сущность концепта «самореализация», специфику его употребления в проблемном поле современного гуманитарного знания, прежде всего социально-философского знания.

Основы научного изучения проблемы самореализации были заложены в американской гуманистической психологии, в работах А. Маслоу, К. Роджерса, В. Франкла, А. Адлера, Г. Олпорта, Г. Мюррея, Г. Мёрфи, Дж. Келли, Ш. Бюлера и ряда других ученых. В рамках этой традиции самореализация рассматривается в контексте самоактуализации. Так в своих работах один из основателей гуманистической психологии А. Маслоу[16] обосновывает концепцию самоактуализирующейся личности, где и вводит базовые термины - самореализация (у Маслоу — self-fulfilment) и самоактуализация (self-actualization). Как подчеркивает психолог и переводчик книг А. Маслоу на русский язык С. Степанов, термин «самоактуализация» - отнюдь не изобретение американского ученого. Им пользовался и К. -Г. Юнг, понимая под самоактуализацией конечную цель развития личности, достижение ею единства на базе наиболее полной дифференциации и интеграции различных ее сторон[26].

Однако большинство исследователей[2] полагает, что термины «самореализация» и «самоактуализация» были введены в научный оборот немецким нейрофизиологом К. Гольдштейном в 30-е годы ХХ века[4;5].

У Гольдштейна на концептуальном уровне оба термина рассматривались как синонимы, их различие первоначально было скорее операциональным, связанным с конкретикой психологических исследований. Концептуализация «self-actualization» и «self-realization» осуществлялась у Гольдштейна в два этапа. На первом, «клиническом» этапе нейрофизиолог, специализировавшийся на лечении последствий черепно-мозговых травм, понимал под "самоактуализацией" активацию внутренних ресурсов организма, до травмы не проявлявших себя, результатом действия которых является способность организма к реорганизации. Затем наступает «философский», где самоактуализация понимается как универсальный принцип жизни, основной и единственный мотив жизни, творческая тенденция человеческой природы, основа развития и совершенствования организма. Речь идет также о «высшей самоактуализации».

Российский психолог С. Кудинов, разрабатывающий полисистемный подход к исследованию самореализации личности, указывает, что в настоящее время термин «самореализация» отсутствует в отечественной (русскоязычной) научной справочной литературе, а в зарубежной - он трактуется неоднозначно, чаще — как «реализация собственного потенциала»[11]. Исследователь в качестве первого научного упоминания термина «self–realisation» упоминает «Словарь по философии и психологии», изданный в 1902 году. Российский психолог Е. Вахромов, один из немногих, кто предпринял достаточно детальный терминологический анализ понятий «самореализация» и «самоактуализация» в их общих чертах и различиях[2]. Он попытался разграничить понятия «самореализация» и «самоактуализация», выделить их специфику в контексте гуманистической психологии. Существенным недостатком подхода Е. Е. Вахромова является то, что свои размышления о феномене самореализации он строит на достаточно искусственной этимологии,. Так, термин «самореализация», являющийся парным по отношению к «самоактуализации», он возводит к «realization», опираясь на Оксфордский словарь современного английского языка (1984)[2]. Между тем, в традиции гуманистической психологии, прежде всего, у А. Маслоу, парным для самоактуализации (self-actualization) является термин self-fullfilment.

Опираясь на исследования К. Роджерса и А. Маслоу[13;14;15;16] Вахромов Е. определяет процесс самоактуализации как сознательный выбор жизненных целей и путей их достижения, как определенная последовательность эпизодов, ситуаций, в каждой из которых «Я» сталкивается с определенными проблемами, принимает вызов, и, прилагает собственные усилия, по мере решения проблем, совершенствуется, сознательно выбирает для себя еще более трудные (но соответствующие моим силам и возможностям, моей «самости») реалистические проблемы. В строгом значении термина, самоактуализация есть проявление в поведенческом плане способности к саморегуляции. Отказ от усилий по самореализации ведет к деградации, чреват возникновением патологии (метапатологии).

Говоря о различении терминов, исследователь полагает, что реализация (realization) - это, прежде всего, осознание, мыслительная (когнитивная) деятельность, а актуализация (actualization) - имеет значение деятельности как процесса, трату сил (от латинского корня actus - поступок), имеющую вещественный результат. Понятие «самореализация» означает, таким образом, мыслительный, когнитивный аспект деятельности, проявляющийся в построении и корректировке «концепции Я», включая «идеальное Я», картины мира и жизненного плана. «*Самоактуализация и самореализация* оказываются, таким образом, двумя неразрывными сторонами одного процесса, процесса развития и роста, результатом которого является человек, максимально раскрывший и использующий свой человеческий потенциал, самоактуализировавшаяся личность»[2].

О генезисе понятия «самоактуализация» в психолого-педагогическом контексте размышляет И. В. Костерина[10]. Сравнивая содержание понятия у К. Гольдштейна и А. Маслоу, исследовательница утверждает, что для К. Гольдштейна самоактуализация – это мотив, а для А. Маслоу - уровень развития личности. Сущность самоактуализации определяется как организация человеком своего бытия, а формами, или элементами, ее структуры является достижение человеком смысла своей жизни, ориентация в мире, нравственный выбор. Самоактуализация осуществляется на основе саморефлексии и рефлексии другого опыта. Таким образом, в данной трактовке, автор не видит смысла во введении отдельного понятия – самореализация, подчеркивающего когнитивный аспект деятельности, пользуясь для этого терминами «рефлексия» и «саморефлексия».

Мы начали с психологического аспекта функционирования понятия «самореализации», как наиболее употребляемого и широко распространенного.

Пока еще в недостаточной мере осмыслен глубокий философский контекст концепта «самореализация». Для глубинного экзистенциального и онтологического рассмотрения следует, прежде всего, обратиться к работам М. Хайдеггера, в частности к его рукописи 1922 года, ставшей прототипом «Бытия и времени», к «Феноменологической интерпретации Аристотеля», где содержатся основания понимания «самореализации» (Vollzüge) как осуществления, исполнения[27].

Говоря о феномене фактичности и историчности , М. Хайдеггер выделяет три смысловых аспекта: «во-первых, то первоначальное „что“, которое узнается в опыте – содержание (Gehalt), во-вторых, то первоначальное „как“, в котором это испытывается – соотнесение (Bezug), и, в-третьих, то первоначальное „как“, в котором осуществляется соотнесенный смысл – осуществление (Vollzug)»[9].

В отечественную гуманитаристику тема самореализации вошла в контексте предпринятой в конце 1970-х — начале 1980-х гг. конкретизации данного понятия в рамках деятельностной парадигмы личности. В указанный период выделились две школы – свердловская (Коган Л. Н.[8], Михайлов Н.Н.[18], МеренковВ.И.[17],Петрова Е.[21], Руткевич М.Н.[25] и др.) и киевская (Бекешкина И. Э.[1], Головаха Е.И.[3], Недашковская М.А.[19], В.А. Тихонович, В.И. Шинкарук, Шульга М.[29] и др.). Свердловская школа провела серьезный категориальный анализ понятия самореализации. Представители киевской школы рассматривали самореализацию как социально-психологический феномен, они включили данную проблематику в контекст разрабатываемой ими концепции жизнетворчества, личностного самоосуществления. Дальнейшее изучение самореализации личности связано с рассмотрением отдельных сторон данной проблемы: самосознания, социальной и духовной свободы, человеческой индивидуальности, смерти и бессмертия, смысла жизни, социализации и социальной адаптации, человеческого общения, диалогичности сознания и бытия человека и т. д. Предпринималось изучение самореализации личности как феномена культуры (Брылева Л.Г., Кебина Н.А.[7], Лайпанова Ф.Х.[12], Шамолин Р.В.[28]). Так, например, российский социолог Пасовец Ю. [22], предлагает социокультурный подход к феномену самореализации, рассматривая его на примере молодежи как социально-демографической и возрастной группы. Достоинство данного исследования в том, что социолог-практик четко обозначает проблему недостаточной философско-теоретической разработанности понятия самореализация как социокультурного феномена. Автор пытается восполнить этот пробел и не выходя за дисциплинарные рамки социологии дать интегративное представление о самореализации. Заслуживает внимания выделенные исследовательницей структурные компоненты самореализации: интенциональность, процессуальность, результативность.

Компонентами структуры самореализации личности предстают интенциональность (потребность, мотив, смысл, ценность); процессуальность (направленность — индивидуально-личностная и социальная, средства — социализация и индивидуализация, механизмы — идентификация и отчуждение); результативность (социальная реализованность и субъективная удовлетворенность). Пасовец дает собственное определение самореализации личности, понимая под ней « фундаментальную тенденцию личностного развития человека и системообразующий фактор его жизнедеятельности. Содержание самореализации личности раскрывается в проявлении личностного потенциала человека через различные виды активности. В реализации своего личностного потенциала человек проявляет субъ-ектность как способности к совершенствованию себя и окружающего мира и разрешению противоречий между объективными и субъективными условиями существования»[22].Таким образом автор демонстрирует свою приверженность деятельностной парадигме . Самореализация включена в жизнедеятельность, активность в разнообразии ее видов. Самореализация связана с субъектностью, понятой, в том числе и как способность к разрешению противоречий между объективными и субъективными условиями существования. Этот момент кажется нам достаточно спорным, вряд ли в процессе самореализации такое противоречие может быть принципиально снято. Однако такой акцент в определении самореализации позволяет рассматривать этот феномен не только как индивидуально-личностный, но и как социальный, связать индивидуальное, социальное и культурное начала в жизни конкретного человека.

Мы также обратились к некоторым современным украинским социально-философским исследованиям, где в той или иной степени тематизирована рассматриваемая нами проблема. Так Л.А. Никифорова[20] осуществляет социально-философский анализ форм самореализации личности[20]. Концептуальной основой становится базовое базовое определение культуры как пространства самореализации личности, где разворачивается противоречие объективных общественных отношений и субъективных условий жизнедеятельности людей. При таком подходе концепт самореализации приобретает сущностный характер, самореализацию можно понимать как важнейшую универсальную культуры. Говоря о самореализации личности как о процессе, исследовательница делает акцент на выборе ее мировоззренческой и смысложизненной позиции в ситуации деятельностной активности и «экзистенциального напряжения». При такой постановке задачи ключевой проблемой оказывается личность, ее смысложизненные, мировоззренческие и экзистенциальные ориентиры. Понятие самореализация не проблематизировано в должной мере. Обращаясь к «парадигмальным модусам дискурса личности» автор не ставит вопрос о «парадигмальных модусах дискурса самореализации».

Поскольку в данном исследовании ключевой является проблема личности, именно ее понимание диктует специфику понимания самореализации. Л. Никифорова исходит из категории «самость», основанной на идее «сущности человека», которая в актах самореализации проявляет себя, разворачивается. Такую модель личности, а, следовательно, и самореализации, мы определим как субстанциональную. В связи с этим формулируется принцип «оптимальной самореализации человека» - самореализация осуществляется через обретение смысла жизни, а сам смысл жизни предстает как наиболее совершенный способ реализации «сущности».   Поскольку, Никифорова самореализацию рассматривает через самость и сущность, мы считаем возможным отнести ее подход к субстанциональной модели самореализации. Такую модель личности, а, следовательно, и самореализации, мы определим как субстанциональную.

В исследовании Н.Ф.Юхименко «Гуманистические параметры самореализации личности: потребности, интересы, ценности» акцент сделан на выявлении гуманистических параметров самореализации[30]. Автора интересует, каким образом осуществляется динамика и соотношение ценностей, интересов и потребностей личности и общества, какие при этом возникают противоречия и пути их решения, как достигается согласованность индивидуальных, общих и общественных потребностей в процессе самореализации личности. Феномен самореализации рассматривается в контексте индивидуального ценностного сознания. Обращаясь к триаде: потребности-ценности-интересы, Н.Ф.Юхименко ищет оптимальные формы их взаимодействия в системе самореализации. В ее модели потребности выступают побуждающей силой, интересы - позициональной категорией, а ценности--мотивационной сферой. Заслуживает внимания интерес исследовательницы к реконструкции философских истоков проблемы самореализации. Выделяются две линии. Первая — связана с идеями И. Канта о разуме как универсальном императиве личностного бытия индивида и главном основании построения общественных отношений. Вторая линия исходит из идей «философии жизни». Это разделение можно принять как условное, схематическое, лишь задающее направления движения мысли, допускающее альтернативы. Таким образом, в данном исследовании осуществляется поиск фундаментальных философских оснований проблемы самореализации, справедливо отмечается что дання проблема как философская фактически еще не поставлена.

Еще один вариант социально-философского подхода к проблеме самореализации содержится в исследовании Дарагана, он включает самореализацию в контекст центральной для его исследования темы актуализации индивидуальности.

В качестве ядра данной проблемы он рассматривает сложную диалектику социального и экзистенциально, личностного и индивидуального, рационального и иррационального. Дараган сосредоточился на сопоставлении двух близких и часто отождествляемых понятиях – самореализации и самоактуализации. Он предлагает различать их следующим образом. Самореализация (личности) представляет собой социально значимую составляющую процесса самораскрытия человеческого духа, а актуализацию (индивидуальности) понимать как экзистенциальную, индивидуально значимую составляющую. Мы видим, что различаются не только базовые понятия – самореализация--самоактуализация, но и те понятия, которые с ними соединены. Самореализация соединяется лиш с понятим личность, а самактуализация – с понятим индивидуальность. Таким образом, следуя логике автора можно полагать, что в поле социально-философского анализа попадает именно самореализация личности, однако сам Драган как социально-философскую проблему рассматривает актуализацию индивидуальности, вводя ее в поле социально-философского анализа. Взаимосвязь актуализации индивидуальности и самореализации личности Дарагана, основываясь на методологи Э. Гуссерля, видит следующим образом: актуализация определяет выбор социально-ролевых функций и вносит фактор уникальности в их воплощение. Она является имманентной основой самореализации личности.

Дараган предлагает типологию личностной самореализации, выделяя нормативную и ненормативную самореализацию. Под нормативной самореализацией он понимает самореализацию личности соответственно к существующей в данном культурном контексте социально допустимой и адекватной к индивидуальному Я ролевой функции. А ненормативная самореализация представлена такими видами как:

А) Неадекватное индивидуальному «Я» ошибочно-ролевое самоопределение;

Б) Самоидентификация с социально нелегитимными (маргинальными, девиантными и др.) ролями;

С) асоциальность как принципиальный отказ индивида от социально-ролевой идентичности и фиктивной самореализации, связанная с девальвацией самой социально-ролевой реальности субъекта.

Как нам представляется, часто сегодня сам выбор формулировок, связанных с самореализацией личности в обществе является отголоском традиций советского марксизма, исторического материализма.

Таким образом, вне поля внимания исследователей в рамках социальной философии остаются сопряженные с темой самореализации такие темы как генезис, динамика, внутреннее наполнение, антиномии (субстанциональной и становящейся). И при кажущейся широкой разработанности данной темы мы выявляем, что в сущности своей и специфике она в социально-философских исследованиях фактически не разработана. Можно согласиться с мнением Юхименко: «Хотя самореализация личности достаточно основательно исследуется в своих отдельных аспектах, в целом как фундаментальная социально-философская проблема, она еще не решена, но и в недостаточной мере поставлена»[30].

Проведенный нами обзор исследований проблемы самореализации на междисциплинарном уровне позволяет сделать **вывод** о разнообразии подходов к систематизации феномена самореализации (нормативная, ненормативная, фиктивная игровая--выдвинутые Дараганом[6]), о вариативности представлений о его структурных компонентах: нормы-потребности ценности в контексте дихотомии разум-жизнь (Юхименко[30]); интенциональность-процессуальность, результативность

(Пасовец[22]); актуализация индивидуальности – самореализация личности (Дараган[6]).

Таким образом, в имеющейся исследовательской литературе по проблеме самореализации не представлен подход к смыслонаполнению понятия самореализации. В большинстве своем самореализация не является основной темой, она рассматривается как функция, способ, средство, чаще всего в контексте проблематики «личность и общество». Специфика социально-философской постановки проблемы самореализации представлена в размышлениях о том, как соотноситься характер современного общества (транзитивное, динамичное, «общество риска») с формами самореализации. Это соотношение не беспроблемно. Исследователи показывают, что кризис самореализации чаще всего связан с тем, что формы самореализации оказываются более консервативными, чем глобальные социальные трансформации, эти формы условно говоря, не успевают отвечать на глобальные вызовы времени, что и рождает личностные кризисы.

Литература:

1.   Бекешкина И. Э. Структура личности (методологический анализ). Киев, 1986. --129 с.

2.   Вахромов Е.Е. Понятия «самоактуализациия» и «самореализация» в психологии// http://hpsy.ru/public/x041.htm

3.   Головаха Е. И. Жизненная перспектива и профессиональное самоопределение молодежи. — К., Наук. думка, 1988. — 142 с.

4.   Goldstein, Kurt. (1934). Der Aufbau des Organismus. Einführung in die Biologie unter besonderer Berücksichtigung der Erfahrungen am kranken Menschen. Den Haag, Nijhoff, 1934// http://www.sudoc.abes.fr/DB=2.1//SRCH?IKT=12&TRM=024745855&COOKIE=U10178,Klecteurweb,D2.1,E866ff849-b71,I250,B341720009+,SY,A%5C9008+1,,J,H2-26,,29,,34,,39,,44,,49-50,,53-78,,80-87,NLECTEUR+PSI,R91.244.69.254,FN

5.   Goldstein, Kurt. (1940). Human Nature in the Light of Psychopathology. Cambridge: Harvard University Press// books.google.com.ua/books/about/Human_nature_in_the_light_of_psychopatho.html?id=KtWjVq54YqsC&redir_esc=y

6.   Дараган К. М.Актуалізація індивідуальності як соціально-філософська проблема// Автореферат дисертації на здобуття наукового ступеня к.ф.н-Х, 2001// http://disser.com.ua/content/333625.html

7.   Кебина Н.А. Философия смысла и самореализация личности (монография) / под ред. А.Э.Воскобойникова. – М.-2003

8.   Коган Л. Н. Всесторонне развитие и самореализация личности // Вестник МГУ, 1981. N 3.

9. Коначева С.А.Феноменология и теология в ранних работах Хайдеггера// http://spf.ff-rggu.ru/prepod/konacheva_s_a/fenomenologiya_i_teologiya/

10. Костерина И. В. Понятие «самоактуализация» в психолого-педагогическом аспекте// Ученые записки: электронный журнал Курского государственного университета. – 2012. - № 1(21) [Электронный документ]. – Режим доступа: scientific-notes.ru/pdf/023-029.pdf

11. Кудинов С.И., Кудинов С.С. Роль самореализации в проявлении толерантности личности // ПЕДАГОГИЧЕСКОЕ ОБРАЗОВАНИЕ И НАУКА.Научно-методический журнал. С13-20// http://www.manpo.ru/manpo/publications/ped_obraz/n2012_08.pdf

12. Лайпанова Ф.Х., Проблема самостановления личности в культуре(текст диисертации).-Р-н-Д, 2000-117с.http://www.dissercat.com/content/problema-samostanovleniya-lichnosti-v-kulture

13. Маслоу А. Дальние пределы человеческой психики / Перев. с англ. А. М. Татлы-баевой. Научи, ред., вступ. статья и коммент. Н. Н. Акулиной. -СПб.: Евразия,1999.-432с.

14. Маслоу А. Мотивация и личность/ Абрахам Маслоу. [пер. с англ. Татлыбаевой А. М.] — СПб.: Евразия, 1999. – 478с.http://maslow.hpsy.ru/biography/

15. Маслоу А. Психология бытия пер с англ. М., К., 1997. --304 с

16. Маслоу А. Самоактуализация. Текст. / А. Маслоу // Психология личности. Тексты. (Под ред. Ю.Б. Гиппенрейтер, А.А. Пузырея). — М.: Изд-во МГУ, 1982.-С. 108-117.-288с.

17. Меренков В. ДЕТЕРМИНАЦИЯ СУДЬБЫ ЧЕЛОВЕКА ЕГО СМЫСЛОМ ЖИЗНИ В СОВРЕМЕННОЙ СИТУАЦИИ// МЕРЕНКОВ В.И.Психологические проблемы смысла жизни и акме. Материалы XI симпозиума. - Под ред. Г. Вайзер, Е. Вахромова – 2006 http://hpsy.ru/public/x2717.htm

18. Михайлов, Н. О потребности личности в самореализации/Н.Н. Михайлов//Философские науки. – 1998. - № 4. – С. 24 – 32 Цит по: Н.А. Никашина, ПРОБЛЕМА САМОРЕАЛИЗАЦИИ ЛИЧНОСТИ ОТ АНТИЧНОСТИ ДО НАШИХ ДНЕЙ, 2011// http://edu.tltsu.ru/sites/sites_content/site1238/html/media67905/068_Nikasina.pdf

19. Недашковская М. Самореализация личности как феномен культуры: Дисс. .канд. философ, наук. Киев, 1990. - 167 с http://www.dissercat.com/content/psikhologicheskie-osobennosti-samoaktualizatsii-lichnosti-podrostkov-i-yunoshei-v-semyakh-s-

20. НИКИФОРОВА Л. ОСОБИСТІСТЬ І ФОРМИ ЇЇ САМОРЕАЛІЗАЦІЇ// Автореферат дисертації на здобуття наукового ступеня к.ф.н-Д, 2007// http://disser.com.ua/content/338655.html

21.   Петрова Е., Социальное самочувствие молодежи (опыт изучения возрастной когорты) Текст.: Автореф. дис. . канд. социол. наук: 22.00.06. / Петрова Лариса Евгеньевна. Екатеринбург, 1997. - 19 с http://www.dissercat.com/content/gumanisticheskie-tsennosti-v-strukture-zhiznennykh-orientatsii-studencheskoi-molodezhi

22.   Пасовец Ю., «Самореализация молодежи как предмет социокультурного анализа»(диссертация)- Курск, 2006- 203с http://www.dissercat.com/content/samorealizatsiya-molodezhi-kak-predmet-sotsiokulturnogo-analiza

23.   Роджерс К., Взгляд на психотерапию. Становление человека, Из-во: Прогресс, Универс, 1994 г.--480 с.

24.   Роджерс К . Клиентоцентрированная терапия . Теория личности. / Пер с англ. М.: Рефл-бук, К.: Ваклер, 1997.

25.   Руткевич, М., Рубина, Л. Общественные потребности, система образования, молодежь Текст. / М.Н. Руткевич, Л.Я. Рубина. М., 1988. -224 с http://www.dissercat.com/content/gumanisticheskie-tsennosti-v-strukture-zhiznennykh-orientatsii-studencheskoi-molodezhi

26.   Степанов С. Абрахам Маслоу/Биография //maslow.hpsy.ru/biography/

27.   Хайдеггер Мартин, Феноменологические интерпретации Аристотеля (Экспозиция герменевтической ситуации) Пер. с нем., предисл., науч. ред., сост. слов. Н. А. Артеменко СПб.: ИЦ «Гуманитарная Академия», 2012.-224 с.)

28.   Шамолин Р. Самореализация человека как феномен русской мен-тальности. Дисс. Канд. Философских наук, Томск, 2000

29.   Шульга М. Соціальний ареал життя особистості як предмет соціологічного дослідження // Соціальний ареал життя особистості. - К.: ІС НАНУ, 2005. - С.18-54.   http://www.i-soc.kiev.ua/institute/shulga.php

30.   Юхименко Н. Гуманистические параметры самореализации личности: потребности, интересы, ценности. – Автореф. дис... канд. філософ. наук: 09.00.03 / Н.Ф. Юхименко; Київ. нац. ун-т ім. Т.Шевченка. — К., 2003. — 18 с. — укр.

Сапожникова О.А

к.э.н.,доцент кафедры Теоретическая экономика и Международные экономические отношения Самарского государственного экономического университета

Olya7khan@list.ru

РЕСУРСНЫЕ ФОНДЫ КАК ОДНА ИЗ ВАЖНЕЙШИХ ФОРМ ИЗЪЯТИЯ РЕНТЫ

Важное место в сбалансированности бюджета в некоторых странах, а на сегодняшний день их уже насчитывается более двадцати, отводится таким институтам как ресурсные фонды. Это сравнительно новые институты с присущими им инструментами государственного регулирования национальных финансов. Появление ресурсных фондов обусловлено поиском важных инструментов и механизмов, позволяющих ослабить появившуюся зависимость мировой экономики от конъюнктуры нефтяного и газового рынков, рынков цветных металлов и даже сельскохозяйственных продуктов, обладающих повышенным влиянием на изменение государственных экспортных доходов. Правительство любой страны волнуют перспективы роста в концепции «sustainable development» или концепции устойчивого развития. На сегодня ресурсные финансовые фонды реально функционируют в бюджетных системах как высокоразвитых так и развивающихся стран .

На наш взгляд ресурсные фонды в значительной мере должны формироваться за счет аккумуляции ренты , газовой, нефтяной и других видов рент , которые по своей экономической сущности представляют ложную социальную стоимость . Мы стоим на позиции определения ренты как ложной социальной стоимости , не связанной с реальными затратами труда и которая должна изыматься в пользу общества . И использование средств ресурсного фонда , распределение и перераспределение в пользу общества является наиважнейшей задачей современного российского правительства. Через ресурсные фонды распределяется незначительная часть важнейших видов рент, ввиду отсутствия научно-обоснованных методик расчета ренты . По нашим расчетам земельный ренты Самарской области , только 17 процентов ренты изымается в бюджет ,оставшаяся часть ренты остается у предпринимателя , не являясь результатом его труда [1].Российская система налогообложения принципиально отличается от системы налогообложения ряда ведущих стран ,в то время как изъятие ренты через налоги являются одной из важнейших фаз

---

[1] Е.Е. ЛЫСОВ Добавочная прибыль как категория относительного метода повышения доходов производителей Вестник СГЭА, САМАРА ,2000

воспроизводственного процесса . В обобщенном виде основными инструментами изъятия рентного дохода в мировой нефтегазовой промышленности являются бонусы, ренталс, роялти, налоги на случайную прибыль, таможенные тарифы, вывозные таможенные пошлины, налог на прибыль и ресурсно-рентные налоги. Система налогообложения в России нуждается в серьезной доработке и приближении к международным стандартам .

Проблема определения, присвоения и распределения дифференциальной ренты на национальном уровне имеет не менее важное значение чем на мировом уровне. Дифференциальная рента играет огромное значение в ценовой стратегии региона. Используя мировой опыт и собственный немноголетний опыт в России были созданы ресурсные фонды. До 2008 года функции ресурсного фонда выполнял Стабилизационный фонд Российской Федерации, который формировался в соответствии с Главой 13 Бюджетного кодекса РФ «Стабилизационный фонд Российской Федерации». В соответствии с дальнейшим развитием российской экономики и внесенными изменениями в Бюджетный кодекс было упразднено понятие Стабилизационного фонда Российской Федерации и введено понятие «Резервный фонд» и «Фонд будущих поколений»(см. таблицу 1). Были определены новые понятия такие, как ненефтегазовый дефицит федерального бюджета, нефтегазовый трансферт, порядок формирования резервного фонда, управление средствами Резервного фонда и Фонда будущих поколений, учет и отчетность по операциям с нефтегазовыми доходами федерального бюджета. Задачи ресурсных фондов обнаруживают значительные расхождения в решаемых фондами задач на региональном и государственном уровнях, но объединяет их источник формирования - ложная социальная стоимость, рента. Вместе с тем важно отметить что необходимость создания резервного фонда является весьма дискуссионной проблемой, так как многие экономисты считают что средства ресурсных фондов необходимо тратить именно сегодня на первоочередные нужды и поддержку некоммерческих отраслей таких как здравоохранение, образование .

Таблица 1

Динамика совокупного объема средств фондов национального благосостояния и резервного фонда России за 1 квартал 2013 гг. [2]

	Дата			Дата	
	01.04.2013	01.01.2013		01.04.2013	01.01.2013
Национальный фонд, млрд. долл.	89,21	88,59	Резервный фонд, млрд. долл.	86,24	62,08
в млрд. рублей	2 678,63	2 690,63	в млрд. рублей	2589,45	1885,68
в процентах к ВВП	4,0 %	4,4 %	в процентах к ВВП	3,9 %	3,1 %

Особенности формирования и эффективность использования ресурсных фондов зависит от формы собственности на свободно невоспроизводимые природные ресурсы. Так в начале 20 века Аргентина , Боливия и Мексика национализировали частные нефтяные компании . Кардинальным же образом ситуация изменилась *после распада колониальной системы.* В 40-е годы правительство Венесуэлы ввело налог на деятельность нефтяных компаний. В 1950 г. аналогичные меры были введены в Кувейте, Иране и Саудовской Аравии. Члены ОПЕК стали прилагать усилия к согласованию своих интересов в нефтяном секторе и унификации проводимой в нем политики, в этих странах шел процесс создания государственных нефтяных компаний и в 1970 г. была установлена минимальная ставка налога в размере 55%. Одновременно в начале 70-х годов члены ОПЕК национализировали нефтяную промышленность или приобрели контрольный пакет акций компаний отрасли. Те страны, которые пошли по пути вытеснения иностранного капитала, усиления государственного присутствия, влияния на мировые товарные рынки путем создания государственных предприятий и многочисленных международных картелей (нефть и бокситы, какао и каучук и др), не смогли достичь значительных результатов в создании благоприятных условий для стабильного экономического роста, Развивающиеся страны пришли к пониманию опасности, которую таит расширяющийся бесконтрольный сырьевой экспорт в обмен на готовые промышленные изделия из высокоразвитых стран. Они напрямую столкнулись с проблемой *"разоряющего роста"*, которая возникает вследствие резкого падения цен на сырьевые товары и ухудшения условий торговли между развивающимися и высокоразвитыми странами .

---

[2] См www.minfin .

Страны пошли по пути создания и развития ресурсных фондов ,что позволило в конечном счете задержать нефтегазовую ренту и использовать средства фондов на развитие национальных экономик , но вместе с тем не решило проблему замедляющихся темпов экономического развития . Единственно правильным выходом оказался обратный путь денационализации экономик и следования по пути привлечения иностранного капитала . Развивающиеся страны были вынуждены вновь привлекать иностранный капитал, предоставляя зарубежным ТНК право приобретать приватизированные компании, учреждать совместные предприятия или участвовать в концессионных соглашениях в добывающих отраслях.

Процессы интеграции и глобализации мировой экономики привели к объективной необходимости и созданию Глобального ресурсного фонда. Данный фонд обеспечивает мульти комплексный подход к сектору природных ресурсов путем инвестирования в компании , которые занимаются разведкой, добычей и переработкой нефти, природного газа . Основная цель фонда - обеспечение долгосрочного роста капитала , обеспечение защиты от инфляции и денежной нестабильности всей мировой экономики и аккумуляции ренты , природной в частности , и направление ее на решение глобальных задач,

Безусловно, проблема определения, присвоения и распределения мировой природной ренты, антиренты и технологической квазиренты приобретает в новом тысячелетии веке особую актуальность. Со временем будет выработан новый мировой экономический порядок, во время которого будет реализован принцип, согласно которому каждый человек и каждое государство имеет право на то чтобы пользоваться плодами глобализации, а глобальными рисками нужно управлять так чтобы справедливо распределять все доходы , в основе которых лежит ложная социальная стоимость , рента

Список литературы:

[1] Конищева Т. Хранители резерва. [Использование средств Резервного фонда] // Рос. бизнес-газета - 2012 - 21 октября.

[1] Кукол Е. Где хранить нефтяные деньги // Рос. газета, 2012 - 11 января.
[1] Е.Е. ЛЫСОВ Добавочная прибыль как категория относительного метода повышения доходов производителей Вестник СГЭА, САМАРА ,2000

1. BP Statistical Review of World Energy // British Petroleum. L. 2012. June. P. 6.
2. Global Fossil Fuel Subsidies and the Impacts of Their Removal / International Energy Agency, 2012.

3.   Hartwick J. Intergenerational Equity and the Investing of Rents from Exhaustible Resources // American Economic Review 2011. Vol. 67. P. 972–974.

4.   International Association of Oil and Gas Producers. Challenges to global Oil and Gas production // Energy Charter Trade and Transit Meeting. Brussels 16.10.2012. P. 12.

5.   Koplow D. Measuring Energy Subsidies Using the Price-Gap Approach / International Institute for Sustainable Development, 2011.

6.   Kunte A. et al. (2012) «Estimating National Wealth: Methodology and Results// World Bank.

А.А. Бабаев
соискатель ГБУ «Центр перспективных экономических исследований»
Академии наук Республики Татарстан, г. Казань, csp4i@yandex.ru,
А.А. Здунов
главный научный сотрудник ГБУ «Центр перспективных экономических
исследований» Академии наук Республики Татарстан, г. Казань,
Artyom.Zdunov@tatar.ru

НЕКОТОРЫЕ АСПЕКТЫ КЛАСТЕРНОГО РАЗВИТИЯ В СТРАНАХ ЕВРОПЫ

В настоящее время в зарубежной практике широкое распространение получили инновационные территориальные кластеры – современные формы экономической интеграции науки, технологий и инноваций. Эти образования доказали свою эффективность и практическую значимость.

Реализация кластерной политики как на страновом, так и на региональном уровне предполагает модернизацию основных элементов инфраструктуры (транспортной, энергетической, жилищной, образовательной и пр.), а также активное взаимодействие между составляющими элементами кластера: образовательными учреждениями, центрами исследований и разработок, центрами трансфера технологий, бизнес-инкубаторами, технопарками и прочими единицами. При этом появляется возможность координации усилий и финансовых средств для создания новых продуктов и технологий и выхода с ними на рынок.

На сегодняшний день в странах Европы успешно функционирует множество кластерных систем. По некоторым оценкам в странах Европейского союза насчитывается и продолжает активно развиваться более 2 тыс. кластеров [1].

При этом одним из условий эффективного существования кластера является участие в сетевых объединениях. В частности, в Европейском союзе на межстрановом уровне получила распространение Европейская кластерная обсерватория [2], на которой размещена обширная информация о кластерах и кластерной политике в европейских странах. Данная онлайн-платформа создана в целях повышения эффективности управления кластерами и представляет собой среду, в которой, зарегистрировав свои кластеры, участники взаимодействия обмениваются информацией по профессиональным интересам.

Некоторые инновационные кластеры не только обладают мировой значимостью, но имеют международный характер по факту своего расположения. Долина Медикон (Medicon Valley) - один из ведущих кластеров в сфере «наук о живой природе», находится на территории сразу двух стран – Дании и Швеции [3]. Сегодня она представляет собой комплекс из 11 университетов, 33 госпиталей, 9 научных парков, 46000 работников в сфере «наук о живой природе» и более 350 компаний в индустрии био- и медицинских технологий. Значительная часть компаний - это spin-off компании, созданные вузами. Остальные – местные представительства крупных биотехнологичских предприятий.

К числу самых крупных экономик по уровню кластеризации относится экономика Германии. При этом наиболее ёмкими секторами являются медицина, аэрокосмос, ядерная энергетика, энергоэффективность и ресурсосбережение, а также IT-сектор [4].

В Германии существует 19 кластеров биомедико-технологической направленности. В сфере производства медицинской техники работает около 11 200 фирм, из которых 15% занимаются непосредственно НИОКР. Наиболее успешные компании в этой сфере: Сименс, Браун, Фрезениус, Карл Шторц и др.

Аэрокосмическая сфера также является одной из ключевых экономики страны. При этом более 70% выпускаемой продукции идет на экспорт. Практически все фирмы, компании и предприятия этой отрасли Германии принадлежат частному капиталу и объединены в Федеральный союз германской авиационно-космической промышленности (BDLI), в состав которой входит порядка 157 предприятий, основную долю составляют компании малого и среднего бизнеса.

Ядерный сектор представлен в Германии двумя направлениями - фундаментальные НИР по термоядерному синтезу и прикладные НИР по ядерной безопасности. Фундаментальными исследованиями заняты такие научно-исследовательские центры, как Институт плазменной физики Общества им. М.Планка. Технологический институт в г. Карлсруэ, Исследовательский центр в г. Юлихе. Исследования охватывают значительный спектр проблем – от физики плазмы до технологий конструирования термоядерных установок. В области прикладных исследований ядерной безопасности основным научным центром является Технологический институт в г. Карлсруэ.

Вопросы энергоэффективности и ресурсосбережения также входят в число приоритетных направлений, которым уделяется повышенное внимание. На сегодняшний день в Германии насчитывается 18 кластеров, функционирующих в области энергетики и охраны окружающей среды.

IT-сфера является одной из наиболее динамично развивающихся в Германии. Наиболее крупными здесь являются инновационный кластер IKT.NRW, Deutsche Telecom AG,Siemens AG, Фраунгоферовский институт программного обеспечения и системотехники, Silicon Saxony, Infineon Technologies Dresden GmbH, Фраунгоферовский институт фотонных микросхем, а также IT-Cluster Oberfranken e.V (Бавария).

Инновационные кластеры Франции часто называют «полюсами конкурентоспособности» [5]. Они имеют паритетное управление между наукой и бизнесом; малым и средним бизнесом. Звание «кластер» присваивается государством. Среди таких объединений есть кластеры мирового уровня, резиденты которых известны на мировых рынках. К их числу можно отнести следующие кластеры:

Aerospace Valley - авиационно-космическая промышленность, бортовые системы; информационные технологии, системы безопасности авиационного транспорта, навигация, телекоммуникации. Кластер включает 1200 промышленных и исследовательских организаций.

Finance Innovation - инженерия, услуги, финансовые инновации; платформа европейской финансовой информации, инженерия.

Lyonbiopole - биотехнологии, здравоохранение, инфекционные заболевания, вирусология, бактериология, иммунология.

Medicen Paris Région - биотехнологии, здравоохранение.

Minalogic - микротехника, микро-нанотехнологии, механика; информационные технологии.

Solutions communicantes sécurisées (Provence-Alpes-Côte d'Azur) – информационные технологии.

Systematic (System@tic-Paris Région) – информационные технологии.

В Великобритании также создано большое количество инновационных кластерных форм [6]. К наиболее известным можно отнести следующие:

Эдинбургский центр трансфера технологий (Edinburgh Technology Transfer Centre). Предоставляет высокотехнологичные офисы, специализированные лаборатории для начинающих компаний и групп, участвующих в реализации научно-исследовательских программ.

Институт Нанотехнологий. Предоставляет передовую информацию о нанотехнологиях. Институт был одним из первых в мире, предоставивших информацию по нанотехнологиям и является в настоящее время мировым лидером в этой области.

Технологическое предприятие графства Кент - некоммерческое предприятие, предлагающее объективную информацию и консультацию по поддержке частных предпринимателей, лиц, занимающихся инновациями, начинающих новый бизнес и уже ведущих свой бизнес в Кенте и Юго-восточной Англии.

Центр Технологий Стокбриджа. Центр образован с целью обеспечения развития технологий в сельском хозяйстве.

Центр инноваций Мидленда. Центр помогает компаниям и исследовательским институтам Мидленда осуществлять трансфер технологий, а также предоставлять услуги по ведению инновационного бизнеса и обмену опытом.

Технологический Инновационный Центр - поддерживает частных лиц, организации и сообщества, помогая им развиваться, предоставляя для этого самые современные ресурсы и специальные знания, отвечающие требованиям двадцать первого века.

Центр по оценке загрязненности территории и исследованию возможности восстановления. Активно взаимодействуя с промышленностью, предпринимателями и организациями, центр выполняет академические, коммерческие исследования, лабораторный анализ и предоставляет консультационные услуги.

В Италии насчитывается 206 кластеров [7]. К числу основных направлений кластерного развития в Италии относят агропроизводство и пищевое производство, машиностроение, электроника и легкую промышленность.

В Финляндии широкое распространение получили кластеры таких секторов, как энергетика и окружающая среда (CLEEN Ltd), машиностроение, металлообработка и инженерные услуги (FIMECC OY), информационно-коммуникационные технологии TIVIT Оу, а также здравоохранение (SalWe Oy).

В целом необходимо отметить, что в странах Европы с хорошо развитой рыночной экономикой реализация кластерной политики вносит ощутимый вклад в конкурентные позиции этих государств и является драйвером роста их экономик.

Литература

1. Портал внешнеэкономической деятельности. Обзор инновационных кластеров в иностранных государствах. - URL: http://www.ved.gov.ru/moder_innovac/analitic/analytical_materials/obzor_innov_klasteri.

2. Clusters at your fingertips. - URL: http://www.clusterobservatory.eu/index.html#!view=mainMenu.

3. Сайт НК «Центр инноваций». Инновационные кластеры. - URL: http://www.center-inno.ru/materials/library/15-2.

4. Информационные материалы: «Обзор инновационных кластеров ФРГ» (Подготовлено Торговым представительством России в Германии). - URL: www.orenburg-cci.ru/assets/tsFiles/foreignOffers/61/pril.PDF.

5. Инновационные кластеры Франции. – URL: http://cik63.ru/uslugi-centra/razvitie-clusterov/innovation%20clusters%20France.pdf.

6. Е.Б. Ленчук, Г.А. Власкин. Кластерный подход в стратегии инновационного развития зарубежных стран. – URL: http://institutiones.com/strategies/1928-klasternyj-podxod-v-strategii-innovacionnogo-razvitiya-zarubezhnyx-stran.html.

7. Международный центр научно-технической информации. Инновационно-технологические кластеры стран-членов МЦНТИ (Информационный материал). Февраль, 2013. – URL: http://www.icsti.ru/uploaded/201304/cluster.pdf.

Скитер Н.Н., Рогачев А.Ф., Плещенко Т.В.
к.э.н., доцент, ВолГАУ, ckumep@mail.ru

МАТЕМАТИЧЕСКАЯ МОДЕЛЬ РЕГУЛИРОВАНИЯ ВРЕДНЫХ ПРОИЗВОДСТВЕННЫХ ВЫБРОСОВ ДЛЯ ОБЕСПЕЧЕНИЯ ЭКОЛОГО-ЭКОНОМИЧЕСКОЙ БЕЗОПАСНОСТИ

Обеспечение эколого-экономической безопасности в условиях глобализации требует разработки математических моделей, адекватно описывающих взаимодействие национальных и транснациональных производственных предприятий и системы регуляторов различного уровня. Система эколого-экономических регуляторов техногенного загрязнения среды включает экономические, эколого-экономические и экологические инструменты (Рис. 1).

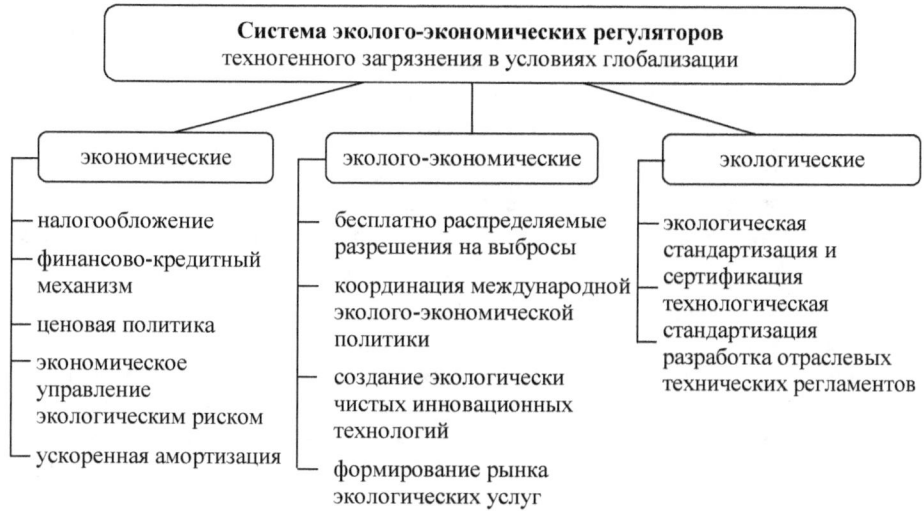

Рисунок 1 - Система эколого-экономических регуляторов техногенного загрязнения окружающей среды

Основными экономическими инструментами регулирования вредных производственных выбросов являются платежи и налоги за загрязнение, которые представляют собой косвенные рычаги воздействия и выражаются в установлении платы на выбросы и сбросы [3, 239].

Экономико-математическая модель основывается на том, что федеративное государство включает S субъектов федерации. Обозначим индексы, характеризующие экономические показатели субъектов федерации, через $i, j = 1,2,...,S$. Предполагается, что субъектами федерации производится однородная продукция, что сопровождается выбросами загрязняющих веществ в окружающую среду. Затраты на производство продукции в каждом регионе характеризуются функцией $K_i(E)$, которая является строго возрастающей по количеству произведенной продукции E. Предполагаем также, что выбросы загрязняющих веществ в окружающую среду нормированы так, что продукция и вредные выбросы производятся совместно в отношении один к одному, т.е. производство E единиц продукции сопровождается вредными выбросами в окружающую среду в объеме E единиц выбросов.

Издержки сокращения вредных выбросов для производственных предприятий субъекта федерации i определяются функцией

$$H_i(q,Q) = QA_i\left(\frac{q}{Q}\right), \tag{1}$$

где Q - полный объем выбросов загрязняющих веществ, q - объем сокращения выбросов загрязняющих веществ, а $A_i(\cdot)$ - строго выпуклая функция. Таким образом, функция $H_i(q,Q)$ является линейно однородной (т.е. увеличение в одинаковой количество раз полного объема выбросов загрязняющих веществ Q и объема сокращения выбросов загрязняющих веществ q приводит к увеличению издержек сокращения вредных выбросов в такое же количество раз). Предельные издержки сокращения выбросов загрязняющих веществ описываются функцией $A_i'(\cdot)$. Будем предполагать, что имеют место условия $A_i'(0) = 0$, $A_i''(\cdot) > 0$, так что предельные издержки сокращения выбросов загрязняющих веществ: (1) равны нулю, если производство товара в субъекте федерации сопровождается нулевым сокращением объема вредных выбросов и (2) строго возрастают по уровню сокращения выбросов загрязняющих веществ. Наконец, предполагаем, что предельные издержки сокращения выбросов загрязняющих веществ становятся бесконечно большими при полном исключении вредных выбросов.

На рынке продаваемых разрешений на выбросы загрязняющих веществ, производственные предприятия субъектов федерации ведут себя как ценополучатели, т.е. не обладают рыночной властью. Обозначим через w цену продаваемых разрешений на выбросы загрязняющих веществ, а x^i представляет собой первоначальное количество разрешений на выбросы загрязняющих веществ, предоставляемых i-му субъекту федерации ($x^i > 0$). Субъект федерации i должен иметь одно продаваемое разрешение в расчете на единицу сверхнормативных выбросов загрязняющих веществ в расчете на единицу выпуска продукции. Обозначим через P^i полное количество не устраненных выбросов загрязняющих веществ, допускаемых в i - ом субъекте федерации (так что для i-го субъекта федерации $P^i = Q^i - q^i$). Поэтому по определению чистый спрос i - го субъекта федерации составляет $P^i - x^i$ продаваемых разрешений на выбросы загрязняющих веществ. Заметим, что при условии $P^i - x^i < 0$ i-ый субъект федерации является чистым поставщиком продаваемых разрешений на выбросы загрязняющих веществ.

Наиболее распространенными загрязняющими веществами, выбрасываемыми производственными предприятиями в атмосферу, являются окись углерода, углеводороды, сернистый ангидрид, окислы азота [2]. Объемы загрязняющих веществ по ЮФО и его субъектам представлены в Табл. 1. В динамике наблюдается сокращение выбросов наиболее распространенных загрязняющих веществ в атмосферу, следовательно, улучшается экологическая безопасность регионов, но снижаются платежи за выбросы.

Таблица 1 - Выбросы в атмосферу наиболее распространенных загрязняющих веществ в субъектах ЮФО в 2009, 2011 гг., тыс, т

Субъект ЮФО	2009год 2011 год						
	Твердые вещества	Газообразные и жидкие вещества	Окись углерода	Углево-дороды	Сернистый ангидрид	Окислы азота	Всего
Южный федеральный округ, в т.ч.	96,2 64,6	763,7 578,3	253,7 192,2	233,3 187,6	137,3 106,8	128,9 79,9	860,0 632,0
Краснодарский край	11,4 8,9	135,2 152,4	47,2 35,1	61,2 87,0	5,0 6,3	17,9 19,0	146,6 161,3
Астраханская область	2,4 2,2	122,6 129,4	55,5 58,5	12,1 16,9	46,7 47,2	6,7 5,3	125,1 131,5
Волгоградская область	16,9 13,4	204,4 164,8	78,1 75,4	90,8 52,6	7,4 6,8	25,7 26,2	221,3 178,2
Ростовская область	31,3 29,1	153,9 124,9	24,9 21,1	25,8 27,2	67,1 46,3	34,9 28,6	185,2 154,0
Республика Адыгея	1,7 0,9	1,3 3,4	0,6 0,9	0,4 2,0	0,04 0,1	0,2 0,3	3,0 4,2
Республика Калмыкия	0,1 0,1	4,1 3,5	1,2 1,2	2,3 1,7	0,07 0,1	0,4 0,4	4,2 3,6

Государственные институты, осуществляющие эколого-экономическую политику в i-ом субъекте федерации, могут налагать неотрицательные платежи v^i за вредные выбросы производственных предприятий за каждую единицу сверхнормативных выбросов загрязняющих веществ в расчете на единицу выпуска продукции.

Поэтому совокупные платежи за выбросы загрязняющих веществ, выплачиваемые фирмами i-го субъекта федерации, составляют $v^i P^i$.

Обозначим через E^i количество продукции, требуемое в субъекте федерации i. Можно определить функцию затрат, включающую затраты на соответствие условиям регулирования выбросов загрязняющих веществ на государственном и федеральном уровнях, следующим образом

$$C^i(E^i, v^i, w) = \min_{P^i} \left\{ K_i(E^i) + v^i P^i + w(P^i - x^i) + E^i A_i \left(\frac{E^i - P^i}{E^i} \right) \right\}$$

при условиях $P^i \leq E^i$ и $P^i \geq 0$.

Поскольку $w + v^i > 0$ и $A_i'(0) = 0$, уровень сокращения выбросов загрязняющих веществ в субъектах федерации неотрицателен. Поэтому полное количество не устраненных выбросов загрязняющих веществ, допускаемых в i-ом субъекте федерации, $P^i(E^i, v^i, w)$, неявно определяется следующим уравнением, определяемым условием первого порядка для функции затрат $C^i(E^i, v^i, w)$

$$v^i + w - A_i \left(\frac{E^i - P^i}{E^i} \right) = 0 . \tag{2}$$

Согласно уравнению (2), для каждого субъекта федерации предельные издержки сокращения выбросов загрязняющих веществ должны быть равны сумме затрат на приобретение дополнительных разрешений на вредные выбросы и платежей (устанавливаемых на уровне субъекта федерации) за каждую единицу сверхнормативных выбросов загрязняющих веществ. Из уравнения (2) видно, что соответствующим образом назначенный платеж за выбросы загрязняющих веществ может индуцировать любой уровень сокращения выбросов загрязняющих веществ, который выше уровня, назначаемого при отсутствии регулирования на уровне субъекта федерации.

Дифференцируя равенство (2), можно проанализировать воздействие изменений количества продукции, выпускаемой в субъекте федерации E^i, платежей v^i и цены продаваемых разрешений на выбросы загрязняющих веществ w на уровень не устраненных в i-ом субъекте федерации выбросов загрязняющих веществ, минимизирующий затраты $P^i(E^i, v^i, w)$:

$$\frac{\partial P^i(E^i, v^i, w)}{\partial v^i} = \frac{\partial P^i(E^i, v^i, w)}{\partial w} = -\frac{E^i}{A_i''} < 0 , \tag{3}$$

$$\frac{\partial P^i(E^i, v^i, w)}{\partial E^i} = \frac{P^i}{E^i} > 0 , \tag{4}$$

Поскольку цена не устраненных в i-ом субъекте федерации выбросов загрязняющих веществ составляет $w + v^i$, то рост либо платежей за вредные выбросы, либо цены продаваемых разрешений на выбросы загрязняющих веществ, приводит к снижению совокупных выбросов в i-ом субъекте федерации, как показывает уравнение (3).

Уравнение (4) устанавливает, что уровень не устраненных в i-ом субъекте федерации выбросов загрязняющих веществ возрастает с ростом объема произведенной продукции.

Важно отметить, что внесение платы за загрязнение окружающей среды не освобождает субъектов хозяйственной и иной деятельности от выполнения мероприятий по охране окружающей среды и возмещения вреда окружающей среде. Плата за негативное воздействие на окружающую среду, оказываемое на территории субъекта Российской Федерации зачисляется в федеральный, региональный и местный бюджеты в следующем соотношении: 20 % - в федеральный бюджет; 40 % - в бюджет области; 40 % - в местный бюджет по месту нахождения источника, оказывающего негативное воздействие на окружающую среду [1]. В Волгоградской области на 01.12.2011 г. в бюджеты всех уровней за негативное воздействие на окружающую среду перечислено 293 млн. руб. (прирост поступлений составил 18,9 %) (Табл. 2).

Таблица 2 - Поступление платежей за негативное воздействие на окружающую среду в Волгоградской области за 2009, 2011 гг.

Наименование поступлений	Сумма, тыс. руб.	
	2009 год	2011 год
Всего поступлений,	246,4	293,0
в том числе в федеральный бюджет	49,4	58,6
в областной бюджет	98,5	117,2
в местный бюджет	98,5	117,2

Отметим, что размеры платежей за загрязнение окружающей среды недостаточно велики, чтобы служить эффективным стимулом сокращения загрязнения и потребления природных ресурсов. Вместе с тем эти платежи выполняют функцию повышения доходов. Уровень платежей можно увеличить при условии, что база для начисления этих платежей будет более детализированной. Тогда эколого-экономическая безопасность на уровне субъекта РФ повышается, что наглядно моделируется с использованием полученных зависимостей.

Литература

1. Официальный сайт УФС по надзору в сфере природопользования по Волгоградской области [Электронный ресурс]. – Режим доступа: http://www.prirodnadzor-volgograd.ru

2. Российский статистический ежегодник 2011: Стат. сб. [Текст] / Росстат. - М.- 2012.

3. Скитер, Н.Н. Разработка системы поддержки принятия решений для обоснования параметров эколого-экономических систем / Н.Н. Скитер, А.Ф. Рогачев, Т.В. Плещенко // Известия Нижневолжского агроуниверситетского комплекса: наука и высшее профессиональное образование. – 2012. – №2 (26).

Яковлев Г.И.

д-р экон. наук, профессор кафедры экономики промышленности
Самарского государственного экономического университета,
тел. 8 – (846) – 332-09-56, 8- 9276-03-81-82, dmms7@rambler.ru

ВОЗМОЖНОСТИ РЕАЛИЗАЦИИ ИННОВАЦИОННОЙ ПОВЕСТКИ ДНЯ ДЛЯ РОССИЙСКОЙ ПРОМЫШЛЕННОСТИ

В современной повестке дня развития мирового сообщества стоит нахождение нетривиальных источников экономического роста и устранение межстрановых диспропорций, решение проблем экологического равновесия. Понятно, что в переходный период происходит резкая смена характера и источников конкурентоспособности, меняется география субъектов мирового производства. Меняется структура глобальных воспроизводственных цепочек и ускоряются серьезные перемены в мировом балансе экономической мощи, позволяющие предположить возможности для компаний развивающихся стран реализовать на практике сценарии догоняющего развития.

Примечательно, что в этой связи профессор Мичиганского университета (США) К.К.Прахалад отмечал: «Нынешний кризис в одном отношении напоминает обвал экономики десятилетней давности, к которому привел крах интернет-компаний: на руинах рынка возникли новые компании, такие как Amazon, eBay и Google, и они благополучно существуют по сей день. Точно так же те предприятия, которые сумеют разглядеть широкие возможности «зеленого» (инновационного) производства, после окончания кризиса быстро впишутся в новую экономику и будут процветать» [1]. Неслучайно в работах многих специалистов нынешнее десятилетие называют «ключевым» для принятия системных решений по определению новых направлений технологического и организационного развития, чтобы начиная примерно с 2020 года стало возможным приступить к их реализации. Доказано, что проходит в среднем сорок лет от внедрения одной системы технологий к другой, и этот временной промежуток лежит в основе длинных экономических циклов.

После вступления во Всемирную Торговую организацию (ВТО) 23.08.2012, проблема обеспечения конкурентоспособности российскими предприятиями связывается с эффективным использованием преимуществ производственной кооперации и абсорбции промышленных нововведений. Согласно расчетам индекса экономики знаний разных стран, проведенного Мировым банком (The Knowledge Economy Index), где эксперты оценивают показатели связи университетов и компаний, доступности венчурного капитала, защиты интеллектуальной собственности, Россия в 2012 году занимала 55 место, с положительным трендом в девять пунктов относительно уровня прошлого года [2]. Размер затрат на науку относительно ВВП больше всех у Швеции, но Германия и Япония имеют наилучшие показатели по цепочкам добавленной стоимости. При этом США являются по факту мировым лидером по эффективности, мотивации, развитию сотрудничества между университетами и фирмами.

Известный американский экономист Э.Берглоф считает в этой связи, что по инновационному потенциалу Россию можно было бы оценить и повыше, но ее реальные результаты по-прежнему недостаточны. В условиях утраты советского инновационно-промышленного задела ожидалось, что Россия по примеру большинство развивающихся стран, пойдет скорее путем копирования технологических инноваций, нежели коммерциализации своих передовых изобретений и открытий[3], но этого не произошло. Как показала Т.Гурова – современный Китай продемонстрировал, что западная экономика путем продвижения информационных технологий и инновационного сектора экономики может создать все условия для любой страны совершить рывок до уровня мировых стандартов производительности, в очень короткие сроки по историческим меркам (десятилетие) [4]. По данным Дж. Лернера, китайские венчурные предприятия сегодня привлекают в 20 раз больше капвложений, чем российские [5].

Понятно, что в основе подобной инновационной модели лежат экономия за счет масштаба и доступ к источникам долгосрочного банковского финансирования, что важно для крупных, давно существующих фирм, соответственно мотивированных на новшества. Однако в России стимулы инвестировать в исследования и разработки (R&D) для предприятий остаются ограниченными по причине отсутствия льгот в налогообложении, стремлении у владельцев выкачать максимум прибыли из доставшихся за бесценок в результате приватизации промышленных активов, отсутствия инновационной инфраструктуры. Кроме этого, отмечается утрата технических традиций, недостаток квалифицированных сотрудников и опытных менеджеров по постановке и реализации инновационных проектов и следующие проблемы:
- в российской финансовой системе – кредит дорог – 18-20%, малы сроки предоставления кредитов; низок уровень рентабельности в промышленности, несопоставимый с ценой привлекаемых кредитов;
- в международных ограничениях на передачу высоких технологий, в т.ч. двойного назначения (т.н. «Вассенаарские соглашения»), что затрудняет постановку производства подлинной новинки;
- в проблемах организации российской науки, требующие незамедлительного решения: существенное отставание от науки мирового уровня; отсутствие стратегического планирования развития науки, которое позволило бы выделить ясные цели дальнейшего движения к прогрессу; низкая заработная плата научных работников, которая провоцирует падение престижа научных профессий и кадровый дефицит; ухудшение

качества преподавания естественнонаучных дисциплин, что привело к снижению уровня подготовки студентов и аспирантов.

Для предприятий нашей страны для реализации эффекта обучения и копирования технологических инноваций нужна не отверточная сборка, а высокая степень локализации производства в машиностроении, в автомобильной промышленности. Требуются твердые заказы для размещения на отечественных предприятиях, формирование устойчивого спроса, значимого по объемам – хотя бы в рамках госзаказов на отечественное инвестиционное оборудование.

Современные российские предприятия продолжают работать на старых технологиях, и в лучшем случае заимствуют нововведения фирм «второй свежести» других стран, приобретая оборудование, технологические линии, программные продукты, тем самым вносят вклад в экономическое развитие своих потенциальных конкурентов. Налицо влияние «ловушки недоразвитости», по академику В.Полтеровичу: сложилась ситуация, когда отсталое производство не предъявляет спроса на инновации высоко уровня, и нет механизмов их появления [6]. А отсутствие предложения, в свою очередь, тормозит формирование спроса на отечественные высокие технологии.

Во всем мире важную роль в реализации модели инноваций, основанной на международном копировании, передаче ноу-хау и передовых навыков играют иностранные компании, часто путем сотрудничества с местными фирмами. Прав Э.Берглоф, что в отличие от этого прямые иностранные инвестиции в корпоративный (особенно несырьевой) сектор России — с учетом размеров и потенциала ее экономики — остаются недостаточными [4]. Это подтверждает Госкомстат – по состоянию на конец 2012г. накопленный иностранный капитал в экономике России составил 362,4 млрд.долларов США, что на 4,4% больше по сравнению с предыдущим годом. Наибольший удельный вес в накопленном иностранном капитале приходился на прочие инвестиции (кредиты), осуществляемые на возвратной основе - 60,1% (на конец 2011г. - 57,1%), доля прямых инвестиций составила 37,5% (40,1%), портфельных - 2,4% (2,8%). В 2012г. в экономику России поступило 154,6 млрд.долл. иностранных инвестиций, что на 18,9% меньше, чем в 2011 году [7], и это в основном капитал спекулятивный, а не производительный.

Особо следует выделить непроработанность регионального аспекта привлечения иностранных инвестиций для инновационного обновления предприятий промышленности. Крупные иностранные корпорации выбирают между регионами при размещении своих предприятий, представительств, работающих по единой технологии, сопоставляя льготы, места в рейтингах, общий инвестиционный климат, но основная масса международных предпринимателей для вложений выбирают конкретный инвестиционный проект, а не территорию – через фонды прямых инвестиций, венчурные компании, пенсионные фонды и т.д. Эта «ткань» экономики всепроникающа и могла бы гораздо эффективнее решать задачи модернизации, реструктуризации, повсеместного ввода мощностей в локальных масштабах.

Действие закона возвышения общественных и индивидуальных потребностей требует от товаропроизводителей непрестанно нового предложения качественно иных, более совершенных товаров и услуг. Фирмы, решившие проблему формирования предложения инновационных товаров и услуг, вправе рассчитывать на успех в конкурентной борьбе на мировом рынке. Сегодня накопленный во всем мире научно-технический и организационный потенциал в большей степени подстегивает экономический рост догоняющих стран, чем передовых, уже достигших определенные рубежи. Конечно, в краткосрочной перспективе мировая инновационная пауза не может существенно изменить соотношение динамики ВВП развивающихся и развитых стран из-за слишком большой разницы в исходном уровне развития. Например, по данным С.Ермака: в 2010 году размер добавленной стоимости в обрабатывающей промышленности на 1 человека в России составил 540 долл. против 5,5 тыс. долл. в США, или в Японии – 8000 долл.[8]. По расчетам И.Федорова, только 8% составляет вклад отечественных технологичных отраслей в ВВП страны, в то время как в развитых странах технологические новшества обеспечивают 60% ВВП [9, с.6]. Разные сектора российской экономики отстают от развитых стран неодинаково. Фактический уровень отставания определяет характер стратегии – опережающий или догоняющий, политика заимствования чужих идей или же коммерциализация собственных научных разработок.

Современная конкуренция приобретает характер конкуренции идей, оперативно внедряемых в производство, и отставание наших предприятий от фирм Германии составляет примерно 10 раз, ведь они регулярно вкладывают в инновации от 2 до 10% своих затрат. Компетенции нужно распределять по цепочке создания стоимости. Нужно поднять престиж рабочих профессий, особенно в машиностроении, станкостроении, ведь высока степень автоматизации, требуемая квалификация работ, простейшие операции повсеместно заменяются робототехникой, и рабочие места должны быть высокопроизводительными. Это особенно важно в условиях снижающихся темпов роста ВВП, негативной демографической ситуации. В такой огромной стране, как Российская Федерация, экономика должна быть предельно разнообразна. Таким образом, задача ясная – срочно обеспечить рост ВВП на порядок. Даже по чугуну и стали в США производится 1,7 раз больше, в 10,4 раз больше продукции общего машиностроения.

Становится понятным, что нужен системный план развития науки и промышленности, в первую очередь машиностроения как ведущего звена, определяющего технико-организационный уровень всей экономики. Должна быть разработана комплексная программа производства инновационных изделий, и под них предусмотрены проекты технического перевооружения (по схеме: изделие – комплектующие – оборудование). Следует учесть влияние реализованного хозяйственного механизма в стране. Поэтому нужно раскрепостить предпринимательскую активность в секторе R&D, и по мере укрепления инновационной инфраструктуры государство должно выходить из частной инициативы, отпускать в свободное плавание. При этом нужны гарантии частной собственности, снижения административного давления на бизнес, улучшение предпринимательского и инвестиционного климата.

Сегодня национальная инновационная система представляется в работах специалистов в виде переплетенной тройной спирали: государства, науки, бизнеса – основных субъектов инновационной деятельности, взаимодействующих и взаимодополняющих. В России инновационная мода меняется с периодичностью в 2-3 года и налицо непоследовательная инновационная политика, начиная от идеи создания при университетах и регионах центров трансферта технологий, затем технопарки и IT-парки, с технико-внедренческими зонами, которые через 2-3 года перестали поддерживаться. В 2010-2011 годы уделялось пристальное внимание технологическим платформам и резкий переход к инвестициям в инновационные кластеры в 2012.

Лихорадочное шарахание в создании экономики инновационного типа не могут дать ожидаемого эффекта, так как принятые меры начинают проявляться лишь через 5-7 лет. Мировой опыт показывает, что период удачной поддержки инфраструктурных проектов должен составлять десять лет. При этом при заимствовании зарубежного опыта, надо не только смотреть на базовые идеи и принципы, но и учитывать эволюцию данной модели, в конкретно-исторических условиях. Важно развивать собственные находки, области инновационного прорыва, так как заимствованный опыт может оказаться неорганичен контексту, в общество, куда приживляется. Тем более, что в России создан свой механизм хозяйствования, с оригинальной системой таможенного и валютного контроля, контрактная система, миграционная и социальная система. Поэтому гораздо ценнее, что успешные отечественные практики появились бы при реализованной системе экономического регулирования. Они органичны контексту, следует выяснить секреты их успеха, и принимать меры, помогать тиражированию.

Сегодня средний бизнес видится локомотивом инновационного роста, а не крупный, а тем более естественные монополии – у них и так всего хватает, и заняты в основном освоением природных ресурсов России. По данным А.Яковлева, даже в докризисный период, до 2008 года, экономический рост обеспечили в основном молодые компании –

«газели», использовавшие в основном благоприятную конъюнктуру, внутренний спрос для развития своего бизнеса. Они смогли осуществить минимальное технологическое перевооружение, укрепились на российском и зарубежном рынках [10]. Для формирования новой модели экономического роста, основанного на технологических инновациях, а не усиленной эксплуатации природных факторов, нужна соответствующая мотивация и благоприятные условия предпринимательства.

Важны также общие социально-экономические условия жизни в стране, кроме улучшения условий в науке и увеличение финансирования инновационной деятельности, что определяет темпы утечки умов. В России большинство успешных компаний сначала выходят на зарубежный рынок, получают там признание и спрос, а затем возвращаются и реализуются внутри страны. Искренний и серьезный спрос на НИОКР скорее характерен для средних компаний, чем для крупных – и это понятно, именно средним компаниям нужно искать нетрадиционные источники конкурентных преимуществ.

Нужно доверие между бизнесом и университетами – на западе над новыми проектами повсеместно работают представители компаний и университета, и бизнесмены корректируют задачу по ходу разработки и сами участвуют в работе, и нередко преподают параллельно. Позитивно должны сыграть меры, инициированные государством – совместное проведение исследовательских проектов, формирование инфраструктуры вузов, разрешение вузам учреждать малые инновационные компании и др. – должны приблизить науку и бизнес к позитивному восприятию и взаимному обогащению.

Список литературы

1. Прахалад К.К. Будущее конкуренции: Создание уникальной ценности вместе с потребителями» (в соавторстве). М.:2004.
2. http://www.worldbank.org/kam
3. Берглоф Э. Судьбу инноваций в России определит частный сектор, а не государство//Vedomosti.ru 05.10.2012
4. Гурова Т. Нация-предприниматель// «Эксперт» №36 (720)/13 сентября 2010
5. Лернер Дж. Инновации: венчурные уроки для России|| Ведомости 26.10.2012, №204 (3218).
6. Полтерович В: Большинство инноваций в России — это имитация технологий/Российская национальная нанотехнологическая сеть// http://www.rusnanonet.ru/articles/16376/ 17 сентября 2008.
7. http://www.gks.ru/bgd/free/B04_03/IssWWW.exe/Stg/d01/41inv27.htm. Дата обращения: 22.07.2013 г.
8. Ермак С. В поисках мумиё//Эксперт Урал, №48 (536), 03.12.2012.
9. Федоров И. Инженерное образование: состояние, проблемы, перспективы//Высшее образование в России, №1, 2008 г., С.4-11.
10. Яковлев А. Рост и развитие: Движущие силы новой модели роста//Ведомости 03.04.2013.№57 (3319)

Груничев А.С.
кандидат экономических наук
Управление Федеральной антимонопольной службы по Республике Татарстан, руководитель

ПОВЫШЕНИЕ КОНКУРЕНТОСПОСОБНОСТИ ТРУДОВЫХ РЕСУРСОВ СОТРУДНИКОВ ФАС РОССИИ ЧЕРЕЗ СИСТЕМУ КОМПЕТЕНЦИЙ

Конкурентоспособность персонала играет сегодня особую роль, поскольку от нее зависит как дальнейшее развитие и процветание организации, так и ее существование. В качестве факторов, влияющих на развитие конкурентоспособности трудовых ресурсов, можно отметить сложившиеся на предприятии условия труда, материальное и моральное стимулирование сотрудников, тип организационной культуры, состояние социально-психологического климата, образование, численность категорий работников, квалификация персонала.

Система управления качеством исполнения функций, предоставления услуг будет неполной, если не будет в ней разработана система развития персонала. Для органа власти это наиболее чувствительный элемент системы менеджмента качества, «кадры решают все» и управлять качеством кадров, а через это развитием кадров – одна из ключевых задач. Именно поэтому в Федеральной антимонопольной службе сформирован документ, описывающий политику ФАС России в отношении своих сотрудников.

Руководство Службы неоднократно обращало внимание на то, что сотрудник, работающий в ФАС, должен представлять из себя синтез высоких профессиональных знаний, навыков и высоких личностных качеств. Именно для формирования личностных качеств, позволяющих формировать устойчивый, успешный коллектив, разработаны Ценности службы, Кодекс поведения, ведутся различные мероприятия, направленные на формирование корпоративной культуры.

Руководители ФАС лично принимают активное участие в ее формировании своим примером, инициативами. Все эти элементы требовали обобщения и систематизации, но главное – ими нужно управлять (планировать, осуществлять деятельность, анализировать и улучшать). Так, необходимо управлять не только знаниями и компетенциями, но и ценностями, внося конкретику в понимание ценностей, формируя планы по их развитию, обучая сотрудников, подводя итоги достигнутых результатов и улучшая эту работу. Для построения такой системы сформированы первые документы, к которым относится Кадровая политика.

Развитие профессиональных компетенций сотрудников службы, удержание и мотивация персонала, развитие и формирование действующего кадрового резерва, создание банка идей и инициатив – главные задачи одного из главных проектов ФАС России, направленного на непрерывное развитие и повышение эффективности деятельности всей антимонопольной службы.

ФАС России разработала новый формат профессионального конкурса для сотрудников ФАС России «Моя полезная инициатива», который в первую очередь привлечёт внимание тех сотрудников, для кого ФАС – не просто работа, а уникальное пространство для саморазвития и реализации своих идей.

Целей у этого проекта две: 1. Увидеть интересные идеи сотрудников службы и требуют, по их мнению, внимания, реализации, но самое главное – могут помочь улучшить деятельность ведомства, сделать ее более современной, эффективной, качественной. 2. Увидеть ИХ – представителей ФАС России, носителей активности, интересных мыслей, желающих двигаться вперед.

Формула проста – качество людей внутри организации определяют качество самой организации. Потенциал организации определяет потенциал людей внутри нее.

С целью успешной реализации профессионального конкурса подготовлен план проведения, помогающий решать основные его задачи:

- развивать профессиональные компетенции сотрудников службы, удерживать лучшие кадры посредством формирования в службе комплексной программы развития карьеры, что позволит в будущем победителям и участникам конкурса претендовать на замещение главных и ведущих групп должностей государственной гражданской службы;

- создавать условия для развития и формирования действующего кадрового резерва, состоящего из профессиональных сотрудников, ориентированных на достижение положительных результатов в своей работе;

- формировать банки идей и инициатив, для их дальнейшего внедрения и распространения лучших практик в территориальные органы, в целях непрерывного развития и повышения эффективности деятельности ФАС России.

Курс состоит из четырех (пяти) этапов. В ходе отборочного этапа программы участники проходят четыре базовых занятия, на которых рассматривается ряд важных тем, таких как:

- **«Как работают большие проекты и системы».** Задача этого материала – помочь сотруднику вырастить свой масштаб, понимание того, на каком уровне он работает и какие законы, процессы определяют его движение.

- **«Система менеджмента ФАС России».** Как устроен системный менеджмент ФАС, элементы их взаимосвязь, логика, особенности менеджмента органов власти в отличие от бизнеса. Фактически, это сжатая «сыворотка» по менеджменту больших систем через призму ФАС России. Рейтинги, процессы, их взаимосвязи и прочее – все здесь. В итоге, участник более ясно понимает, что такое системный менеджмент в органе власти, как это работает в ФАС и какова его роль и возможности в этом механизме.

- «**Управление проектами, навыки публичности**». Каждый член команды ФАС должен уметь «запаковать» свою идею или инициативу в понятную оболочку и провести ее до стадии реализации. Это и есть управление проектом. Неважно, о чем идет речь, что он предлагает – способ более рационального использования бумаги или инновационную стратегию защиты позиции в суде, суть одна – опыт, идея и знания нужно суметь превратить в доступный понятный материал, продукт, и сформировать путь его реализации. Такой навык помогает человеку перейти из состояния исполнителя в состояние руководителя, деятеля.

В результате, участник узнает, как наилучшим образом готовить проект, как его подать, как обеспечить его реализацию. Познакомится с теми, от кого зависит возможность реализации различных инициатив в нашем ведомстве, протестирует свои идеи.

- «**Управление конфликтами**». Каждый из нас должен уметь не только хорошо исполнять свои задачи, управлять своей работой, но и эффективно строить отношения в коллективе, быть членом одной команды, видеть себя в ней, свои сильные и слабые стороны и тоже относится и к команде, помогая тем самым нашей общей работе становиться слаженнее и результативнее. Уход от понукания и тотального контроля в сферу доверия и самоорганизации, эффективной исполнительности – это одна из главных задач любой организации. В первом случае работать тяжело и нервно, а во втором – комфортно и результативно. Коллектив состоит каждого отдельного сотрудника, а значит начинать нужно с себя.

По прохождении всех занятий участники готовят итоговую презентации, в рамках которой защищают заявленные на конкурс идеи инициативы.

Все призеры конкурса будут направлены для изучения опыта на стажировку в зарубежные антимонопольные ведомства, зачислены в кадровый резерв ФАС России. Победителям в 2013 году будет предоставлена возможность получения дополнительного профессионального образования (на профессиональную переподготовку) по выбранной ими программе. Они также примут участие в работе мероприятий руководящего состава ФАС России.

Одним из главных эффектов является, конечно же, то, что проекты победителей потенциально могут быть внедрены в практику ФАС России. А, это будет способствовать тому, чтобы росло активное и деятельное сообщество нашей службы, чтобы мы знали друг друга в лицо, не замыкаясь в кабинетах, могли помогать друг другу расти, тем самым помогая идти вперед нашей службе.

В своей деятельности Федеральная антимонопольная служба ориентируется, конечно, и на потребности структурных подразделений ФАС России. Управление государственной службы центрального аппарата ФАС России всегда можете рассчитывать на профессиональное и качественное сотрудничество с ее территориальными органами в субъектах Российской Федерации, где также ведется работа по поддержанию созданная эффективной, постоянно действующей системы взаимодействия с кадрами.

Таким образом, на основе примеров работы по развитию системы компетенций в кадровой политике Федеральной антимонопольной службы можно сформулировать условия эффективного функционирования системы управления качеством рабочей силы: а) использование средств мотивации для качественной работы персонала; б) обучение персонала, как по профессиональным вопросам, так и по вопросам менеджмента качества; в) построение благоприятных отношений между работниками; г) построение конструктивных отношений с работодателем.

Литература:

1. Владыкина Л.Б. Формирование конкурентоспособного персонала организации и рост нематериальных активов // Проблемы современной экономики, 2009, № 1(29)
2. Львов Л.В., Перевозова О.В. Феномен конкурентоспособности в профессиональном образовании менеджеров / Л.В. Львов, О.В. Перевозова // Мир науки, культуры, образования. № 1(20). 2010. С. 169-178.
3. Землянухина С.Г. Уровень жизни в системе факторов формирования конкурентных преимуществ трудовых ресурсов. // Наука и образование: хозяйство и экономика; предпринимательство; право и управление, 2010, № 4.

Новикова В.В.

кандидат юридических наук, главный юрист ОГОБУ ВПО «Смоленский государственный институт искусств»

УЧАСТИЕ ИЗБИРАТЕЛЬНЫХ КОМИССИЙ В ИНФОРМАЦИОННОМ ОБЕСПЕЧЕНИИ ВЫБОРОВ ПО ЗАКОНОДАТЕЛЬСТВУ РОССИЙСКОЙ ФЕДЕРАЦИИ

Аннотация: *Статья посвящена актуальным проблемам и правовым аспектам участия избирательных комиссий РФ в информационном обеспечении выборов различного уровня. Автор проводит правовой анализ положений избирательного законодательства РФ в сфере информационного обеспечения организации и проведения выборов, раскрывает понятия «информационное обеспечение выборов», «информирование избирателей», «предвыборная агитация», дает оценку деятельности субъектов информационного обеспечения выборов, формулирует ряд предложений по совершенствованию избирательного законодательства и повышению эффективности участия избирательных комиссий в процессе информационного обеспечения выборов.*

В целях реализации принципа гласности при проведении выборов, референдума, и с целью формирования осознанного волеизъявления избирателей, государство гарантирует гражданам РФ информационное обеспечение выборов. Исходя из анализа системы норм права в сфере избирательного процесса, информационное обеспечение выборов в РФ включает: информирование избирателей о подготовке и проведении выборов, информирование избирателей о совершении определенных избирательных действий, о кандидатах, участвующих в выборах, политических партиях, выдвинувших кандидатов для участия в выборах, о работе избирательных комиссий, а также предвыборную агитацию. При этом каждая составляющая процесса информационного обеспечения выборов имеет особую социально-правовую значимость и предполагает особый порядок правового регулирования. Так, правовые положения, определяющие принципы, требования, порядок и условия информационного обеспечения выборов фрагментарно содержаться в различных актах правовой системы РФ. Среди них: Декларация о критериях свободных и справедливых выборов, ратифицированная РФ в 1994 году, Конвенция «О стандартах демократических выборов, избирательных прав и свобод в государствах-участниках СНГ» 2002 года (РФ — участница конвенции), Конституция РФ, федеральный конституционный закон «О референдуме Российской Федерации» от 28.06.2004 N 5-ФКЗ, Федеральные законы: «Об основных гарантиях избирательных прав и права на участие в референдуме граждан Российской Федерации» (далее по тексту — закон о выборах) от

12.06.2002 N 67-ФЗ, «О выборах депутатов Государственной Думы Федерального Собрания РФ» от 18.05.2005 N 51-ФЗ, «О выборах Президента РФ» от 10.01.2003 N 19-ФЗ и другие законы, касающиеся общих вопросов регулирования информационных правоотношений.

Основная нагрузка в сфере информационного обеспечения выборов в части информирования избирателей о выборах, о реализации мероприятий, связанных с подготовкой и проведением выборов, лежит на избирательных комиссиях. Избирательные комиссии финансируются за счет средств бюджета соответствующего уровня и осуществляют комплекс информационных, разъяснительных, организационных и иных мероприятий. Именно они способствуют эффективному проведению избирательных кампаний. Закон не ограничил формы и средства информирования избирателей, в связи с чем, избирательные комиссии реализуют указанную функцию свободно, с использованием средств информационного пространства и возможностей информационного сообщества. Пожалуй, единственным категоричным требованием закона является требование к информационным материалам, размещаемым в средствах массовой информации или распространяемым иным способом, они должны быть объективными, достоверными и не должны нарушать равенство кандидатов [1, 148; 2, 264]. Данное требование детализируется в ч.5 ст.45 Закона о выборах, где указано, что в информационных теле- и радиопрограммах, публикациях в периодических печатных изданиях сообщения о проведении предвыборных мероприятий, должны даваться исключительно отдельным информационным блоком, без комментариев. В них не должно отдаваться предпочтение какому бы то ни было кандидату, избирательному объединению, в том числе по времени освещения их предвыборной деятельности, объему печатной площади, отведенной для таких сообщений.

Согласно части 3. ст.45 Закона о выборах, комиссии осуществляют информирование избирателей, в том числе через средства массовой информации, о ходе подготовки и проведения выборов, о сроках и порядке совершения избирательных действий, действий по участию в референдуме, о законодательстве Российской Федерации о выборах и референдумах, о кандидатах, об избирательных объединениях. На них лежит обязанность по информированию избирателей, являющихся инвалидами [2, 264].

Помимо избирательных комиссий информирование избирателей осуществляют органы государственной власти, органы местного самоуправления, организации, осуществляющие выпуск средств массовой информации, физические и юридические лица в соответствии с действующим законодательством о выборах. Однако органы государственной власти и органы местного самоуправления не вправе информировать избирателей о кандидатах, политических партиях и об избирательных объединениях. Такое императивное требование повторяется во всех законах, регулирующих сферу избирательного права. И это не случайно, органы государственной власти и местного самоуправления хотя в силу закона и задействованы в информационном обеспечении выборов, однако их участие сводится к технической стороне обеспечения выборов, в связи с чем они должны оказывать всяческое содействие избирательным комиссиям в информировании избирателей, но не влиять на существо и содержание такого информирования.

Законодатель предоставляет значительную меру свободы для деятельности организаций, осуществляющих выпуск средств массовой информации, по информированию избирателей. Такая деятельность осуществляется свободно, без какого-либо вмешательства со стороны органов государственной власти и местного самоуправления. Тем не менее, являясь в большинстве случаев коммерческими организациями, СМИ в большей степени зависят от воли заказчика, иногда – учредителя, что и предопределяет характер и объективность подачи той или иной информации в процессе избирательной кампании.

В этой связи возникает множество вопросов, до сих пор не разрешенных действующим избирательным законодательством. Среди них и обеспечение независимости избирательных комиссий, и финансирование информационного обеспечения, и четкая правовая регламентация порядка и условий размещения и распространения информационных материалов. И хотя в рамках настоящей статьи не представляется возможным подробное исследование обозначенных вопросов, мы остановимся на отдельных и наиболее важных аспектах правового регулирования участия избирательных комиссий в информационном обеспечении выборов.

Ввиду того, что информационное обеспечение выборов, помимо информирования избирателей, включает и предвыборную агитацию, проблема разграничения этих двух понятий стоит особенно остро. Дело в том, что признание информационного объекта спора агитацией кардинальным образом меняет правовой статус такой информации, и она сразу же подпадает под требования и ограничения, предусмотренные избирательным законодательством. До сих пор сколь-нибудь четкого понятия «информирование избирателей» законом о выборах не определено. Законом устанавливаются лишь общие требования к информационным материалам, которые размещаются в СМИ или распространяются иным способом. Их содержание должно быть объективным, достоверным, не должно нарушать равенство кандидатов, избирательных объединений [2, 265].

Предвыборная агитация определяется как деятельность, осуществляемая в период избирательной кампании и имеющая целью побудить или побуждающая избирателей к голосованию за кандидата, кандидатов, список, списки кандидатов или против него (них). Законом к предвыборной агитации отнесено следующее: призывы голосовать за кандидата, кандидатов, список, списки кандидатов либо против него (них); выражение предпочтения в отношении кого-либо из кандидатов, в частности, указание на то, за кого из кандидатов будет голосовать избиратель; описание возможных последствий избрания или неизбрания кандидата; распространение информации с явным преобладанием сведений о каких-либо кандидатах в сочетании с позитивными либо негативными комментариями; распространение информации о деятельности кандидата, не связанной с его профессиональной деятельностью или исполнением им своих служебных обязанностей; деятельность, способствующая созданию положительного или отрицательного отношения избирателей к кандидату[2, 265].

Как видно закон о выборах определенно и четко не разграничивает понятия «информирование избирателей» и «агитационная деятельность».

На сегодняшний день попыткой разрешения указанного пробела законодательства можно считать позицию Конституционного Суда Российской Федерации [3,13]. Он установил, что «критерием, позволяющим различить предвыборную агитацию и информирование, может служить лишь наличие в агитационной деятельности специальной цели - склонить избирателей в определенную сторону, обеспечить поддержку или, напротив, противодействие конкретному кандидату, избирательному объединению. В противном случае граница между информированием и предвыборной агитацией стиралась бы, так что любые действия по информированию избирателей можно было бы подвести под понятие «предвыборная агитация», что в силу действующего для представителей организаций, осуществляющих выпуск СМИ, запрета неправомерно ограничивало бы конституционные гарантии свободы слова и информации, а также нарушало бы принципы свободных и гласных выборов» [4,15]. Учитывая, что судебные решения, даже Конституционного суда РФ в России не признаются источником права, следует законодательно зафиксировать критерии разграничения данных понятий в главе VII Закона о выборах. Более того, применение указанных разъяснений Конституционного суда РФ не всегда реализуемо на практике, либо подвергается расширительному толкованию как со стороны правоприменителей — участников избирательного процесса, так и со стороны судов. В случае реализации принципа независимости в деятельности избирательных комиссий, следовало бы законодательно закрепить за ними право отнесения той или иной информации, сведений, к предвыборной агитации или информированию. Данный вопрос может быть частично решен и в случае закрепления за избирательными комиссиями исключительного права на информирование избирателей в ходе избирательной кампании. В последнем случае, избирательная комиссия должна нести ответственность за содержание и характер размещаемых информационных материалов, форму их подачи, распространения и отнесение их к таковым.

Что касается финансирования избирательных комиссий, в том числе их участия в информационном обеспечении выборов, то во многом зависимость избирательных комиссий и принимаемых ими решений связана с государственными (муниципальными) источниками финансирования и материально-технического обеспечения их деятельности. Даже отсутствие государственного или муниципального печатного издания, органа теле- или радиовещания при необходимости информационного обеспечения выборов избирательной комиссией, создает серьезные проблемы на пути полноценного и объективного информирования избирателей.

Между тем, Российская Федерация в силу общепризнанных норм и принципов международного права, обязана установить сбалансированный механизм организации и проведения выборов. Поступая таким образом, в России среди прочих мер должна быть обеспечена профессиональная подготовка и независимость членов избирательных комиссий всех уровней. В целях обеспечения объективности размещаемых материалов, и эффективного контроля за осуществлением информирования избирателей необходимо за избирательными комиссиями закрепить статус специального субъекта информационного обеспечения выборов, обладающего исключительным правом проведения информирования избирателей. То есть, следует Законом возложить обязанность по осуществлению информирования избирателей на избирательные комиссии, организующие выборы соответствующего уровня. При этом участие в информировании вышестоящей избирательной комиссии, не организующей данные выборы, необходимо исключить во избежание нарушения принципа независимости избирательной комиссии при организации и проведении выборов. Например, информирование избирателей по выборам на уровне муниципального образования должны осуществлять избирательные комиссии муниципальных образований, территориальные избирательные комиссии, на уровне субъекта РФ - избирательные комиссии субъектов РФ и так далее.

В качестве критериев разграничения информирования и предвыборной агитации следует установить:

- наличие в размещаемой информации, распространяемых сведениях агитационной цели - склонить избирателей в определенную сторону, обеспечить поддержку или, напротив, противодействие конкретному кандидату, избирательному объединению;

- доведение информации о кандидате (избирательном объединении), либо связанной с их деятельностью до избирателей любым способом не уполномоченным на то органом, должностным лицом, СМИ, физическим лицом (имеющим какую-либо материальную, служебную иную корыстную заинтересованность в предмете агитации). Любая агитация под видом информирования, должна признаваться предвыборной агитацией и соответственно оплачиваться из избирательного фонда.

Что касается формы проведения предвыборной агитации, то в Законе о выборах следует установить исчерпывающий перечень методов агитации, и включить в него распространение информации посредством цифровых каналов связи, сети интернет.

Таким образом, совершенствование правового регулирования избирательного законодательства в области информационного обеспечения выборов, должно способствовать реализации профессионального, полного и объективного освещения выборов, повышению правовой грамотности избирателя, расширению возможностей реализации прав граждан на информацию, развитию взаимодействия СМИ с участниками избирательного процесса и реализации принципов свободных и открытых выборов в РФ.

Список литературы и источников

1. Федеральный закон от 10 января 2003 г. N 19-ФЗ «О выборах Президента Российской Федерации» // Собрание законодательства Российской Федерации от 13 января 2003 г. N 2. Ст. 171.

2. Федеральный закон «Об основных гарантиях избирательных прав и права на участие в референдуме граждан Российской Федерации» от 12.06.2002 N 67-ФЗ // Собрание законодательства Российской Федерации от 17 июня 2002 г. N 24. Ст. 2253.

3. Постановление Конституционного Суда РФ от 30 октября 2003 г. N 15-П «По делу о проверке конституционности отдельных положений Федерального закона «Об основных гарантиях избирательных прав и права на участие в референдуме граждан Российской Федерации» в связи с запросом группы депутатов Государственной Думы и жалобами граждан С.А. Бунтмана, К.А.Катаняна и К.С.Рожкова» // Российская газета от 31 октября 2003 г. N 221. С.12-13.

4. Программа информационно-разъяснительной деятельности Центральной избирательной комиссии Российской Федерации в период подготовки и проведения федеральных избирательных кампаний в 2007-2008 годах. Утв. Постановлением Центральной избирательной комиссии РФ от 17 января 2007 г. N 194/1230-4 // Вестник Центральной избирательной комиссии Российской Федерации. 2007 г., N 1. С.3-6.

5. Шуленин В.В. «Обеспечение равенства прав кандидатов и избирательных объединений при финансировании предвыборной агитации»// Юриспруденция. 2003. N 10. С.14-15.

Л.В. Майорова

к.ю.н., доцент кафедры уголовного процесса Юридического института Сибирского федерального университета

ПРОБЛЕМЫ РЕГУЛИРОВАНИЯ МЕЖДУНАРОДНОГО СОТРУДНИЧЕСТВА В УГОЛОВНО-ПРОЦЕССУАЛЬНОМ ЗАКОНОДАТЕЛЬСТВЕ

Развитие межгосударственного сотрудничества в правоохранительной сфере определяется процессами интеграции и интернационализации преступности.

Процесс увеличения иностранных и международных элементов, то есть интернационализация преступности, объективно обуславливают необходимость налаживания и развития международного, прежде всего межгосударственного, сотрудничества в правоохранительной сфере.

Изменение единого правового пространства, существовавшего в рамках СССР, негативно отразилось на эффективности усилий правоохранительных органов во всех бывших союзных республиках. Последствия этих явлений выразительно повышают размеры правотворческой деятельности на национальном, европейском (надгосударственным) и международном уровнях.

Одновременно снижается качество правотворческой деятельности вследствие ее большой интенсивности, низкой стабильности, нарастающих противоречий в действующем праве, возникающих в результате существования нескольких нормативных очагов, из которых возникло современное право.

При этом необходимо признать, что существующие правовые конструкции процедур взаимодействия правоохранительных органов различных государств не обеспечивают оперативного реагирования на изменение криминогенной обстановки, являются громоздкими и сложными в регулировании.

Технический прогресс, стремительное развитие новых технологий в сфере телекоммуникаций в условиях глобализации дают новые возможности лицам, совершающим преступления, активно противостоять правоохранительным органам в процессе осуществления преступной деятельности, значительно затрудняют работу по их изобличению и привлечению к ответственности.

Изучение опыта стран, правовая система которых претерпела изменения вследствие политических событий, а также современной интеграции, позволяет более четко выявить трансформацию российского права, в том числе уголовно-процессуального, о котором пойдет речь в данной статье[1, 258].

Изменения в уголовно-процессуальном законодательстве государств Центральной и Восточной Европы связаны с существованием целого ряда факторов. После поднятия «железного занавеса», страны бывшего советского блока понимали, что необходимо менять существовавшую социалистическую модель уголовного процесса, но редко кто имел ясное представление о характере этих изменений. Наука уголовно-процессуального права могла помочь законодателю только частично, поскольку предшествовавшая сорокалетняя пауза не создавала условий для естественного развития непрерывного научного исследования.

Обоснование проведения реформ, направленных на построение новой модели уголовного процесса, и законодатель, и представители уголовно-процессуальной науки находили прежде всего в следующих источниках.

В некоторых странах акцент делался на традициях внутреннего развития законодательства, существовавших до тоталитарного периода (так, например, в Чешской республике до 1950 года действовал для того времени относительно прогрессивный австрийский уголовно-процессуальный кодекс 1873 года).

Однако возможность использовать эти исторические источники являлась достаточно ограниченной, поскольку уже существенно изменились условия и длительное время подобные традиции не действовали [2, 17].

Вторым источником для проведения реформ являлось иностранное право. Взоры реформаторов из Центральной и Восточной Европы устремились не столько на западноевропейские государства с их традицией континентального уголовно – процессуального права, сколько чаще всего на англосаксонскую правовую систему. После произошедшей перемены, взаимоотношения стран Центральной и Восточной Европы с западным миром возобновились в научных и академических областях, а также на официальном государственном уровне. Эти контакты особенно усилились в связи с началом процесса подготовки и вступления кандидатов-государств в Европейский Союз (ЕС).

Юристы из стран Центральной и Восточной Европы внимательно отслеживают попытки гармонизации уголовно-процессуального права на европейском уровне и создание международных механизмов сотрудничества правоохранительных органов, в частности органов полиции, а также юстиции [3, 733].

После произошедших перемен в тяжелых условиях необходимо было снова решать вечную проблему уголовного процесса: как, с одной стороны, обеспечить эффективную борьбу с преступностью, а с другой стороны, эффективно защитить гражданские права.

Практически во всех странах Центральной и Восточной Европы уже с начала 90-х годов началась законодательная работа по реформе уголовно-процессуального законодательства. В некоторых государствах эта работа совпала с результатами проводимых уже в 80-х годах XX века реформ.

Несмотря на большое разнообразие законодательных актов можно обозначить существенные тенденции, которые проявляются последние годы в уголовно-процессуальном законодательстве посткоммунистических стран. Однако не будет неожиданностью, что большинство подобных тенденций широко распространены также как в западноевропейских странах, так и в других. Проще говоря, процесс глобализации также вторгается и в уголовно-правовую сферу. Сама по себе преступность стала универсальной человеческой проблемой, а ее решение приводит в различных странах к появлению аналогичных вопросов и ответов.

Сотрудничество по выявлению и привлечению к уголовной ответственности членов преступных сообществ, причастных к транснациональной организованной деятельности, является трудным и сложным, поскольку в нем должны участвовать официальные представители не одной, а двух и более стран с различными правовыми системами. В ходе этой работы неизбежно возникают трудности процедурного и содержательного характера.

Практически все посткоммунистические государства в начале 90-х годов ратифицировали Европейскую Конвенцию о защите прав человека и основных свобод (Конвенция) и трансформировали ее в свои Конституции и в уголовно-процессуальные законы. Особо важными были статьи 5, 6, 7 и 8 данной Конвенции.

Во всех государствах Центральной и Восточной Европы с 1989 г. непрерывно проходила работа над реформой уголовного процесса. Благодаря развитию уголовно-процессуального законодательства достигается относительно высокий уровень защиты прав и свобод человека, который соответствует международным конвенциям и общепринятому стандарту за рубежом.

В качестве недостатка современного состояния процесса отмечают следующее обстоятельство: уголовный процесс стал более сложным, продолжительным и медлительным, все это не позволяет достаточно быстро и эффективно реагировать на возрастающую преступность.

Степень свободы человека от вмешательства в его частную жизнь со стороны государственных и общественных организаций, должностных и других лиц зависит от существующего в государстве и обществе политического режима; по степени свободы правовое государство отличается от полицейского, гражданское общество – от тоталитарного [4, 183].

Кроме того, в настоящее время права человека, его основные свободы находятся в центре внимания всего мирового сообщества. В связи с этим представляется актуальной проблема ограничения основных прав человека в конкретном государстве, то есть в какой мере основные права человека могут быть ограничены для достижения других задач государства.

С начала XX1 века право начало терять свой национальный характер под влиянием надгосударственных правовых систем и международного права. Значение международного права в современном мире находиться рядом с другой детерминированной концепцией универсальных прав человека, ставшей принципиальной предпосылкой современной концепции права.

Государства Центральной и Восточной Европы вступили в члены Европейского Союза (ЕС). Присоединение к ЕС связано с процессом согласования институтов национального права с европейским. Существенным препятствием в области «европеизации» уголовного процесса является то обстоятельство, что в ЕС существуют рядом две исторические традиции уголовного судопроизводства, следовательно, состязательная и инквизиционная системы. Последствием исторического развития континентального и англо-американского уголовного процесса является тот факт, что в настоящее время нигде не найти уголовный процесс чисто состязательного или чисто инквизиционного типа.

Изменения, вносимые в уголовно-процессуальное законодательство России, тоже отражают элементы из разных правовых систем. Опыт зарубежных, в том числе европейских стран, законодательство которых имело много общего с нашим, может быть изучен и использован.

Например, в процессе международного сотрудничества российские правоохранительные органы получают из-за рубежа различные материалы о расследуемом преступлении (документы, протоколы и др.). В связи с этим возникает проблема определения их доказательственного значения. Это в значительной мере зависит от юридических формальностей, обусловленных различиями между их национальными правовыми системами, различностью формулировок в законах, что следует учитывать при регулировании в законодательстве.

Список литературы

1. Более подробно см. Л.В. Майорова Современные тенденции развития уголовно-процессуального законодательства в странах Центральной и Восточной Европы/Сравнительное правоведение: наука, методология, учебная дисциплина/Сиб.федер.ун-т, Юрид.ин-т, Красноярск, 2008, С.258-266.

2. Berner, Georg Polizeiaufgabengesetz / erl.von Georg Berner und Gerd Michael Koehler. – 15. Aufl. – Muenchen; Berlin: Jehle Rehm, 1998.

3. Trestní právo procesní / Dagmar Cisařova, Jaroslav Fenyk a kolektiv, Praha, 2008.

4. Стецовский Ю.И. Право на свободу и личную неприкосновенность: Нормы и действительность. М: Дело. 2000. С. 383.

www.ingramcontent.com/pod-product-compliance
Lightning Source LLC
Chambersburg PA
CBHW051444170526
45166CB00001B/113